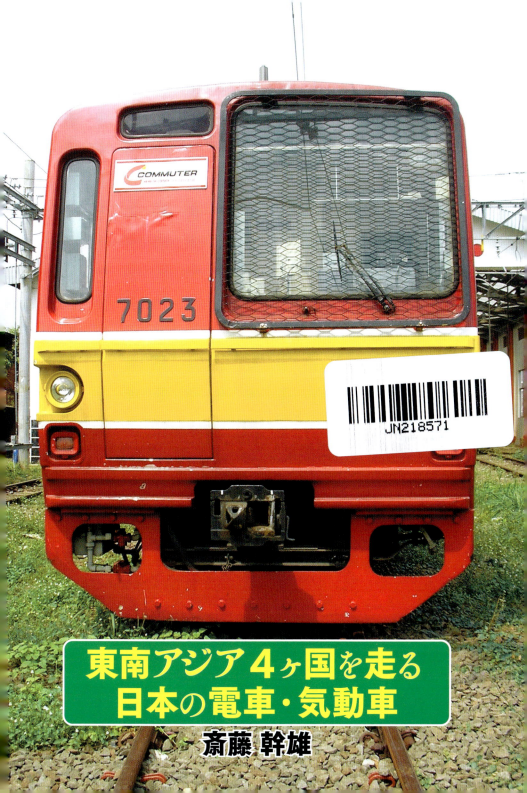

［目 次］

3 はじめに

4 序 章 **新たな地で力走──**
東南アジア4ヶ国における日本型車両の風景
海を渡った車両たちと路線図

17 **除籍車両の海外搬出**
～その背景と現地デビューに至るまで～

19 第1章 **ミャンマー**

100 第2章 **フィリピン**

136 第3章 **インドネシア**（ジャカルタ）

174 第4章 **マレーシア**

187 第5章 **日本型車両探訪のために**
ミャンマー・フィリピン・インドネシア訪問ガイド

223 終 章 **4ヶ国の情景**
各国紹介では掲載しきれなかった撮影の記録

238 おわりに

本書の写真について

※ 写真は全て、事前に撮影に必要な「撮影許可証」を関係当局より取得の上、筆者撮影。
※ MRの機関区、車両工場への敷地内立入りは、さらに別件の事前申請を行い、撮影しています（現在、外国人の趣味目的における敷地内立入・撮影許可申請については、MRは基本的に受理していません）。
※ トゥトゥバン機関区、カローカン車両工場への敷地内立入りは、さらに特別な事前申請許可が必要です。
　撮影＝斎藤幹雄（特記以外）
　撮影協力＝MR（ミャンマー国鉄）／ PNR（フィリピン国鉄）／ KCJ（インドネシア電鉄区間運営会社）／ KTMB（マレーシア鉄道公社）／ JKNS（サバ州立鉄道）

はじめに

　20世紀末から静かに始まった、日本の中古鉄道車両の海外搬出。当初は社会の関心も小さく、趣味的分野においても、ごく一部の熱心なファンのコアな興味対象に過ぎなかったが、あれから約20年、すでに2000両もの中古車両が海を渡った。

　そしてマスコミの取材対象としてはもちろん、日本国内の多くのレールファンにおける、新たな興味の対象としての地位を確立し、鉄道趣味界の新たな分野を形成している。

　高速鉄道のような、決して陽の当たる華々しい舞台ではないが、埃にまみれながら現地の人々を満載して、今日も力走しているその姿に、自らを重ね合わせ、グッとくるファンが多いのだろう。

　本書では、その中でも、特に東南アジア4ヶ国（ミャンマー・フィリピン・インドネシア・マレーシア）を選び、各国で活躍している電車・気動車・客車について、導入までの経緯について解説すると共に、日本からの搬出、現地での改造、そして活躍に至るまで、在籍車両の現況に

ついて、ページの許す限り紹介したい。

　なお、本書記載の事項については、基本的に2017年から2019年時点での内容を基本とし、適宜判明した最新事項を盛り込んでいる。できるだけ正確を期すように努めてはいるが、各国の鉄道会社とは関係のない筆者が、休暇を使って訪問し、同行した現地日本語ガイドを通じて、関係者からの聞き取り調査で判明した記録の集合体であるので、毎日の変化をつぶさに観察できる、現地在留邦人や駐在員のファンサイトとはもとより前提条件が異なる。また精度面において、ただでさえ変化の激しい東南アジア各国の鉄道事情に、逐一、情勢変化に完全対応していくということはもとより無理な話であり、本書記載の内容と、現在の状況にズレが生じ、すでに変わっているところもあること、また現地鉄道事業者の皆様の御厚意で、各方面よりご協力頂いたものの、当該各国の鉄道事業者の公式見解ではないことをあらかじめご了承頂きたい。

　　　　　　2019年4月　斎藤 幹雄

> 序章

海を渡った車両たちと路線図
新たな地で力走──東南アジア4ヶ国における日本型車両の風景

ミャンマー
静かなピィンマナ機関区の昼下がり。日傘を差して歩く御婦人の横を、DL推進で、旧・いすみ鉄道のレールバスがゆっくりと通り過ぎる　Pyinmana機関区　2014年10月30日

ミャンマー
ネピドーはどこまでも青い空と高い山々が続く。時折、静寂を破ってキハ52がエンジン音も高らかに入線してくる　NayPyiTaw　2014年10月30日

ミャンマー
ヤンゴンへの通勤客で賑わう、朝のハローガ駅に到着した2代目久留里色のままのRBE.25102。撮影当時は冷房車で、「エアコン・ヤター（ヤターとは列車の意）」と呼ばれて熱帯の同国で快適な通勤列車として重宝されていた（現在はラッピング化されている）　Hlawga　2014年11月1日

序章 海を渡った車両たちと路線図　　5

ミャンマー
ダウンタウン最寄りのパヤーラン駅に、RBE.3021（キハ11 122）他4連が到着。経済発展著しいミャンマーを象徴するかのように、通勤客がどっと吐き出される　PhaYarLan　2017年11月28日

ミャンマー
2015・2016年、JR東日本キハ40形が19両譲渡され、東北地域色もそのままに活躍を開始した。RBE.25121（キハ40 550／左）と並ぶRBE.25125（キハ40 581）
Insein車両基地(DRC)　2019年3月24日

ミャンマー
朝ラッシュ時のヤンゴン中央駅。利用客を満載したキハ40形が徐行してシザースクロッシングポイントを渡る。停車を待ちきれない乗客が次々に飛び降りていく
Yangon　2018年3月19日

ミャンマー
ピィンマナ機関区で並ぶRBE.2519＋2507＋2555。のとNT－122＋名鉄キハ32＋松浦MR－124という、国内では絶対にありえない組成で、これが見られるのもMRの醍醐味といえよう　Pyinmana機関区　2018年3月20日

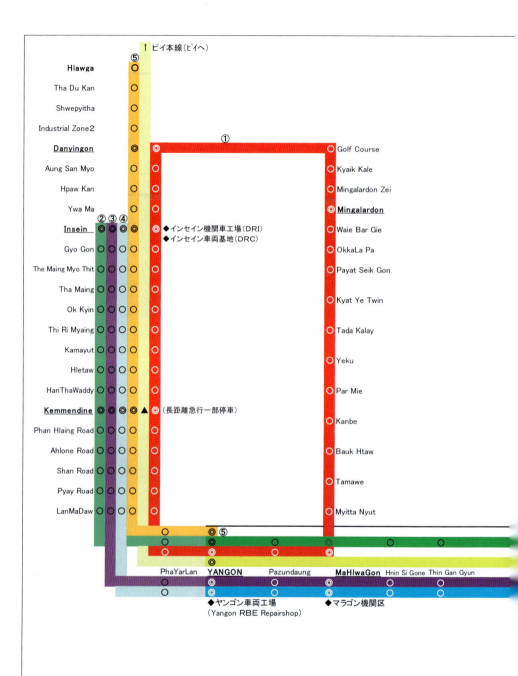

| 図1 **ヤンゴン近郊区間路線図** | ※第1章ミャンマーの参照図 |

① ヤンゴン環状線（ヤンゴン～インセイン～ミンガラードン～ヤンゴン間45.9km）
② ダゴン大学支線（トウチャウカリー～ダゴン大学間8.0km／2006年開通）
③ ティラワ港支線（トウチャウカリー～ティラワ間26.6km／2003年ティラワまで全通）
④ 東大学支線（オーコポス～東大学間5.4km／2006年開通）
⑤ ヤンゴン～ハローガ間　区間運転
　　ピイ本線・マンダレー本線（長距離急行のみ）

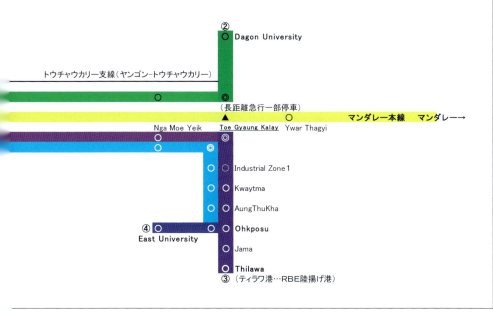

序章 海を渡った車両たちと路線図　9

フィリピン
"レガスピ線"区間内で唯一、ホームがなかったオアス駅。併用軌道を思わせるような砂利道の脇に軌道が敷かれているが、ステップレスとなったキハ350はデッキが高く、乗降にかなり難儀した（現在は休止中） Oas 2015年10月26日

フィリピン
トゥトゥバン駅の旧・洗浄線に休車状態で留置中のEMU－02・07・04。40両が導入された203系だが、運用落ちが相次ぎ、稼働車は半分近くにまで減少している Tutuban 2019年2月11日

フィリピン
2012年10月まで「ビコール・エクスプレス」用個室寝台として使われていたスハネ14 752・755。運休から早7年、残念ながら復活の目処は立っておらず、色褪せた車体が昔日の面影を伝えている Tutuban機関区 2019年2月11日

フィリピン
床下機器類不調に伴い、カローカン車両工場に入場中のキハ353。屋外留置線の一番外れに置かれており、早期の営業線復帰は難しそうである　Caloocan車両工場　2019年2月11日

フィリピン
921号DL牽引の203系5連。2012年より導入された203系は、電車を客車として使っており、動力方式変更車種としては日本型車両唯一の存在　Tutuban機関区　2019年2月11日

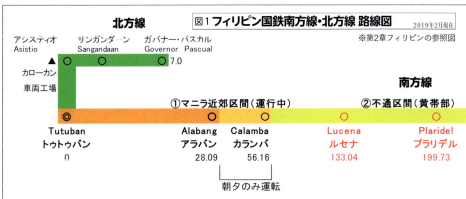

図1 フィリピン国鉄南方線・北方線 路線図　2019年2月現在
※第2章フィリピンの参照図

※数字はトゥトゥバン(Tutuban)からのキロ数
※③「シポコット線」、④「レガスピ線」名称は、運転状況を分かりやすくするために便宜的に付けたもので、現地でそう呼ばれているわけではない。
※北方線・アシスティオまでは2018年8月1日、サンガンダーンまでは同年9月10日、ガバナー・パスカルまでは同年12月16日開通(歴史的に見れば再開)

③「シポコット線」=SIPOCOT〜NAGA間37.07km　④「レガズピ線」=NAGA〜REGAZPI間101.43km
※数字はマニラ(Tutuban)からのキロ数　　　　※数字はマニラ(Tutuban)からのキロ数

図2 南方線"マニラ近郊区間"・北方線　路線図
※第2章フィリピンの参照図
※数字はトゥトゥバン(Tutuban)からのキロ数

※北方線〜南方線直通列車は、Blumentritt〜FTI間、快速運転(停車駅は◎○印)

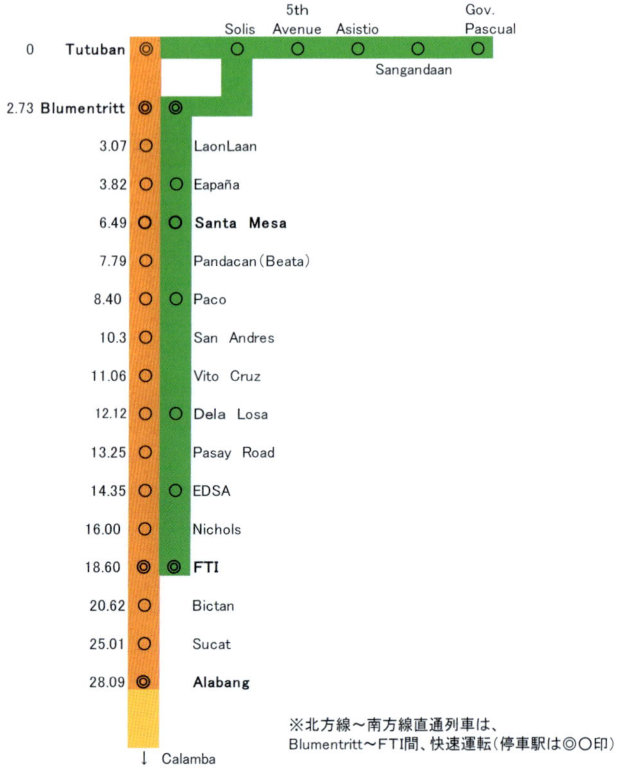

③仮称:「シポコット線」区間　④仮称:「レガスピ線(通称)」区間(休止中)

○	○	◎	◎	◎
Tagkawayan	Sipocot	Naga	Ligao	Legazpi
タグカワヤン	シポコット	ナガ	リガオ	レガズピ
278.39	340.5	377.57	445.5	479

2015年9月　運転再開
2016年5月　運休

図3 「シポコット線」・「レガズピ線」路線図　※第2章フィリピンの参照図

③「シポコット線」=SIPOCOT〜NAGA間37.07km
※数字はトゥトゥバン(Tutuban)からのキロ数

340.5	○	SIPOCOT
344.06	○	Awayan
347.35	○	Mantalisay
349.8	○	Camambugan
353.29	◎	LIBMANAN
356.7	○	Rongos
359.12	○	Malansad
362.03	○	Pambulo
365.19	○	Pamplona
367.89	○	Borabod
370.95	○	Sampaloc
377.57	◎	NAGA

④「レガズピ線」=NAGA〜REGAZPI間101.43km(運休中)
※数字はトゥトゥバン(Tutuban)からのキロ数

377.57	◎	NAGA
389.81	○	Pili
411.97	◎	IRIGA
416	○	LOURDES(OLD)
437.01	○	POLANGUI
441	○	OAS
445.5	◎	LIGAO
456	○	TRAVESIA
474	○	DARAGA
476	○	WASHINGTON DRIVE
479	◎	LEGAZPI

序章 海を渡った車両たちと路線図　13

図1 KCI社 路線図（主要駅のみ） ※第3章インドネシア（ジャカルタ）の参照図

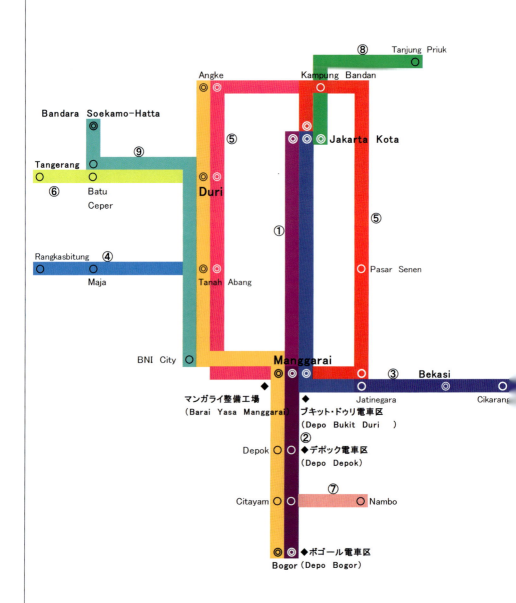

①	■	中央線　（ジャカルタ コタJakarta Kota～マンガライManggarai間）　9.8km
②	■	ボゴール線　（マンガライManggarai～ボゴールBogor間）　44.9km
③	■	ブカシ線　（ジャティネガラJatinegara～チカランCikarang間）　31.5km
④	■	セルポン線　（タナアバンTanah Abang～ランカスビトゥンRangkasbitung間）　72.8km
⑤	■	環状線・東線　（ジャティネガラJatinegara～パサールスネンPasar Senen～ジャカルタコタJakarta Kota間）
⑤	■	環状線・西線　（ジャティネガラJatinegara～タナアバンTanah Abang～ドゥリDuri～ジャカルタコタJakarta Kota間）合計29.7km
⑥	■	タンゲラン線　（ドゥリDuri～タンゲランTangerang間）　19.3km
⑦	■	ナンボ線（チタヤムChitayam～ナンボNambo間）　13.3km
⑧	■	タンジュン・プリオク線　（ジャカルタコタJakarta Kota～タンジュン・プリオクTanjung Priuk間）8.1km
⑨	■	スカルノ・ハッタ空港鉄道（スカルノ・ハッタ国際空港BandaraSoekarno Hatta～BNIシティBNICity間）36.4km

インドネシア(ジャカルタ)
朝7時過ぎのマンガライ駅では、電車が到着すると、大量の乗り換え客が構内踏切を横断する　Manggarai　2018年5月21日

マレーシア
中国製DLによる推進運転で検修庫に向かうRB8503。2016年5月当時と比較すると、見違えるほど綺麗に整備されている。非運転台側には、日本のような外部標識灯は設置されていない　Depo Kinarut　2017年6月16日

マレーシア
連結試運転を終え、本線（手前）から車庫線に転線して検修庫へ向かう、RB8502＋RB8503の2連。2010年5月、会津鉄道での廃車以来、8503は実に7年ぶりの現役復帰。さらに2016年2月復帰の8052との2連組成となったその姿は、特急「北アルプス」時代を見事に再現した（残念ながら現在は定期運転を終了している）　Depo Kinarut　2017年6月16日

マレーシア
4号車・BDNF 1102（オハネ15 2004）の車内（下段）。構造はＪＲ九州時代のまま（現在は廃止されている）　Kluang　2012年4月13日

除籍車両の海外搬出
～その背景と現地デビューに至るまで～

大型輸送船に搭載される東急8604F。日本国内で最後の姿である　川崎市営埠頭
2006年7月6日／撮影＝吉田正昭

　本書でいう「日本型車両」とは、「日本国内のメーカーで1960～1990年代に製造され、日本国内の鉄道事業者で使用後、1990年代以降に廃車・除籍され、海外へ搬出された貨車を除く車両」と定義させていただく。要は、昭和40～60年代製造の鉄道車両で、海外に渡った中古車について紹介するものである。

　高度経済成長期に製造された鉄道車両は、当時最新の技術を盛り込みながらも、どこか職人気質で作られており、「頑丈で長持ち」の典型例だった。後継車の登場で除籍になっても、それは運用する事業者の都合であって、物理的にまだまだ使える。

　翻って発展途上国では、老朽化した在来車の置換に日本製の新車を検討しても、概して高価。乏しい予算では自ずと車両数も限られてしまうが、これが中古車ならば新車よりも遥かに低予算で全体的なレベルアップを図ることができる。近年の"リサイクル"にも通じる、モノを大切に使おう、という考えから始まった鉄道車両の海外搬出であったが、実は様々な問題も抱えていた。

　多くの中古車が海を渡り始めた2000年代初めの「搬入」の流れは、海外鉄道技術協力会（JARTS）が中心となって、まず国内の鉄道事業者の中から廃車になる形式をピックアップし、大手商社が仲介（実際の業務は下請けが多い）の上、一旦、中間業者の手に渡り、その業者から現地の鉄道事業者が入手していたケースが多い。

　このため厳密には「車両譲渡」ではなく、「車両の形をした中古パーツの搬出」であり、車両の「カタチ」をしているだけの部品扱いとなった。国内の鉄道事業者は、仲介業者に引き渡すまでが仕事で、搬出後は車両の動作について一切の保証はできないし、仲介業者を挟むので、厳密には前・所有者にもならない。やや語弊のある表現をお許しいただけるのならば、車両ではないから、極論すれば動かなくてもいいということにもなる。

　何より、言葉と距離の問題から受け入れ側の現地鉄道関係者と、搬出側の日本側事業者との接点すらほとんどなかったのが致命的だった。人的交流がないのだから、故障した車両の原因を特定して修理をしようにも、どうしていいかわからない。どこかにマニュアルがないかと車内を調べたら、乗務員室に日本語の運転取扱説明書が1部あっただけ、という笑えない話もあったという（某国鉄事業者の聞き取りによる）。

除籍車両の海外搬出　17

しかも元の所有事業者やメーカーは、その車両とはすでに"縁が切れている"から、苦労して旧・所有者に打診したところで、希望通りの解決に至るとは限らない。特に軍政国家だった当時のミャンマーでは、欧米諸国の経済制裁を受けており、運転や修理に使うパーツ1つですら"軍事政権を潤わせるアイテム"と定義されかねない事情も絡み、何とか必要なパーツを注文できたとしても、なかなか届かないこともあったという。

長編成の電車を維持管理するインドネシアでは、交通局OBが最初の都営6000形搬出時（2000年）、多少のフォローを行っていたが、同国でも基本的に車両のみの搬出だった。パーツの供給体制やその後のメンテナンスについても、搬出した日本側との関係性が確立できていない状態が続いていた。鉄道が労働集約型産業の典型業種でありながら、それに関わる人的育成がなされていない、いわばバックアップなしの体制だった。壊れたら修理できず運用離脱、という綱渡り運用となってしまい、当時の検修陣の苦労もこれまた筆舌に尽くし難いものと推測される。

このため現地では、形状が似た代用品を作って当面の運用を凌ぐなど、本来のメンテナンスとは異なる方法で、生気を失っていた車両に息を吹き込んで蘇らせ、アジアンテイスト溢れる車体カラーを施して何とかデビューさせていたのである。

このような、車両（の形をしたパーツ）だけの搬出という状況から大きく舵を切ったのが、2010年代に入って多数の中古車両を"供給"していたJR東日本の「総合的な輸出」であった。つまり車両をただ送り出す

だけでなく、それに関わる運転・検修・整備など、メンテナンスから人的指導に至る鉄道に関わるすべてのノウハウなどを"供給"した。これは同社における海外の鉄道整備戦略の一環として、中古車両の供給を重要視していたことが窺える。

そして2014年、JR東日本がインドネシア・ジャカルタのKCJ社（当時）と締結した相互協力覚書が一つの大きな契機となった。これは車両（205系）譲渡だけでなく、車両と共に社員を現地鉄道事業者に出向させ、技術指導や日常検査についても指導を行い、車両の故障前に一定の期間経過後、当該車両を入場させる「全般検査・重要部検査」の検査周期を定め、「予防保全体制」を確立した（それまでは、車両をずっと運用し、故障したら入場させるという整備方法であった）。

これにより、車両故障による運休を大きく減少させたのである。そして、不具合が発生した場合でも速やかに予備編成と交換し、運休や遅れをできるだけ最小限に留める体制も確立した。

ミャンマーでも、2016年からJR東日本より検修社員（同国はDCなので、主に東北地方の支社）を現地鉄道事業者（MR）に期間限定で出向させ、予防保全体制の確立、車両メンテナンスについて技術指導を行い、インドネシアに準じた体制を構築させており、同国でも車両側の事情による運休はかなり少なくなっている。

一昔前と比べ、海外で活躍する中古車両が、日本時代と変わらない品質を保ちながら活躍を続けられるようになったのも、こういった陰ながらの努力によってその礎を築いたといえる。

第1章 ミャンマー

発展著しいヤンゴンから悠久の自然が展開する辺境の地まで、津々浦々に日本型DCが活躍している国、それがミャンマーだ。
決して華やかな舞台ではないが、沿線住民のかけがえのない足として、今日も利用客を満載し、灼熱の大地を力走している

年々"増備"を続ける多彩な車両群

　日本の約1.8倍、67万8500km²の総面積を擁するミャンマー連邦共和国。ここには総延長6107km、軌間1000mmのミャンマー国鉄（Myanma Railway）が路線を伸ばし、その広大な国土のあちこちに、人知れず日本型DCが地域住民の足として今日も利用客を満載にして力走している。

　2003年、名鉄レールバス2両から始まった日本型DCの導入は、年々"増備"を続け、2016年までの13年間に、MR管内19の機関区と4つの車両工場に、DC260両、PC18両、DL8両、そして路面電車3両の合計289両、さらにティラワ港で工場入りを待つJR東海車18両を加えると合計307両（貨車を除く）もの車両が何らかの形でミャンマーに在籍、または存在している。

　車両の出身地も多彩で、JR北海道・東日本・東海・西日本・四国の旅客鉄道5社、JR

近年、経済発展著しいミャンマーでは、環状線の利用客が激増、自動扉のはずのキハ40もドア操作を諦めた（？）のか、デッキに鈴なりのまま出発する。写真はRBE.25109（キハ40 548）　Yangon　2017年3月14日

※1＝JIC調査資料（2016年6月現在）による
※2＝形式の「RBE」とは、レール・バス・エンジン（Rail Bus Engine）の頭文字を取ったもので、これにエンジン出力の概算を4桁の形式数字で組み合わせている。これ以降、搬入された日本型DCは「RBE」にまとめられることになり、今や日本型DCの"代名詞"となっている

貨物、それに大手私鉄、第三セクター鉄道など、合計19社にも及ぶ。輸送需要の変化や車両状態から、書類上の稼働車はDCのみ122両。実際は稼働不能で放置されている車両もあるので約100両前後（※1）と総計の約4割に留まるが、MRを走るDCの多くは、ヤンゴンを除くと、のどかな田舎を短編成で走る運用が多く、日本時代と変わらない姿を見せてくれる。

　この後、「RBE（MR日本型DCの現地形式／※2）」を中心にして、客車やわずかな期間の稼働に終わった路面電車についても、各形式を紹介する。

　なお、同国は以前より鉄道施設への撮影が厳しく、機関区・車両基地はもとより、駅構内での撮影にもMR発給の「撮影許可証」が必要であったが、2012年の民主化と前後して、駅構内での小型デジカメ程度の機器で観光がてらの撮影であれば、半ば黙認された形となっており（但し、長玉レンズなどの大型機材だと、警備の警察官に撮影禁止を命じられる可能性が高い）、規制が緩和されているようである。その反面、2016年2月頃より、機関区・車両基地への外国人の敷地内立ち入りについては、ヤンゴンエリアは当然のこと、地方の小さな区所でも厳しく制限されるようになった。現在、基本的に外国人向けに撮影許可は出ないようである。

　本書掲載の機関区・車両基地の写真については、全て敷地内の立ち入りも含めて当局へ事前申請を行い、特別に許可されたものである。撮影は、現地日本語ガイド同行のもと、現場職員の指示に従って許可されたエリア内から行ったものであることをご了承頂きたい。

番号	MR機関区名	配置車号	所属区合計	稼働	軽微	重大
					入場整備中	
1	MYITKYINA	**2511·2516·2518**·2567·2568	5	2	**3**	
2	KAWLIN	**2501**·2551·2560·2565·2587·3025·3029·3031·3043·3045·3046·3052·3053·3054·3056·5049	16	15		*1*
3	MANDALAY	2581·25108·3040·3041·**3047**	5	4	**1**	
4	THAZI	3001	1	1		
5	KYAINGTONG	*2548·2562·2563*	3			*3*
6	PYINMANA	2502·2503·**2509**·2517·**2519**·**2525**·**2528**·2536·**2537**·2543·**2550**·**2555**·2569·2570·**2571**·**2572**·2580·2583·**2584**·2585·**2586**·2592·2594·**2597**·*3002*·3034·**5001**·**5006**·**5009**·*5010*·**5011**·**5013**·**5016**·**5022**·**5044**·5045·5047·5048·*5050*·5051	40	17	**16**	*7*
7	PYUNTAZA	2547	1	1		
8	BAGO	**2588**·2589·2590·3022·3028·*3048*·3050·3055·3057	9	7	**1**	*1*
9	PYAY	*2504*·2513·2514·2523	4	3		*1*
10	DRC (INSEIN)	*2521*·2598·2599·25-100·25-101·25-102·25-103·25-104·**25-105**·25-106·**25-110**·25-111·25-112·**25-113**·25-114·25-115·25-116·25-117·25-118·**25-119**·25-120·25-121·25-122·25-123·25-124·25-125·25-126·**25-127**·3004·3005·3007·3008·3009·3012·3013·3014·3015·3017·3018·3019·3020·3023·3024·3027·3030·*3032*·3033·3035·3036·3037·3038·3039·3042·3044·3049·3051·**5008**·**5029**·**5030**·**5032**·*5034*·**5035**·**5036**·**5037**·**5038**·**5039**·**5043**	68	50	**4**	*14*
11	MAHLWAGON	*2522·5031·5033·5040·5041·5042*	6			*6*
12	SITTWE	*2549*·2552·*2553·2558*·2559·**2566**·5012·5014·5015	9	5	**2**	*2*
13	HINTHADA	2542·2564	2	2		
14	PA THEIN	2539	1	1		
15	THA YAT	*2532·2561*·2593·3006·3010·*3016*·5052	7	4		*3*
16	PAKOKKU	2524·2527·2576·2596·5053	5	5		
17	TAUNGTWINK	2512·2591	2	2		
18	MAGWE	2554	1	1		
19	MYINGYAN	2578·2579	2	2		
		機関区合計	187	122	**27**	*38*
20	YUG SHOP					
21	MYITNGE	*2515·25-001·25-002·25-003·25-004·25-006·25-007·25-008·25-009·25-010·25-111·5004·5005·5020·5021·5023·5024·5025·5027·5028*	21			*21*
22	RBE／YNG	*2520·2530·2531·2534·2541·2557·2574·2582·2595·3003·3011·3021·3026·5046·25-005·25-109*	16			*16*
23	PZT	*2556*	1			*1*
24	(除籍対象車)	*2506·2508·3601·3602·3603·3604·3605·3606·3607·3608·3609·3610·3611·3612·2505·2507·2510·2526·2529·2533·2535·2538·5017·5018*	24			*24*
		車両工場合計	62	0	**0**	*62*
		総合計	249	122	**27**	*100*

※表1は、MRの御厚意により提供された、2019年3月現在の配置表を分かりやすく配置しなおしたものである。
※表中、「軽微」とは工場入場で修理できる程度の故障を、「重大」はもはや復旧が難しいレベルの故障を指す。

路線概況

ヤンゴン環状線と4つの支線

MRは、配置・運用範囲も他の東南アジア諸国と比較して格段に広いため、本書ではヤンゴンエリアに絞って解説する。2006年、首都がネピドーに遷都された後も、最大都市として発展しているヤンゴン市内には、本線格である全長45.9kmのヤンゴン環状線(駅数38駅)と4つの支線(トウチャウカリー【Toe Gyaung kalay】支線・ダゴン大学【Dagon Univ】支線・東大学【East Univ】支線・ティラワ港【Thilawa】支線)で構成されている。

このうち、RBEが現在も定期的に運用されているのは環状線とトウチャウカリー支線だけで、一時期運用のあった他支線は、現在PC列車が主力となっている。日常整備(給油・給水・保守)を担うのは、インセイン(Insein)車両基地(DRC)で、日本の全般検査に相当する重整備は、ヤンゴン中央駅に隣接しているYangon RBE RepairShop(ヤンゴンRBE リペアショップ／本書では、わかりやすく解説するため「ヤンゴン車両工場」の語句を使用する)と、2018年3月より、LRBE(同国製の簡易レールバス)整備終了に伴い、RBEの整備を行っているPazundaung Locomotive Workshop(パズンダン・ロコモティブ・ワークショップ／以下「パズンダン車両工場」)で行っている。

地方では管轄機関区の他、同国中部・マンダレー近郊のCarriage and Wagon Workshop Myitnge(キャリエージ・アンド・ワゴン・ワークショップ・ミンゲ／以下「ミンゲ車両工場」、Ywa-Htaung Locomotive Workshop(ヤトン・ロコモティ

利用客で終日賑わうヤンゴン中央駅 Yangon 2017年3月14日

パズンダン車両工場で再整備中のRBE.2551(松浦MR-205)。撮影時は傷んだ外板のパテ塗りを行っており、まもなく運用に復帰する。同工場は長らくLRBE(同国製の簡易レールバス)整備工場であったが、2018年3月、最後のLRBE整備が完了、RBE整備工場に転換しているPazundaung車両工場 2018年3月19日

MRでは近年、車両だけでなく、日本の「躾」についても導入しており、工場内にその看板が掲示されている Insein機関車工場(DRI) 2015年2月16日

木立と住宅地に囲まれた専用軌道区間のヤエキョウ駅。手前の台座が駅ホーム（？）で、喫茶店で午後のお茶を楽しむインド系の女性たちが撮影中の筆者を半ば呆れ顔で見ている　Yae Kyaw　2015年2月14日

2014年12月、DCで営業開始したヤンゴン臨港線。沿線最大の見所は途中区間にある「カンナーラン料金所」で、徐行のまま通過していく"チンチンディーゼルカー"は衝撃的な光景だった（現在は廃止されている）　Pansodan ～ Botahtaung Pagoda　2015年2月14日

ブ・ワークショップ／以下「ヤトン機関車工場」）でも整備を実施している。

　2014年12月7日、DCで旅客営業が復活した路面電車の「ヤンゴン臨港線」は、2015年9月に一旦営業休止し、2016年1月10日にはランスダウン（Lans Down）～ワーダン（WarDan）間5.6kmに運転区間を短縮の上、直流600V電化。しかし、同年6月限りで休止となり、その後は一度も復活することなく、12月20日に正式に廃止された。臨港線として1年半、電車に絞ればわずか半年の

運転であった。

　この他、2007年の開通以来、一貫してRBEが使われていたコンピューター大学支線（ハローガーコンピューター大学間3.0km）も2018年2月21日に休止となっている。

運転

過半数の運用を占めるRBE

　ヤンゴン近郊区間の運用を担うインセイン車両基地（DRC）全19運用の内訳は、RBE.2500形10（表3参照）＋同基地所属のDL9で、RBEが過半数を占める。編成は、RBE.2500形が2～5連、DL牽引PC列車は、DL1＋PC6（他線区からの乗り入れ急行列車は10～12連）が基本で、全て非冷房車。書類上、同基地にはRBE.2500形29両（三セク車1＋JR車28両）、同3000形28両（三セク車2＋JR車26両）、5000形11両の合計70両が在籍しているが、このうち2500形三セク車1両と5000形11両は休車中である。3000形三セク車2両はVIP車であるため、一般運用車

MRの軌道敷は近年改良が進み、非旅客営業エリアである車両基地構内にも真新しいバラストが入れられており、特に縦振動が大幅に改善されている　Insein車両基地（DRC）2018年3月18日

第1章 ミャンマー　23

56両は全てJR車（キハ11・40・47・48形）による運転となっており、長らく主力であった三セク車は2016年夏に置換が完了している。

　ヤンゴン環状線の全線直通列車（1周運用）は意外に少なく、旅客利用の境ができるインセイン・ミンガラードン（Mingalardon）で折り返す列車が大半で、この他、支線区直通列車はヤンゴン中央駅で折り返さず、インセインまで客扱いする運用も多い。近郊線区乗り入れ運用も含めると、ヤンゴン中央駅発着だけで1日約200本前後の列車が設定されている（他に貨物列車が約30本／日）。

　RBEは導入以来、基本的に異形式での混結組成だったため、近年まで技術的な問題から総括制御ができず、長い間、先頭車のみ動力車扱いとし、後続車を付随車にするDTT編成で運用を行っていたことで以下の災いが生じた。すなわち、

①3連以上だと牽引力が足りないため、10‰以上の勾配を登れない。

欧米諸国の経済制裁が続いていた時期には、故障したDCも完全に修理することができず、PC代用としてDL牽引させる苦肉の運用が取られていた　Toe Gyaung Kalay　2011年6月25日

②終着駅ではDLと同様に機廻しが必要で、DCの利点が生かせていない。

③機関車のようにDCで付随車を牽引させる使い方は、日本時代には想定しておらず、無理な使い方によるエンジンや変速機の不調が相次ぐ。

　といったトラブルが頻発していたのである。これは初期導入のDCは、旧・所有者からスクラップやパーツの名目で中間業者に引き取られたものであり、MRで再び運転するということが想定されていなかったこ

ダウンタウン最寄りの、パヤーラン駅で行き交うキハ38形（左）とキハ40形（右）。経済発展著しいミャンマーを象徴するかのように大勢の乗客が下車する　PhaYarLan　2017年11月26日

とが大きい。つまり、技術資料・整備ノウハウ・スペアパーツといった情報が継承されておらず、整備不良→故障→修理不可、という悪循環に陥ったのである。

運用離脱車が増えた結果、2010年頃より離脱分を自国製PC列車が代走、または故障したRBEをPC代用としてDL牽引に充当する運用形態で凌ぐという、苦肉の運用が取られていた。

2015年7月から運転を開始したJR東日本キハ40・48形では、同社の手厚いメンテナンス指導のもと、運用・保守整備を始め、一定時限が訪れた車両を定期的に検査入場させ、予備車と差し替えて運用する日本式の「予防保全体制」を実施している。しかも当初より総括制御機能を使って負担の平均化を狙い、車両によるばらつきを軽減し、定期的に保守管理ができるように車両運用を徹底させた結果、稼働率が上がった。また機関車付け替え作業が省略できることから、ダイヤに余裕ができたことで列車増発も実現、再びPC列車を置換、環状線では過半数の運用をRBEが占めることになったのである。

車両の分類

MRのDCは大きく分けて、次の5つに分類される。
①三セクDC
レールバスに代表される小型DC85両（2003～2011年）
②初期導入・国鉄形DC
JR西日本キハ58形12両（2005年）／JR東日本キハ52・58形20両（2008年）
③特急形DC（稼働組）
JR北海道キハ183系100番台3両（2009～2012年）／JR西日本キハ181形15両（2013～2015年）
④後期導入・国鉄形DC・JR車
JR東日本キハ38・40・47・48形、JR北海道キハ40・48・141・142形、JR東海キハ11形115両（2015～2016年）
⑤特急形DC（未竣工組）
JR北海道キハ183系10両（2008～2010年）

三セクDC

ボギー式レールバスの導入

三セクDCとは、2003年から2012年頃までにMRへ主に搬入された富士重工業（現・SUBARU／以下、「富士重工」と記す）製のボギー式LE-Car（レールバス）及び、新潟鐵工所（以下、「新潟鐵工」と記す）製NDC（軽快気動車）85両のことで、MRではRBE.2500形79両（2501～2570・2575～2581・2591・25108）と、同3000形6両（3001～3005・3034）が該当する。これらは、国鉄の分割民営化（1987年4月）に先立ち、不採算路線とされた旧・特定地方交通線のうち、鉄道での存続を選択した第三セクター鉄道向けに投入された車両が多い。

2003～2016年の13年間に渡り活躍した第三セクター鉄道向けのNDC（軽快気動車）。写真は新潟鐵工（現・新潟トランシス）製のRBE.2550（松浦MR-204）　Yangon車両工場　2017年11月28日

第1章 ミャンマー　25

国内では、1984年に富士重工が「LE-Car
Ⅱ」（「LE」とはLight and Economyの略、
「Ⅱ」は1982年製造の試作プロトタイプ車
（Ⅰ）が存在したため）、新潟鐵工は「軽快
ディーゼル動車（NDC）」の名称で発表し、
主に1980年代に旧・国鉄特定地方交通線の
転換が相次いだ中で、どうしても鉄道で残
したい、と設立された第三セクター鉄道で
広く普及した。

　基本的な設計思想としては、両社とも、
①バス用エンジン（主に横型直噴式）
②総括制御運転が可能
③ワンマン運転対応可
④空調（クーラー）搭載
⑤基本仕様に対して、投入線区の事情を加
味したオプション設定が可能

の5点を目玉とし、第三セクター鉄道だ
けでなく、既存の私鉄にも採用例（名古屋
鉄道・近江鉄道など）がある。事実上、レー
ルバスについてはこの2社のメーカーが国
内の製造シェアのほとんどを占め、成果に
ついては賛否両論があるが、ぎりぎりの合
理化が求められるローカル線経営に対し
て、これら小形車の果たした功績は大きい。

　この「ボギー式LE-Car」の最初の導入
は、1985（昭和60）年登場の明知鉄道アケチ
1形と、樽見鉄道ハイモ230形（→RBE.2569）
で、①車体長の大型化（12m→15m）、②台
車を2軸からボギー式に変更、③車体幅の
拡大（2440㎜→2800㎜）の3点が主な変更点
である。特に③はバス用天井パーツがその
ままの形で流用ができなくなり、これを2
個使って切り継ぐことで幅広天井を作製し
た。幕板部のない側面デザインはそのまま
にして、連結運転を行うため前面貫通タイ
プとし（一部例外あり）、さらに天竜浜名湖

鉄道TH1形（1987年）からは、当時流行の黒
化粧板を前面窓上下に配置し、以降、"パン
ダアイ"と呼ばれる独特のスタイルが主流
となった。

　1980年代後半のローカル線をイメージす
るこのボギー式レールバスは、デザイン的
には斬新であったが、車両寿命が短いバス
用鋼板重ね貼り（リベット打ち）に代表され
るバス用パーツの多用、エンジンなどの床
下機器類はLE-CarⅡの基本的仕様を踏襲
していて技術的な進歩は見られず、より鉄
道車両構造に近いタイプのLE-DCが登場
すると（のと鉄道NT-100形（1988年）、主流
はそちらに移り、1993（平成5）年の真岡鐵
道モオカ63形増備車（モオカ63-11）が最後
となった。2000年代より順次、後継車に置
換られ、その一部がMRに渡ることになる。

異形式が入り乱れた黎明期

　出自は、名鉄・伊勢・のと・天竜浜名湖・
三陸・甘木・真岡・平成筑豊・ちほく・松浦・
樽見・いすみ・井原（鉄道会社名は略称、導
入順）の国内13社にも及ぶが、この背景に
は、国内の第三セクター鉄道各社で転換開
業時に導入したレールバスが耐用年数に達
していたため、徐々に後継車に置換られて、
各社から発生した廃車体を数両ずつ輸入し
た結果である。

　除籍となったこれらのレールバスは、
2000年代半ばより仲介業者を通じて順次航
送された。業者としては車両ではなく、"車
両の形をしたパーツ"としての認識であり、
各地で廃車となった車両をかき集める形と
なったため、趣味的には興味深いものの、
当時のMRは車種の指定すらできなかった。
この結果、異形式が入り乱れ、車体構造・

機関・変速機がバラバラになってしまい、維持管理を担う検修陣の保守管理の困難さは想像に難くない。しかし、その簡潔な構造は新造時"地元の町工場でも修理できる"というメーカーの触れ込みがあり、MRでも手探りで修理が可能であった。結果的にメーカーのコンセプトが形を変え、MRで果たした役割は大きい。いきなり国鉄形DC投入では、技術的に無理であったのは明白である。

竣工にあたり、共通改造として輪軸改修（台車の車輪間隔改造／1067㎜→1000㎜／※3）、屋根上ベンチレータ・冷房撤去、ステップ取付、車高3400㎜に抑えるための車体切詰（NT-100形13両、AR201、CR70形3両の計17両）が同時期入線のRBE.3600形（JR西日本キハ58）・RBE.5000形（JR東日本キハ52・58形）と共に施工された。

なお、車体切詰は2541をもって一応中断されているが、DD51形では入線した6両全てに改造が継続され、またRBE.2568（平成筑豊303）で切詰が確認されており、完全に中止したわけではないようだ。配置先のMR支社間での考え方によって、施工されるかどうか決まるようである。

2019年3月現在のMR資料によると、管内18機関区に計54両（うち稼働35両）が配置され、24両が入場車。稼働35両の内訳は一般用28両、VIP車（車内をリクライニングシートや寝台に改装）7両で書類上、ピィンマナ（Pyimana）機関区配置車が15両と一番多いが、稼働できる一般車は2両に過ぎず、他機関区と変わらない。

黎明期（2003年）から数年間は、LRBE（同国製の簡易レールバス）の運用を踏襲した機関車のような位置付けとして、同国製のPC2～3両の両端に動力車を配置し、先頭車の動力のみで牽引（後部動力車はエンジンをかけず、トレーラー扱い）する形で運用を開始した。

ただ軽量とはいえ、元来、トレーラー牽引を想定していない軽快DCではエンジンや変速機に負担がかかり故障が続出し、2007年夏頃より、片側のみRBE.2500形を配置し、終着駅では機関車のように機廻しをする方法に改められた。しかしこれも長続きせず、2009年春頃から、車両性能をある程度考慮した富士重工製ボギー式LE-Car

車体切詰の一例。右のRBE.5008（キハ52 152）は窓下約30cmを切り取って接合したため、左の三セクDC（RBE.2549／平成筑豊108）より車高が低くなっているのがわかる
Yangon　2011年6月23日

※3＝MRは軌間1000㎜で、日本の車両はそのままでは走れないため、車輪部分を67㎜分詰める改修作業が必須である。初期導入のDCは、車軸を切って67㎜詰めて溶接したという（関係者談）。その改修用機械がインセイン機関車工場（DRI）に現存している

第1章 ミャンマー　27

雨のヤンゴンを出発するRBE.5011(キハ52 110)他4連。先頭のキハ52だけで残り3両のトレーラーを牽引する片側動力車方式。三セクDCだけでなくキハ52も同様であったが、この組成はエンジンや変速機に負荷がかかることもあって、まもなく見られなくなる　Yangon　2009年7月13日

東大学駅で機廻し中のRBE.2551(松浦MR-205)。RBE.2533(甘木AR-201)はエンジンをかけずトレーラー扱いで、DCの利点が全く活かされていなかった　East Unversity　2009年7月14日

同系列による運行の一例。RBE.2532(三陸36-402)他4連は、両端にRBE.2500形を連結しており、一見するとプッシュプルのように見えるが、実際は先頭車のみにエンジンをかけ、それ以外はトレーラーとして"ぶら下がって"いるだけである　Yangon　2009年7月13日

＋新潟鐵工製NDCの混結、または同系列による2連（後部はトレーラー扱い）運用に再度変更されている。その結果、輸送力が小さくなった関係で本線から支線区運用にシフトし、最終的に片側動力車＋PC編成はヤンゴンエリアでは2011年頃を境に見られなくなった。

　塗色は最初に導入した名鉄色（名鉄スカーレット＋白帯）が採用されたが、2008年5月竣工の2542（松浦MR-202）より、上半分クリーム＋下半分朱色の新塗装化が施行され、稼働不能車を除く先発導入車についても新塗装に改められた。この他、工期短縮のため、旧・所属社カラーのまま竣工し、しばらくしてからMR標準色化するケースも目立つ。

国鉄形DCへの置換

　民主化前後の2011年から2013年にかけては、保守用パーツ払底に伴う動力車不足が深刻化し、その対策としてDL牽引によるPC代用としての運行も行われた。2012年夏頃より、その解決策の一つとして修理が難しいDMF13系機関搭載車（新潟鐵工製NDC）について、パーツに比較的余裕のある日産ディーゼル（現・UDトラックス）製PE6HTエンジンに振り替えて復旧を目指す取り組みも行われ（※4）、この頃より地方への移動も本格化している。

　2015年5月、稼働不能車の活用策として、ちほく・松浦車を中心に計10両がエンジンを降ろしてPC化した「RBT.2500・5000形（※5）」が登場、同年8月の追加竣工分を加えた計12両（実際は11両）がRBEの籍から外れ、初めて減少に転じた。ただその後の増備はなく、運用自体は1年ほどの活躍に留

まった。

　2015年7月、JR東海キハ47・48形が竣工、これが一つの契機となって収容力の大きい国鉄形DCに順次置換が進められ、現在の

旧・三セク車は2013年頃より、地方へ転属するケースが多くなった。写真はレールがつながっていないシットウェー機関区転属のため吊り上げ中の2549（平成筑豊108）2014年1月5日／写真提供＝MR

RBT.2546他6連。エンジンと変速機の不調で、長らく運用を離脱していたDCの機器類を降ろし、トレーラー化した。2015年度に10両が登場し、4～6連で運用開始したものの、1年ほどの活躍に留まった　Yangon客車区　2016年2月21日

※4＝当時のヤンゴン市内には日産ディーゼルのエンジンを積んだ路線バスが大量に運行されており、レールバスでも使えるパーツが用意できたこと、また当時の三セク用レールバスはバス用パーツを多用し、鉄道車両でありながら"町工場でも修理できる"というメリットがあり、双方の事情が一致し、エンジン換装という取り組みを後押しさせたのではないかと推測される

※5＝「RBT」とは「Rail Bus Trailer」の略で、エンジン・変速機といった床下機器類を持たない、あるいは外してDLまたはRBEに牽引される客車を指す。2015年7月より運用開始したRBT.2500・5000形は合計11両竣工したが、DCではないことからRBTグループに編入され、新形式「RBT.2500・5000形」が誕生した。当初は12両改造される予定だったが、約1年でヤンゴンエリアから撤退している。このため、改造予定であった5020がRBTに変更されず、RBE籍に残り、書類上の在籍は78両となる

体制ができあがる。この頃にはすでに民主化進展に伴い、経済制裁解除による保守用パーツの入手も容易になって、稼働率は少しずつ上がり、故障中だった旧・三セクDCを車体内外についてMRの実情に合わせた更新車も登場しているが、これと並行して2017年10月、機関区・車両工場内の稼働不能車を中心に修繕を諦め、解体を前提とした除籍対象車選定も開始された。2018年3月より順次、処分が開始されているようである。

初期導入国鉄形DC

保守管理の難しさから運用が縮小

　2005～2008年の3年間は、除籍された国鉄形DCが相次いでMR入りした。JR西日本キハ58形12両と、JR東日本キハ52・58形20両の合計32両である。改造はインセイン車両基地（DRC）、同機関車工場（DRI）の他、近所のマラゴン（MaHIwaGon）機関区でも行われ、エンジン出力を形式数にする慣例に倣って、西日本車はRBE.3600形、東日本車はRBE.5000形と付番された。

　2005年7月に運転開始したRBE.3600形は赤・白・紺の3色に塗られ、ヤンゴン～ネピドー（NayPyiTaw）間の急行運用に充当されていたが、車体が重く、エンジンも古いキハ58形は保守にかなり難があり、ほどなく運用も縮小され、2008年頃までに全て引退、約3年の活躍で終わった。

　現在はRBE.3603（キハ58 1113）がピィンマナ（Pyinmana）機関区に、それ以外の大半はミンゲ車両工場にて保管中（RBE.3607のみ、長らくインセイン車両基地（DRC）の片隅に留置後、2013年10月頃移送）で、現在も解体されることなく、屋外放置が続い

2008年の運用終了後、ミンゲ車両工場の片隅に集められていたRBE.3600形。現役時代末期の姿のまま、すでに10年以上が経過し、2017年には12両全車が除籍対象車に指定されており、このまま処分される可能性が高い　Myitnge車両工場　2015年9月18日

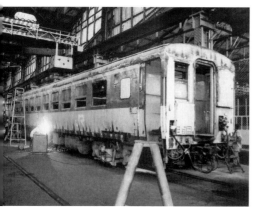

低屋根化改造中のキハ58 1044（→RBE.3604）。幕板部が切り詰められているのがよくわかる　Insein機関車工場（DRI）　2005年7月5日

竣工後、三セクDC併結用に"名鉄色"に塗られたRBE.3604（キハ58 1044）。残念ながら併結試験は失敗だったようで、短期間で再び塗色変更されている　Insein車両基地（DRC）2005年2月12日

ている。

　一方、RBE.5000形は2007年に盛岡車両センターで除籍となったキハ52形17両とキハ58形3両が出自で、MRではJR車号の若い順に付番され5001～5020となった。エンジンが換装されていたとはいえ、車体重量の重い国鉄形DCの保守管理は、当時、保守用パーツですら入手が厳しかったMRでは整備が難しく、こちらも次第に運用から外れ、2018年5月まで活躍していたピィンマナ機関区のRBE.5013（キハ52 146）も同年5月、ついに休車となっている。

　現在は、シットウェー機関区のRBE.5012・5014・5015の3両以外は休車中（最新の情報で

RBE.3601（キハ58 7211）他6連のネピドー急行がヤンゴン中央駅1番線で発車を待つ。RBE.3600形は、竣工後の2005年秋より順次、ヤンゴン～ネピドー間の本線急行に充当され、俊足ぶりを発揮した。MR車号の下にJR西日本のロゴが見える　Yangon　2005年12月12日

RBE.3607（キハ58 1041）は、最後までヤンゴンエリアで現役だったJR西日本キハ58形で、運用を外れて7年（撮影時点）が経過し、現在はミンゲ車両工場敷地内に屋外放置されたままである　Myitnge車両工場　2015年9月18日

は5015以外は休車中)で、所属区片隅で保管されたまま荒廃しているケースが多い。

国鉄特急形DC(稼働組)

優等列車用DCが実際に運用についた事例が過去に2件存在した。JR北海道キハ183系3両とJR西日本キハ181系15両である。東南アジア諸国でもDCとしては稀有な事例であったが、乗客減と保守の煩雑さから短期間で終了、現在営業線上では見られない。

後期導入国鉄形DC・JR車

2015年より導入が開始された主に国鉄形DCを導入したグループ。2016年3月竣工の25127(キハ40 2025)を最後に、新規竣工は止まっており、後継車導入の関係(※6)と推定されるが、ごく一部を除き稼働車。

特急形DC(未竣工組)

> ※6＝2020年、ヤンゴン－マンダレー線に投入が予定されている電気式DC(DEMU)のことで、円借款事業の一環として第1陣24両について、丸紅・新潟トランシスが受注した。その後も66両(業者未定・入札中)がヤンゴン環状線向けに投入予定である

2008年10月と、2010年12月にMRへ導入されたJR北海道キハ183系19両のうち、未竣工または改造途中で放棄された10両のことで、新形式のRBE.25-100形も用意されていた。このうち、RBE.25-102・25-106(キハ182-225・キハ184-2)は24系とのDC＋PC併結運転も計画され、車体外板を紺色＋細白帯の「ブルトレ色」に塗り替えている。

基本的に車体内外ともJR北海道時代のままであったが、RBE.25-109として改造予定であったキハ183-2は高運転台を切断した状態で工事が中止され、何とも形容のしようがない"オバケ"になっている。2011年頃までには全ての改造工事が中断、ほとんど竣工せずに終わった。現車は、RBE.25-105(キハ184-7)がヤンゴン車両工場に、そ

れ以外はミンゲ車両工場敷地内に放置されており、今後の再開はないと判断されたのか、一部の座席は三セクDCのVIP車に移植されている。

キハ183-2を低屋根化改造するにあたり、廃棄された運転台部分。草むらの中へ無造作に転がっている光景は実にショックであった　Myitnge車両工場　2015年9月18日

RBE.25-109になるはずだったキハ183-2は、JR北海道での引退に際し、国鉄特急色に塗り直されたDC。MR入り後、高運転台を外した段階で改造工事が中止し、以来"首なし"の異様な姿のまま、同工場片隅に放置されている　Myitnge車両工場　2015年9月18日

車両概要

名古屋鉄道キハ20形（21〜25／5両）
→RBE.2501〜2505
（MR入籍／2501・02＝2003年4月25日、2503・04・05＝2004年7月1日）

2003年4月25日付でMRに入籍した、記念すべき日本型DC第1号・RBE.2501（名鉄キハ21）。2501〜03の3両は竣工に際し、2位側折戸の移設改造が実施され、独特の扉配置となった　Insein車両基地（DRC）　2005年7月5日

　2003年4月23日付でMRに入籍した記念すべき日本型DC第1号。キハ21は1987年8月製、キハ22〜25は1990年5月製で、2003年4月（キハ21・22）と、2004年6月（キハ23・24・25）の2回に分けて、5両全車がMRに搬入された。

　元々、キハ21は三河線「山線」区間に、キハ22〜25は1990年7月から内燃転換された同「海線」区間用に増備されたもの。2001年9月の八百津線廃止と2004年3月の三河線両端区間の廃止で除籍された後、MRへ2回（21・22と、23〜25）に分けて搬入された。

RBE.2501＋RBE.2542の2連。2501（名鉄キハ21）は、2008年にヤンゴンからヘンザダへ転属となり、同エリアの区間運用についていた　Myogwin　2009年1月27日

　改造はインセイン機関車工場（DRI）が行い、21・22が2003年12月30日付で、23〜25も2004年7月1日付入籍し、車号は順にRBE.2501〜2505と付番された。2510〜2503の3両は竣工にあたり、なぜか2位側の折戸1ヶ所を鋼板で塞ぎ、Hゴム固定窓を新設して塞いだ上で車体中央部に移設する改造を行っている。

　営業開始当初は5両ともインセイン車両基地（DRC）の所属で、ヤンゴン環状線を中心に使われていたが、2008年にまず2502（キハ22）と2503（キハ23）がピィンマナ機関区へ転属し、内装を大幅にレベルアップした「VIP車（要人輸送やMR幹部の管内巡回用）」に改造された。2両ともデッキ部仕切りを増設、2502は室内に、インド製の1+2人掛けのリクライニングシートを5組設置

引上げ線で入換を待つRBE.2503＋2502＋2536のVIP車3連。側扉が一部移設されているものの、全体的に名鉄レールバス時代の面影を残し、MR在籍は15年となり、名鉄時代より長くなっている　Pyinmana機関区　2018年11月24日

したのに対し、2503はJR583系と類似した寝台・座席兼用ボックスシート（ただし1人ずつ分割できる構造）を左右3ボックスずつ配置した。カーテンも設けられて簡易個室構造となっているところが大きな違いで、

2503については夜行運用も考慮した設計と推定される。側窓は全てスモークフィルムが貼られ、トイレ部に相当する側窓は内側から白く塗られている他、2502のみ、側面固定窓の中央2ヶ所が引違い式開閉窓に改造されている。

定員は2502が24名、2503が30名で、移設折戸と運転台との間には、トイレと2人掛けリクライニングシートが非対称の位置で増設された。その他、床面積の有効活用を図るため、折戸が閉まっている時には脇の板を下げると階段部分に「蓋」をする形で床面積を広げるアイデアパーツが設置されている。

扉移設改造が行われなかった2504は、2014年にパズンダン車両工場付を経て、2016年12月にピュンタザ（Pyuntaza）機関区へ転属となった。2017年6月配置の2547（松浦MR-104）と交代で、MRマダウ（Madauk）線で1日1往復の運用についた後、2018年4月にピィ（Pyay）機関区に転属したが、MR資料の「RBE配置表」によれば、同年10月に再びピュンタザへ再配置となっている。

同じく名鉄時代の側面を残す2505は2005年8月15日付でCNG（液化天然ガス）

機関区内で入換中のVIP車・RBE.2502（名鉄キハ22）。MR導入時に側扉の移設の他、VIP車化の際には側窓の一部引き違い化及び貫通路上に前照灯の増設が行われている。機関車とは連結器が異なるため、入換時には双方の連結器を整備した控車を挟む　Pyinmana機関区　2018年11月24日

カーに改造され、試運転も行われたが、出力が足りず（関係者談）、結局実用化には至らなかった。

試験終了後は復旧されることなく、インセイン車両基地（DRC）の片隅に放置され、2013年7月に向かい側の機関車工場（DRI）

2008年にピィンマナ機関区転属の際、VIP車に改造されたRBE.2503（名鉄キハ23）。手前の折戸は一般車時代に移設され、跡地は鋼板で綺麗に埋められている　Yangon車両工場　2017年3月13日

RBE.2503（名鉄キハ23）はVIP車化により、車内にJR583系と類似した寝台・座席兼用ボックスシート（ただし1人ずつ分割できる構造）を左右3ボックスずつ配置した　Yangon車両工場　2017年3月11日

ピュンタザ機関区配置時代のRBE.2504（名鉄キハ24）。1日1往復のMRマダウ線運用に就いていた。写真は途中の停留所での乗降風景　2017年3月12日

第1章　ミャンマー　33

に移動している。

現在、2501は休車中、2502と2503はVIP車として運用に入ることはほとんどないため、事前の動向を掴むのは難しい。営業線上で稼働状態になるのは2504だけで、2505は除籍対象車となっている。

名古屋鉄道キハ30形（31～34／4両）
→RBE.2506～2509
（MR入籍／2004年11月29日）

1995（平成7）年2月、キハ10形の置換用に新製した富士重工製LE-DCで、全金属製鉄道車体構造3扉車。MR入籍は2004年11月29日付で、2005年5月の運用開始当初、名鉄時代と同じ「30形」と称した。塗装・側面の名鉄社紋・ローマン書体の切抜車号まで名鉄時代のままだったが、同年秋にRBE.2500形に編入された。2506～07、2508～09を両端に配置し、中間に塗装を揃えたRBT.800形PCを2～3両挟んだ輸送力列車編成で使われていた。

2007年3月、2506（キハ31）が入換中に他車と衝突、前照灯やステップが破損した。2506はヤンゴン車両工場に入場し、初の運用落ち車となり、以前より機関・変速機が続いていたため結局、修理を諦めて2009年1月以降、名鉄色のまま同工場屋外での放置が続き、荒廃している。2507・2508・2509（キハ32・33・34）の3両は2009年秋以降、MR新塗装に順次変更され、後継車竣工に伴い、2507はカウリン（Kawlin）、2508はカウリン（Kawlin）→モウラミャイン（Mawlamyine）、2509もモウラミャイン（Mawlamyine）→ピィンマナ（Pyimana）の各機関区へと順次転属した。

現在、2506・2508はヤンゴン車両工場敷地内で荒廃（2019年3月、現車を確認済み）、

竣工から1年半経過したRBE.2508（名鉄キハ33）。キハ31～34の4両全車がMR入りし、2005年秋にRBE.2500形に編入され、順にRBE.2506～09と付番された。当初は名鉄色を維持し、方向幕も残っていた　Yangon　2005年12月12日

RBE.2509（名鉄キハ34）。キハ30形は冷房使用を前提とした固定窓だが、MRでは冷房が撤去されたため車内が暑く、側扉を始めとして開けられる部分は全て開けている　Yangon　2005年12月12日

ピィンマナ機関区所属のRBE.2509（名鉄キハ34）。日本型DCでは古株（2005年導入）で、冷房使用を前提とした固定窓のため、ミャンマーではかなりの暑さ（MRでは冷房が撤去されたため）であったという。銘版や切抜文字も健在　Pyinmana機関区　2018年3月20日

ピィンマナ機関区で休車中のRBE.2507(名鉄キハ32)。
MR標準色化、ステップ取付以外は大きな変化はない
Pyinmana機関区　2018年3月20日

2507・2509はピィンマナ機関区で休車となっており、全車営業線上には出ていない。2506・2507・2508の3両は除籍対象車に指定されており、2018年3月にはヤンゴン車両工場内で2506の貫通扉1枚が修理中の2513（のとNT-103）に流用されている。

伊勢鉄道イセⅠ形（イセ2・3）
→RBE.2510・2511
（MR入籍／2510・2511＝2005年6月22日）
※イセ1は入籍せず

同時期に登場した長良川鉄道ナガラ1形、甘木鉄道AR100形とほぼ同形のセンターピラーなしの非貫通中央運転台式。ただ登場は甘木車の方がやや早く、より"バス"をイメージさせる前面非貫通構造は、連結運転時のワンマン運用に難があったためか、採用はこの3社に留まった。

後継イセⅢ形竣工に伴い、2004年12月の運用を最後に引退。2005年6月22日付で3両揃ってMR入りし、改造も同時期に行われている。

同形の特徴はその後の処遇で、3両のうちイセ1は搬出時に運転台機器類が撤去された状態でMR入りしており、当初はRBE.3604（キハ58 1044）と連結し、中間車として使用を想定。車号もトレーラー扱いとして「RBT.828」の車号も用意されていた。ところがイセ1は、なぜかトレーラーとしても竣工できず、RBEの車号も付番されないという、唯一の未竣工車となっており、試運転すら行ったかどうか怪しい。

イセ2・3はそれぞれRBE.2510・2511と付番され、2006年1月にヤンゴンエリアでRBT.800形を挟んで運用を開始している。関係者によれば、当初はイセ1を挟んだ3連も計画されたそうだが実現しなかった。

ヤンゴンでの活躍は2年ほどで終了し、2510は2008年にタウングー（Toungoo）へ転属した。2016年9月まで、同機関区で事業用車として運用され、赤＋白の"名鉄色"を最後まで維持していた。

イセ1は後年、同国中部のミンゲ（Myinge）車両工場に移送され、現在は同工場敷地内の解体予定車留置スペースに留置されている。そして2510も稼働不能車扱いでピィンマナ機関区片隅に留置されており、この2両は除籍対象車であることから、近いうちに処分されるものと推定される。残る2511は同国最北端のミッチーナ（Myitkyina）機関区で予備車として在籍している。

ピィンマナ機関区で休車中だった頃のRBE.2510（伊勢イセ2）。色褪せているが"名鉄色"を維持し、塗り潰されてはいたが、切抜文字も残っていた　Pyinmana機関区　2015年9月17日

第1章　ミャンマー　35

> **のと鉄道NT-100形**（101・103・105・106・109・112・121・122・124～126・130～133／15両）
> →RBE.2512～2523・2527・2528・2536
> （MR入籍／2512～2515＝2005年11月12日、2516～2523＝2006年2月20日、2527・2528＝2006年8月7日、2536・2537＝2007年6月9日）

1988（昭和63）年3月の転換開業にあたり、富士重工で製造されたLE-DCで、15両が4回（2005年11月・2006年2月・8月・2007年6月）に分けてMR入りした。同一形式で15両もの大量搬入は、のと鉄道車が最初で、これは運用線区（能登線）廃止と新形式車への置換が、ほぼ同時期に行われ、一挙に除籍車が発生したためである。のと鉄道竣工時、車内はセミクロスシートであったが、後年にラッシュ対策から数両がオールロングシート化されており、MRでもこのまま竣工している。

2512・2513・2514（NT-101・103・124）は、冷房などの屋根上機器を撤去しただけで、のと鉄道時代の車高のまま竣工した。しかし、2515（NT-125）以降は、車高3400mmに抑える車体切詰改造が施工され、2012年よりMR新塗装化も順次行われているが、ヤンゴンエリアでは2014年夏頃までに運用が消滅した。

2512（NT-101）は、2012年より一時期、エンジンを起動せず、PC扱いとして中国製DLに牽引されていた。これは補修用パーツの手配がつかなかったものと推定され、軍事政権下当時の厳しいメンテナンス事情が窺える。同車は後年、エンジンを現地の中古トラックやバスから転用したPE6型エンジン（日産ディーゼル／現・UDトラックス）への換装を行っている。

2513（NT-103）は、2012年よりパズンダン車両工場所属の事業用車となり、一時期内装が黄色に塗装され（現在はクリーム色に再変更）、時折コンピューター大学支線にも使われていたが、ピィンマナ機関区転属の後、現在修理待ち扱いとなっている。

2514（NT-124）は2008年から2015年12月まで、2510と共にタウングー機関区所属の事業用車として運用。さらにピイ（Pyay）機関区へ転属し、同駅より分岐する支線区の運用に使われていた。

特筆すべきは2008年、ピィンマナ機関区に転属した2516・2517（NT-121・131）で、MR幹部の管内巡回用VIP車として、それぞれ簡易食堂車、寝台車に改造された。特

インセイン機関車工場（DRI）で修理中のRBE.2520（のとNT-106）。2006年秋の水害で脱線した際に側面を損傷しており、その修理の痕が見える　Insein機関車工場（DRI）2007年1月24日

MR新標準色への塗替えが完了したRBE.2512（のとNT-101）。2005年11月12日付でMR竣工し、その後は同車を含め合計15両が入線することとなる。2512・2513・2514の3両に関しては、車高切詰は未改造のまま竣工　Insein車両基地（DRC）　2009年1月28日

に2517は2人用個室3室（定員6人）を設置し、車端部にはシャワールームも備えている。なお2516は2016年5月に後継VIP車である3034（井原IRT355-07）竣工に伴い任務解除となり、パコック（Pakokku）機関区に転属し、名鉄色のまま使われている。

2521（NT-112）は被災車として2007年に早々と営業から外れ、2505と共に旧塗色のままインセイン機関車工場（DRI）敷地内片隅で荒廃している。2522もエンジン不調で2013年頃には運用を外れ、同車両基地（DRC）構内で荒廃している。

エンジン換装も一部で実施されたが、機器類不調により10両（2515・2517・2519～2523、2528・2536）が保留車となっており、

旧・中国国鉄昆河線用DLであるDD.1145に、PC代用として牽引されるRBE.2512（のとNT-101）。民主化後もしばらくはパーツの手配がままならず、こういった故障車をPC代用として運用に出す苦肉の稼働が存在した　Yangon 2014年1月25日

再整備中のRBE.2513（のとNT-103）。貫通扉は2506パーツの流用である　Yangon車両工場　2018年3月19日

2008年にピィンマナ機関区転属の際、VIP車の伴車扱いとして簡易食堂車に改造されたRBE.2516（のとNT-121）。外観は塗色以外、のと時代の面影をよく留めている。写真はヤンゴン車両工場へ検査のため"上京"したところを撮影したもの　Yangon車両工場　2017年3月13日

5両（2512・2513・2514・2516・2518・2527）が稼働車となっている。2016年4月、2527（NT-126）は、エンジン更新・側窓上部に黒フィルム貼付・FRP製ベンチシート化が施工され、稼働車に復帰している。

ヤンゴンエリアでは、インセイン機関車工場（DRI）内に2521（NT-112）、同車両基地（DRC）敷地内に2522（NT-105）の2両が留置されているが、いずれも車両基地敷地内で撮影は難しい。

車両工場脇の側線で修理待ちのRBE.2518＋2538＋2534＋2530＋2535の5連。のと＋甘木＋真岡＋三陸＋真岡という、日本では実現不可能な組み合わせ。2518は2018年夏に修理完了し、列車に復帰している　Yangon車両工場 2018年3月19日

伊勢鉄道イセⅡ形（イセ4／1両）
→RBE.2524
（MR入籍／2006年2月20日）

1989年12月製で、イセⅠ形と比較すると、

第1章 ミャンマー　37

前面貫通式、乗務員室小窓と扉の設置、クロスシート2ボックス増加、側窓固定部分増加が相違点。2006年2月20日付でMR入籍後、同年5月27日付でMR竣工。厚手のボックスシートモケットが幸いし、当初よりMR幹部の管内巡回用VIP車として冷房も存置し、バッテリーもこまめに交換されるなど、大切に扱われており、運用のない日はインセイン(Insein)車両基地(DRC)の入換や試運転車両の伴車に使われていた。2008年秋頃にMR標準色化されている。

2014年12月にヤンゴン臨港線旅客営業開始(現廃止)に伴い、予備車としてインセインで"三鉄色"化とステップ延長工事を施工し、マラゴン(Mahlwagon)機関区常駐とさ

2006年2月20日付でMR入籍のRBE.2524(伊勢イセ4)。竣工当初はMR幹部巡用用のVIP車として入念に整備され、車体色も"名鉄色"をまとっていた　Insein車両基地(DRC) 2007年1月24日

ヤンゴン臨港線用予備車としてVIP車を解除され、「三陸色」に塗られたRBE.2524(伊勢イセ4)。しかし幕板部のないレールバスではあまり三陸車に似ておらず、予備車の役目も短期で解除され、この塗装もわずかな期間で再度塗り替えられた　MaHIwaGon機関区　2015年2月16日

れたが、これは短期間で終了した。2015年9月に新VIP車・3004・3005(三陸36 1103・1107)竣工に伴い、MR標準化の上、同国中部のパコック(Pakokku)機関区へ転属した。現在も同機関区に在籍しているが、他のRBE.2500形も共用されており、実際に遭遇できるかは"運次第"となる。

天竜浜名湖鉄道TH-100・200形
(106・211／2両)
→RBE.2525・2526
(MR入籍／2006年8月7日)

1987年3月の同鉄道転換開業に際して製造されたレールバスで、前面貫通型としては、窓周囲のブラック部分を広げた最初の形式。これ以降、ボギー式レールバスはこのデザインが主流となり、のちに導入される、いすみ鉄道いすみ100形、真岡鐵道モオカ63形、伊勢鉄道イセⅡ形に波及していく。TH1形(106)はクロスシート4ボックスを配置した一般車、TH2形(211)はミュージックホーンや大型スピードメーターなどを備えたイベント対応車であった。

天竜浜名湖鉄道側の廃車時期とMRへの搬出タイミングが合わなかったのか、搬出されたのはこの2両だけで、MRには2006年8月7日付でTH106→RBE.2525、TH211→RBE.2526と付番された。ヤンゴン車両工場で改造の後は、2007年1月より名鉄キハ20・30形と同様、2525＋PC3連＋2526という、同国製のPC2～3両の両端に動力車を配置し、先頭車の動力のみで牽引(後部動力車はエンジンをかけず、トレーラー扱い)する組成で、ヤンゴンエリアにて運用開始した。

2両とも2008年より順次、地方へ転属し、3年ほどの休車時期を挟んだ2017

2006年8月7日付でMR入籍のRBE.2525（天竜浜名湖TH-106）。当時のRBE.2500形は用途に関わらず、赤＋クリームの"名鉄色"に塗られて竣工していた　Toe Gyaung Kalay　2007年1月25日

朝のヤンゴン中央駅で同国製DLと並ぶ、RBE.2529（三陸36-301）。明治時代の市電をイメージして製造されたレトロ調DCだけに、前面窓下1灯のその奇抜なデザインは、現地でも当時、注目の的であった　Yangon　2009年7月13日

年、2両ともピィンマナ機関区配置となった。後年、折戸の片側1ヶ所が1980年代の路線バスで使われていたような、Hゴム固定の2枚窓タイプに似たドアに交換されている。

　エンジン・変速機の酷使により不調が続き、近年は2両とも運用を外されていたが、2525は2018年6月より再整備が実施され、ネピドー周辺の運用についており、遭遇できる可能性は比較的高い。一方、2526は除籍対象車となり、ピィンマナ機関区敷地片隅にて荒廃しており、いずれ処分されるものと推定される。

```
三陸鉄道36-300・400形
（301・302・401・402／4両）
→RBE.2529～2532
（MR入籍／2007年2月19日）
```

　1989（平成元）年3～10月に開催された「横浜博」の会場アクセス用にNDCをベースにしたレトロ調DC。「横浜博」終了後、三陸鉄道に移籍し、300形は「くろしお」、400形は「おやしお」との愛称が付き主に団臨で活躍していたが、それぞれ2005（平成17）年12月、2006（平成18）年2月に除籍され、MR入りした。

　レトロ調の特徴であったダブルルーフは全高制限のため撤去され、シングルルーフ

に加工された上で同年5月に営業運転を開始した。当初は中間にRBT.800形3両を挟んだ5連で環状線にて運用されたが、ほどなく変速機不調でRBT.800形1両を間に挟む3連、そして同形車だけの2連組成に戻ってコンピューター大学支線で使われた後、4両とも地方へ移籍となった。

貫通路を利用し、何と「両運転台」に改造されたRBE.2529（奥／三陸36-301）。脇に前照灯が増設され、模型のパワーパックのような、ちゃちな運転台機器（休車中車両からの発生品か）が新たに設置されている　PaThein機関区　2015年2月15日

第1章 ミャンマー　39

片運のため他車と連結して運用していたが、運用車の単行化を図るため、2529・2531（36-301・302）は2014年秋、所属のパテイン（PaThein）機関区（ヤンゴンから西へ約200km）で何と非運転台側貫通路に運転台機器を新たに設置し、「両運転台車」に化けた経歴を持つ。

現在は、2532（36-402）がハヤイク（Thayaik）機関区で休車中、それ以外はヤンゴンで荒廃し、2529は除籍対象車となっており、4両とも営業線上には出ていない。

```
三陸鉄道36-1100・1200形
（36-1201・1206・1106・1103・1107／5両）
→RBE.3001～3005
（MR入籍／3001～3003＝2008年10月25日、3004・3005
＝2015年5月12日）
```

RBE.3001・3002（36-1201・1206）は2009年3月14日付でMRに入籍した。冷房とリクライニングシート装備が幸いし、MR幹部の管内巡回用（VIP車）として、冷房の車内側落とし込み・外板に雨樋取付・前面行先表示幕埋め込みなどの改造を実施した。車番も1201→RBE.3001、1206→RBE.3002として同年秋頃（関係者談）に竣工し、同国中部のピィンマナ機関区に配置されていた。

燃料タンクの容量が大きいため、MRでも比較的走行距離の長いVIP運用に使われていた。同機関区は他にもVIP車が複数存在していたことから、2014年12月20日のヤンゴン臨港線開業（現廃止）に伴い、一般用ＤＣに格下げの上、インセインへ転属、ロングシート化・トイレ閉鎖・前面に黄色回転灯取付・反射材シール貼付、路面からの乗降のためステップ増設などの改造が行われている。これほど改造したのに本来の活躍期間はわずかで、2015年9月の臨港線電化工事に伴い、DC運行が休止され、10ヶ月で2両とも本来の目的を失った。しばらく保留車扱いの後、3001がターズィ（Thazi）、3002はピィンマナ機関区へロングシートのまま再度転属となっている。現在3002が休車中。

RBE.3003（36-1106）は、36-1201・1206と同じ輸送船で搬入され、同車も冷房とリクライニングシート装備であったため、VIP車として活用されることになった。基本的な改造メニューは3001・3002と同様だが、最大の変化は車体色で、なぜか青ベースをやめ、赤ベースの3001・3002と同様のデザインに揃えられた。車号書体も他車と微妙に異なる他か、側窓の遮光フィルムも薄いタイプとなっている。

車内中央部はリクライニングシートを1組外して跡地にテーブルを据え付けており、運用時はここが「上座」となる。竣工は2009年秋で、パテイン（PaThein）機関区に配置され、現在もVIP車のまま、三鉄時代の座席配置を維持するが、運用がほとんどなかった。事実上の休車扱いとなっていたためか、2017年秋にはヤンゴン車両工場へ移送されており、車内のリクライニング

ヤンゴン臨港線へ転用されたRBE.3002+3001（三陸36-1206+1201）。路面からの乗降のためデッキステップを取付た他、回転灯取付も行っている。当初運転は途中のパンソダンで分離されており、写真の最終列車は運用される2両を併結して帰区していた Pazundaung　2015年2月14日

シートを一部外し、キハ40形のロングシート化（後述）に伴って発生したクロスシート2組が設置されている。

RBE.3004・3005（36-1103・1107）は、2015年9月竣工の三陸最新車。種車は三陸色を保っていた1103・1107で、除籍後に一旦横浜港大黒埠頭に運ばれた。2015年4月29日、先に名古屋港でJR東海キハ11・47・48形を載せた輸送船が横浜港に立ち寄り同車を搭載した。ティラワ港陸揚げ・MR入籍は5月12日付。

改造はインセイン機関車工場（DRI）で実

竣工当初のRBE.3005（三陸36-1107）。キハ11形冷房車改造工法に倣って、側面中央幕板部に排水口が2ヶ所設けられているのが特徴。36-1107が正真正銘（？）の「3005」だった頃　Insein車両基地（DRC）　2016年2月21日

RBE.3004（三陸36-1107）の運転台。主幹制御器に秋田車両センターで2006（平成18）年11月に整備を受けた痕跡が残る　Yangon　2017年3月13日

パテイン機関区でVIP車として在籍するRBE.3003（三陸36-1106）。ヤンゴンやピィンマナ以外では唯一在籍のVIP車で、2009年秋の竣工に際し、青ベースの車体色が3001・3002と同じ赤ベースに反転されている。座席は三陸在籍時代に、485系3000番台からの発生品（リクライニングシート）を移植　PaThein機関区　2015年2月15日

インセイン機関車工場（DRI）での整備が完了し、同駅構内で試運転中のRBE.3004＋3005（三陸36-1103・1107）。普段使われていない側線は雑草が生い茂っており、踏み分けて試運転が行われる　Insein　2015年9月19日

座席全体を包むようなシートカバーが装着されたRBE.3004（36-1107）の車内。撮影当日はMR幹部のティラワ港への視察列車が運転された　Yangon　2017年3月13日

第1章 ミャンマー　41

施され、改造手法は同時期に竣工したJR東海キハ11形で採用された新工法に準じている点が多い。冷房の室内側落とし込み改造後の窪み部分については、豪雨時における迅速な排水を狙って、キハ11形と同デザインの、やや大きめの排水口が幕板部中央の2ヶ所に直接設けられた。また、片側のみ車体中央外板にエアインテーク（空気取入口）が追設された他、トイレや冷房も存置し、車体色も「三鉄色」塗り分けパターンを忠実に再現しており、デッキ部の広告を始め車内の日本語標記・製造銘板等も健在。

試運転は9月19〜21日、ヤンゴン〜ピィンマナ間で実施された。2524（イセ4）に代わり、インセイン車両基地（DRC）の新VIP車として在籍中。2017年3月になぜか車番が振りかえられており、3004（36-1107）・3005（36-1103）に"変身"している。

甘木鉄道AR100・200形（106・201／2両）→RBE.2538・2533
（MR入籍／2007年6月9日）

MRに導入されたのは2両とも最終増備車で、富士重工製ボギー式LE-Car・非貫通タイプのAR106（1989年6月製）と、LE-CarⅡとLE-DCとの中間タイプ・AR201（1992年11月製）の2両を搬入し、MR竣工は2両とも2007年6月9日付。ボギー式レールバスで非貫通タイプはAR106が最後となった他、なぜか201＝2533、106＝2538という逆パターンの付番となった。

AR201は、バス用鋼板重ね貼り（リベット打ち）のバス用車体が新製されなくなりつつあった時期の製造のためか、鉄道用車両に近いタイプとなり、車体長も18mと大型化されている。同車は貫通型前面デザインながら、非貫通として竣工したのが最大

VIP車時代のRBE.2538（甘木AR-106）。"名鉄色"を維持していた頃に入念に整備されていたが、この後ほどなく、ヤンゴン車両工場のエンジン換装試験車となり、営業線上では見られなくなる　Insein車両基地（DRC）2012年1月28日

のポイントで、これは当時の甘木鉄道が非貫通のAR100形だけで、その必要がなかったものと推定される。MR入籍は2両とも2007年6月9日付で、なぜか201＝2533、106＝2538という付番となった。

2538は当初VIP車として竣工したが、ほどなくヤンゴン車両工場で、新潟DMF13HS搭載車を日産ディーゼル（現・UDトラックス）PE6へ改造してエンジン換装試験車となった。試運転時以外は工場内から出ることはなく、試験終了は同工場内に留置されていた。

2014年7月に同国中部のタウンジンジー（Taungdwingyi）機関区へ転属し、同機関区周辺の支線運用に使用を開始したが、換装したエンジンの調子が悪く、短期間でRBE.2591（いすみ205）と交代し、ピィンマナ機関区配置の後、2015年12月に再びヤンゴン車両工場へ回送され、現在は車両工場脇の側線で三陸・のと・真岡車と共に留置中。

一方、2533は車高の低い三セク用DCとしては珍しく、竣工に際して車体切り詰めを実施した他、RBE.3600形（JR西日本キハ58形）の貫通扉を流用して貫通化した。さ

インセイン所属時代のRBE.2533(甘木AR-201)。ヤンゴンエリアで最後まで名鉄色をまとい、車高切詰のため、見た目よりより長く見える。同車は発生品パーツを使って貫通化・4灯化され、比較的原形のまま使うことが多いMRでは、例外的に大改造となった　Toe Gyaung Kalay　2011年6月25日

ティラワ港への陸送で、最大の"難関"が「カンナーラン料金所」で、トレーラーに搭載された2533(甘木AR-201)は、料金所の屋根すれすれの高さでゆっくりと通過する　2014年1月5日／写真提供＝MR

らに前面上部に発生品の前照灯を付けて4灯化されるなど、一番の変形車となった(※7)。ヤンゴンエリアで最後まで名鉄色を維持し、2014年1月にMR標準色化の上、北部のシットウェー(Sittwe)機関区へ転属し、同区ではエンジンを降ろし、形式はRBEのまま事実上トレーラー化され、車内ロングシートもFRP製ベンチシートに交換されて竣工した。他のRBEに牽引されて走ってい

たが、この連結運転はほどなく中止され、現在失業状態で留置中。

　現在、2両とも営業線上には出ておらず、2533はチャイトー(Kyautaw)駅構内に、2538はヤンゴン車両工場脇側線に留置中。2両とも除籍対象車扱いで、2538はかなり荒廃している。2533はホームから撮影可能だが、2538は留置場所が工場脇の貨物側線上であるため、ヤンゴン中央駅からは見えず、同駅を跨ぐパンソダン陸橋から俯瞰する方法が唯一の手段となる。

※7＝正確な理由は定かでないが、当時竣工のRBE.2500形は、ほとんどが貫通型であったことから、仕様を揃えたものと推定される

真岡鐵道モオカ63形(63-1・11／2両) →RBE.2535・2534
(MR入籍／2007年6月9日)

　2524(イセⅡ形イセ4)、2525・2526(TH106・211)、・2580・2581・2591・25108(いすみ200'形)いすみ200形と同じ、LE-CarⅡの貫通型タイプで、車体はほぼ同形であるが、沿線自治体の意向により、エンジンが地元製品(コマツS6D125H1)であるのが最大の相違点。

　当初、1988年4月製の63-1はセミクロスシートであったが、1991年にロングシート化されている。最終増備の63-11は1993年4月製で、同車が富士重工製ボギー式レールバスの最終竣工車となった。イベント対応の放送装置を搭載していた他、外観上は側窓開閉部分が3ヶ所から5ヶ所と多くなっている。

　2006(平成18)年12月、2両とも除籍された。翌2007(平成19)年3月19日に陸送で東名古屋港大江埠頭へ、さらに5月には松浦MR-201・204・205・301、のとNT-132、甘木AR106・201と共に搬出された。

第1章 ミャンマー　43

RBE.2535(真岡モオカ63-1)の外観と、モウラミャイン機関区時代のロゴが上窓に残る車内。写真は2011年6月に車体内外の再整備が完了し、インセイン→ヤンゴン間で試運転を行った時の姿である。エンジンが他車と異なり整備が難しく、当時はパーツの補充も難しかったため、ほどなく運用から外れてしまった　Insein車両基地(DRC)　2011年6月24日

入換中のRBE.2534(真岡モオカ63-11)。1993年の追加増備車で、側窓開口部が3ヶ所から5ヶ所に拡大されているのが外観上の識別点。現在は修理待ち扱い　Yangon車両工場　2015年2月16日

天竜浜名湖鉄道TH1・2形と同様、廃車時期とMRへの搬出タイミングが合わず、搬出されたのはこの2両に留まり、MR竣工は2007年6月9日付で、2534＝モオカ63-11(1993年4月製)、2535＝モオカ63-1(1988年4月製)と甘木車と同様、日本時代の車号順とは逆の付番となって9月より営業開始した。製造銘版・車号プレートはMR搬出前に外されている。

当初は2両とも同国東部のモウラミャイン(Mawlamyine)機関区で、受け持ち区間のローカル運用に就いていた。エンジンが他車と異なるためメンテナンスに苦しみ、比較的早期に運用落ちとなったようで、2014年10月の取材時にヤンゴン車両工場へ回送されているのを確認。現在2両とも運用には出ておらず、同工場脇の側線にて放置状態となっている。2534は修理待ち、2535は除籍対象車となっているが車体内外ともかなり荒廃しており、早い復旧が望まれる。

現車の留置場所は2538と同様、工場脇の貨物側線上で、周辺は野犬の群れが多く、屋外留置車は外されたエンジン点検蓋(?)から入り込んだ野良犬の棲み家となっているようで注意。

北海道ちほく高原鉄道CR70形
(CR70-1・2・3／3両)
→**RBE.2539・2540・2541**
(MR入籍／2007年10月15日)

2006(平成18)年4月に同鉄道廃止時まで在籍していたCR70・75形10両のうち、CR70-1・2・3を導入したもので、MR竣工は2007年10月15日付。マイナス30℃対応の酷寒冷地仕様NDCを南国ミャンマーで使うという仰天の施策で、改造はミンゲ車両工場で実施され、車号も順に付番した上、名鉄色をまとって竣工した最後の形式であった。

3両とも車体切詰改造を施工し、当初はヒンタザ(Hintaza)機関区に配置されたが、2010年春に2540がインセイン車両基地(DRC)へ転属した。その際に名鉄色からMR標準色化(後年、他の2両も新塗装化)さ

れ、警笛をちほく時代のホイッスルから前照灯上に移設したタイフォンへ改造されている。

2540はその後も、コンピューター大学

MR竣工当初のRBE.2541（ちほくCR70-3）。車体切詰を施工し、"名鉄色"で竣工した最後の形式で、MRでは不要の前面ワンマン表示灯・行先表示器及び側面サボ受けが撤去されている　Hinthaza機関区　2009年1月27日

MR竣工当初のRBE.2539（ちほくCR70-1）。MRにはCR70形3両（1・2・3）が搬入され、順にRBE.2539～2541と付番され、当初はヒンタザ周辺の運用に2～3連で充当されていた。左はSL時代の給水ホース　Hinthaza機関区　2009年1月27日

北海道ちほく高原鉄道時代のままの車内。トイレも存置されている　Hinthaza機関区　2009年1月27日

パズンダン車両工場で再整備中のRBE.2539（ちほくCR70-1）。傷んだ外板の徹底的な補修が行われている　Pazundaung車両工場　2017年11月28日

支線で使われ、2012年夏にDMF13HSからPF6（日産ディーゼル、現・UDトラックス）へのエンジン換装も実施されたが、故障がちであったのが災いし、2015年8月10日付で他の10両と共に床下機器類を降ろしてトレーラー化され、車号も「RBT.2540」と改番されている。

この他、稼働不能であった2539は、2017年11月にパズンダン車両工場で修理が再開されて2018年2月に出場し、唯一の稼働車となっている。

2541はヤンゴン車両工場脇で修理待ち扱いとして、他の5両（2535＋2530＋2534＋2538＋2518＋2541）と共に1列に並んで留置中である。

> **松浦鉄道MR-100・200・300形(24両)**
> **→RBE.2542～2547・2550～**
> **2555・2558・2561・2564～**
> **2566・2575～2579**
> （MR入籍／2542～2551＝2008年5月10日、2552～2555＝2008年10月22日、2558～2661＝2010年2月28日、2564～2566＝2011年4月2日、2575～2579＝2012年11月15日）

1988（昭和63）年4月の転換開業時に用意された新潟鐵工製NDC。後継MR-600形竣工に伴い、ほぼ全ての在来車がMR入りしたため、24両もの大所帯となった。

第1章 ミャンマー　45

MRでの竣工は4回（2008年5月10日・10月22日、2010年2月28日、2011年4月2日付）に渡るが、同形式は当初からクリーム＋朱色のMR標準色化が施工されている。

起動時の立ち上がりや運転中の加減速も良好の上、パワーもあるためPCを2両程度牽引しても速力が落ちないので（関係者談）使い勝手が良く、特に2008年10月竣工の2552（MR-102）以降は、工期短縮と配置希望区の要望にできるだけ早く応えるためか、松浦時代のカラーリングのまま竣工（MR車番は記載）した。後年MR標準色化された車両も多く、現場からの信頼度の高さが窺えるエピソードでもある。ヤンゴンでは2009年秋まで1日1本、運用2本を併結した7連を先頭の松浦車だけで牽引するという、驚きの運用もあった。インセインには2009年4月に2547（MR-104）が運用に就いたのを皮切りに一時は7～8両が在籍したが、2013年12月に2546（MR-302）と2577（MR-111）の側面に、RBE一族では初とな

2013年12月より同国鉄道車両への広告が解禁され、まずはインセイン所属のRBE.2546・2576へ試験的に側面広告が実施された。写真は地元TV局のラッピングが施されたRBE.2576（松浦MR-110）　Computer Unversity　2014年10月30日

MR竣工当初のRBE.2542（松浦MR-202）の車内。インテリアは松浦時代のまま大きな変化はない　Myogwin 2009年1月27日

ピィンマナ機関区で休車中のRBE.2555（松浦MR-124）。数少ない松浦色維持車で、JR九州線乗り入れ時に使っていたサボ受けが残る120番台もMR入りしている　Pyinmana 機関区　2018年3月20日

RBE.2551（松浦MR-205）他7連。2009年当時に1日1本だけ設定されていた輸送力列車で、松浦＋甘木＋RBT＋キハ52＋RBT＋天竜浜名湖＋RBTという、前所属がすべてバラバラという異色の組成。まさに"百鬼夜行"という名が相応しい　Yangon　2009年7月13日

整備のため入場中のRBE.2542（松浦MR-202）。松浦車24両のトップを切って2008年5月10日付でMR入りした記念すべき第1陣。当初よりクリーム＋赤の「MR新標準色」で竣工し、2018年8月に2543に準じたリニューアル工事を受けて出場している　Yangon車両工場　2018年3月17日

る側面広告（ラッピング）が試験的に実施されている。

エンジンは松浦時代にDMF13HZに換装された2542（MR-202／1999年1月9日付）・2554（MR-123／2001年11月8日付）を除き、DMF13HSを装備したままMR入りしているが、後年に2545（MR-203）・2546（MR-302）・2547（MR-104）が日産ディーゼル（現・UDトラックス）PF6（2547はさらにPE6H03）に換装されている。小形で使いやすいことから地方支社からの導入要望も相次ぎ、2013年頃より順次、地方へ転属している。

特筆すべきは2015年3月20日付で再竣工した2543（MR-301）で、今後の三セクDC更新テストケースとして、運輸政策研究機構国際問題研究所（JITI）を主体とした日本国内7社の協力で、エンジン・トランスミッションの新品交換・ミャンマー向けに新設したラジエータとオイルクーラーを新設計するなどの抜本的再整備を施工した。側面に日本財団のステッカーが貼られ、最後までヤンゴンエリアの三セクDCとして活躍し、2016年夏のピィンマナ機関区への転属をもって、13年間に渡るヤンゴンエリアの三セクDC定期運用が消滅した。

2543はその後、ピィンマナ機関区へ転属し、現在はマンダレー本線・ピョーブエからの区間列車に単行で使われている。また、同年5月31日付4両（2544・2546・2575・2577／MR-201・302・109・111）が、同年7月8日付1両（2545／MR-203）の計5両がトレーラー化され、形式も「RBT.2500形」に変更され、エンジンを降ろし、MR客車標準色に塗られている。

2018年9月には、ヤンゴン車両工場に入場中だった2542（MR-202）が2543に準拠したリニューアル（→ただし2543のような抜本的再整備ではなく、車体リニューアルとエンジン整備のみ）を受けて出場している。残る18両の内訳は稼働10・休車4・入場車4。休車には2014年6月17日、走行中に脱線し

新潟トランシス他、国内7社の共同で抜本的再整備中のRBE.2543（松浦MR-301）。車体内外とも新車同様に整備され、座席も全て取り替えられた　Yangon車両工場　2015年2月16日

改造前のRBE.2543（松浦MR-301）。エンジンが換装されていた他、尾灯がなぜか前照灯化されており、「4灯車」となっていた　Pyinmana機関区　2014年1月24日

た2560（MR-101）が含まれているものの、現在のところ除籍対象車はない。

樽見鉄道ハイモ230形（230-301・312／2両）
→RBE.2569・2570
（MR入籍／2011年5月28日）

　ハイモ230-301は、同鉄道の転換開業から約1年後の1985年10月、輸送力増強と合理化推進のため増備した車両で、明知鉄道アケチ1形と共に、ボギー式レールバス最初の導入例となった。デザイン的にはLE-CarⅡ貫通型バージョンで、側扉は折戸で乗務員室扉が付く。1985（昭和60）年10月製と、MRの旧三セク用レールバスとしては意外にも最古参で、製造後34年を経過している。車内はロングシート。

　後継車導入に伴い301が2009（平成21）年4月、312が2011（平成23）年1月にそれぞれ除籍され、2両とも2011年3月28日付でMR入籍、8月より運用を開始した。ヤンゴン車両工場で改造の上、301→RBE.2569、312→RBE.2570と付番された。312は1987（昭和62）年9月製で当初は302と称し（1989年12月に312に改番）、301の基本仕様を引き継いだが、側扉の引戸化・乗務員室扉廃止・戸袋にあたる側窓が引き違い式をやめて固定化・ライト形状変更が相違点となっている。

RBE.2543（松浦MR-301）単行のピョーブエ発ショウメングァ行き。2015年3月に日本国内7社の協力で抜本的再修繕を実施した第1号車で、現在はピィンマナ機関区に転属し、区間列車に単行で使われている。
Pyawbwe　2018年11月24日

ロングシート化された車内は、さらに簡易ベンチが置かれ、床一面に乗客が座る独特の光景が展開する。また、ピョーブエ駅ではデッキ位置にステップが設置された
Pyawbwe　2018年11月24日

エンジンを降ろし、トレーラー化されたRBT.2544（松浦MR-201）。2015年夏に登場し、ヤンゴン界隈の新しい列車として期待されたが、なぜか1年余りの運用に留まった
Yangon客車区　2016年2月21日

整備中のRBE.2569（樽見ハイモ230-301）。窓枠まで車体色と同様に塗られている。手前は同工場の入換機
Yangon車両工場　2011年6月23日

真岡車と同じく、搬出前に車内の製造銘版・車号プレートは外されているが、2569は塗り潰されているもの、側面に樽見時代のステンレス製切抜車号がそのまま残っており、樽見時代を偲ぶアイテムとして貴重な存在だ。

MRでは2010年代になると、出自に合わせた車両性能をある程度考慮した運用を組むようになった。2両セットで同国中部～北部を転々とし、2017年6月にピィンマナ機関区配置となった際、LRBEが運用していたマンダレー本線・ピョーブエ（Pyawbwe）～ターズィ（Thazi）間の運用を三セクDCとしては珍しく総括制御を活用し、2連で置換ている。

この他、2018年に入り、ピィンマナ－ネピドー～タッコン間に1日2往復設定されている通学区間列車運用に充当されていたRBE.5013（キハ52 146）が2018年5月に運用落ちしてからは、1両ずつバラして単行で同列車にも使われるようになった（※8）。エンジン・変速機とも状態は良好とのことで、しばらくは乗車・撮影が楽しめる。

パズンダン車両工場で整備中のRBE.2569（樽見ハイモ230－301）。RBE一族最古参の1985年製で、樽見鉄道では「大型レールバス」と呼ばれていた。車内もロングシートのままで、側面には樽見時代の切抜車号が外されることなく、車体色で塗り潰されたまま残存している
Pazundaung車両工場　2018年11月26日

※8＝ピナマナ～タッコン間の区間列車は、以下の2往復が設定されている。時刻はよく変更されるので訪問される場合、事前に再確認を。
○507Up　Pyinmana(7:00頃)～ NayPyiTaw(7:20 ～ 7:30前後)～ Tatkon (8:30頃)
○508Down　Tatkon (9:30頃)～ NayPyiTaw (10:20 ～ 10:30前後)～ Pyinmana (11:00頃)
○509Up　Pyinmana (13:00頃)～ NayPyiTaw (13:20 ～ 13:30前後)～ Tatkon (14:30頃)
○510Down　Tatkon (15:30頃)～ NayPyiTaw (16:20 ～ 16:30前後)～ Pyinmana (17:00頃)→入庫

平成筑豊鉄道100・200・300形（9両）→RBE.2537・2548・2549・2556・2557・2562・2563・2567・2568
（MR入籍／2537＝2007年6月9日、2548・2549＝2008年5月10日、2556・2557＝2008年10月22日、2562・2563＝2010年2月28日、2567・2568＝2011年4月2日）

1989（平成元）年10月の転換開業時に用意された富士重工製LE－DCで、同社製レールバスタイプとしては最終期のタイプ。2007年3・5月廃車の105・107より搬出が開始され、最終的に100形7両(101 ～ 104、107 ～ 109)、200・300形各1両(202・303)の合計9両がMR入りした。2007年6月竣工の2537(107)は車体切詰を行い、転属先のパテイン機関区で一時期「三陸色」に塗り直されていたが、2017年11月にパズンダン車両工

1日の運用を終え、ピィンマナ機関区へ入庫待ちのRBE.2570（樽見ハイモ230－312）。1987年9月製で32年の車齢を数えるが、2569と比較してライト形状変更、側扉が折戸→引戸化、戸袋にあたる部分の側窓固定化、乗務員室扉廃止が相違点　Pyinmana機関区　2018年11月24日

パテイン機関区で並ぶRBE.2529（右／三陸36-301）と RBE.2556（左／平成筑豊103）。平成筑豊色を忠実に再現している　PaThein機関区　2015年2月15日

パテイン機関区所属の、もう1両の平成筑豊車であるRBE.2557（平成筑豊202）。2015年当時、エンジン不調で車庫の片隅で休車中であったが、何と同車も平成筑豊色を維持していた　PaThein機関区　2015年2月15日

場で再整備され、MR標準色化された。そしてヤンゴン方の折戸は1980年代の路線バスで見られたタイプに交換されている他、増設された前照灯は塞がれている。同車はピィンマナ機関区で予備車として待機中。

車体切詰めはこの他にも2568（303）で実施されており、MR各支社の考え方や投入予定線区の事情によって施工されているようである。

内訳は稼働4・休車4・入場車1で、2556・2557（103・202）が平成筑豊色の他は、大半がMR標準色をまとう。なお2010年12月からわずか半年間の運転に留まったチャイントン（Kyaingtong）機関区配置の3両（2548・2562・2563）は旧駅敷地内で荒廃している。

いすみ鉄道いすみ200'形（4両）
→RBE.2580・2581・2591・25108
（MR入籍／2580・2581＝2012年11月15日、2591＝2014年3月9日、25108＝2015年5月12日）

　1988（昭和63）年3月の転換開業時に用意された富士重工製LE-CarⅡ貫通型バージョンで、伊勢イセ4、天竜浜名湖TH1形とほぼ同形。

　いすみ100形をオールロングシート化（いすみ200形）→床更新（いすみ200'形）したレールバスで、後継のいすみ300形導入で余剰となった4両を搬入した。

　2012年11月15日付2両（203＝2580、207＝2581）、2014年3月9日付1両（205＝2591）、2015年5月12日付1両（201＝25108）と、導入が3回に分かれ、その都度付番されたため、いすみ時代の車号順にはなっていない。

同国中部のタウンジンジー機関区で機関車と並ぶRBE.2591（いすみ205）　TaungDwingyi機関区　2017年11月27日

仮台車に履き替え、工場への回送を待ついすみ205（→RBE.2591）　2014年3月9日／写真提供＝MR

このうち2581(いすみ207)は、一時、一般車として竣工後、2014年に再度VIP車に改装されている。2580・2581とも、外観はVIP色といえる"名鉄色"をまとう以外、大きな変化はないが、車内は大改装されており、ピィンマナ機関区所属のVIP車として、JR北海道キハ183系発生品の丹頂柄リクライニングシートを配置し、トイレも新設されている。車内の製造銘版・車号プレート類も残っているが、外側のメーカープレートは車体色で塗り潰されている。

　2591(いすみ205)は一般用として、MR標準色化され、車内もいすみ時代のまま、タウンジンジー(TaungDwingyi)機関区所属として、同駅から分岐する支線で使われている。

　また、現時点ではMR最後のボギー式LE-Car竣工となった25108(いすみ201)は、マンダレー機関区所属として、竣工から一時期、いすみ色のままゴッディ鉄橋(世界で2番目に高い橋梁)の観光列車に使われていた(現在は定期運用から外れている)。

RBE.3034(井原IRT355-07)。2015年5月入籍の最新車で、唯一のステンレスカー。2516(NT-121)に代わり、同機関区に配置されたVIP車で、車内も他のVIP車と同様、ボックス1区画を外して「上座」が設けられているPyinmana機関区　2018年3月20日

井原鉄道IRT355形(355-07/1両)
→RBE.3034
(MR入籍／2015年5月12日)

　1999(平成11)年1月の同鉄道開業時に用意された新潟鐵工製NDCで、2013(平成25)年10月13日の運用を最後に引退し、2015(平成27)年4月30日に搬出されている。MR入籍は同年5月12日付。MRの三セクDCでは最も新しい1998(平成10)年製で、なおかつMR唯一のステンレスカー、ボルスタレス台車装備など、"初物づくし"である。

　当初より、ピィンマナ機関区VIP車としての使用が決まっていたことから搬入後、インセイン機関車工場(DRI)で冷房の室内落とし込み改造と側面幕板部上部に2ヶ所の排水口設置改造を行っているが、ステンレス車体のため改造に手間取ったという。

　形式は、エンジン出力の関係からRBE.3000形3034として竣工し、外観も井原時代のカラーを踏襲し、形式をカッティングシートで前後左右4ヶ所に貼り付けている。車内は3003(三陸36-1106)と同様、中央部1ボックスを撤去し、新たに発生品のリクライニングシートを設置しており、VIP車として運用時にはここが「上座」となる。現在、ピィンマナ機関区内で在籍中。

JR北海道キハ183系(3両)
→RBE.5021・5022・25201

　2008(平成20)年3月・2010(平成22)年12月に除籍され、MRに渡った旧苗穂運転所キハ183系19両のうち、実際に旅客営業に就

いたのがキハ182-106・108、キハ183-103の3両である。

　まず2008年にキハ182-106・108がミンゲ車両工場で改造され、車号はRBE.5000形の続番でそれぞれRBE.5021・5022と付番された。2009年より、マンダレー～ネピドー間の1日1往復運転される通称「ネピドー急行」に充当されて運用開始した。

　キハ182系100番台は、特急「おおぞら」の途中停車駅で分割併合する際、作業の利便性を図るため1996 (平成8) 年12月 (106) と、1997 (平成9) 年3月 (108) に苗穂工場で改造設置されたものだが、本来は回送用運転台で、運転に必要な最低限の設備しかなく、これを本線運用に使うという日本では考えられない施策であった。車体色はJR北海道特急色と類似しているが、灰色部分の色調がやや異なる他、集中式冷房を車内側へ落とし込んだ改造を実施しており、車体中央部の室内高さが2m弱まで低くなった。

　2011年10月に追加でキハ183-103 (1985年1月4日にキハ184形を先頭車化改造、2010年にMR入線) も同様の改造が施行され、こちらはRBE.2500形の新区分・200番台のトップナンバー・25-201と付番された。25-201は5021の前部、マンダレー方に増結され、編成はキハ183系3連+RBT.800形2連の5連となり、国鉄特急形DCが現地製PCを牽引する特異な組成であった。しかし線路規格が低く、約200キロの距離を7時間もかかる鈍足のため、乗車率が伸び悩んだ。さらに2012年3月に中間の5021が故障し、編成全部をトレーラー扱いとしてDLで牽引するという無茶な運用に変更までして運転を継続したが、結局は7月のダイヤ改正で廃止された。

　運用終了後、5021・25-201の2両はミ

JR北海道時代のままのRBE.5022 (キハ182-108)。回送用運転台を本線運用に充当するという日本では考えもつかない仰天施策で、撮影当時は残念ながら中間に入っていた
NayPyiTaw　2012年1月27日

RBE.25201 (キハ183-103) の車内。中央部の屋根を低くして、室内側に集中式冷房を落とし込む方式は同系が最初で、以降の改造車も同じ工法が採用されている。シートモケットはJR北海道時代の丹頂鶴デザインのまま
NayPyiTaw　2012年1月27日

車体外板の排水口以外、ほぼJR北海道時代のまま竣工したRBE.25201 (キハ183-103)。キハ183系で唯一、実際に営業運転に投入された日本型DC一族初の優等列車であったが、エンジントラブルに悩まされ、自走はわずか半年、定期運用自体も約9ヶ月の短期間で終わった
NayPyiTaw　2012年1月27日

ンゲ車両工場敷地内に、5022はピィンマナ機関区構内に保管中。2013年に車号の一部改番が実施され、25-201は新たに「RBEP.25-107」と付番されているが、これは書類上のことだけである。もちろん、この新車号で営業線上を走ったことはなく、車体には25-201と標記されたまま。今後も使用予定はなく、わずかな活躍に終わった。

JR西日本キハ181系(15両)
→RBEP.5029〜5043

2010(平成22)年11月まで特急「はまかぜ」で使われていた京都総合運転所の15両で、MR入線後は2012年6月からミンゲ車両工場で改造を実施し、2013年1月までに8両が、3月までに全15両の改造が完了した。

改造後半年以上はマラゴン機関区・インセイン車両基地(DRC)に留置されていたが、ヤンゴンでの運用が決まったことからマラゴンに8両(稼働5+予備3)、インセインに7両(稼働5+予備2)配置された(編成は表3参照)。

まず9月7日にマラゴン車が土日にかけて1往復する"週末急行"の「チャイトー・スペシャル・エクスプレストレイン(Kyaikto Special Express Train)」として、営業運転開始となった(表4参照)。

インセイン車も9月1日より試運転が開始され、9月30日にミャンマー運輸鉄道省(Ministry of Rail Transportation)より「エアコンヤター(Aircon Yather、冷房列車)」として運行することが発表、10月4日より環状線主要駅停車の快速列車としてスタートした(のちに各駅停車化)。

車両形式は当初、15両全てが「RBEP」で統一されていたが、竣工に先立ち、検修や運転関係の都合から先頭車と中間車で形式を分け、中間車10両は「P」を外した「RBE」(車番は変わらない)と称した他、営業運転では走行時に、5連のうち先頭2両のみエンジンを起動させ、後ろ3両についてはエンジンカットして"牽引"される形となった。MRでは、PはPowerを意味し、冷房車を指す。

車体色は当初、2本ともJR西日本特急色に準じたカラーリングであったが、これはごく短期間にとどまり、11月よりマラゴン車が「ミャンマービール(同国は酒類広告が禁止のためイメージのみ)」ラッピングに、インセイン車も同国コーヒーメーカーの

コーヒーメーカーのラッピングとなったRBEP.5033(キハ181-49)他5連。インセイン所属の環状線普通列車用DCで、特急用DCを普通列車に使うという破格のサービスであったが、JR西日本でも整備に苦慮していた形式だけにMRでも整備が難しく、2015年9月限りで運用離脱となった　Yangon　2014年1月25日

2015年9月に廃止となった営業運転末期の頃のRBEP.5031(キハ181-47)他5連。2013年10月から運転開始された"破格サービスの普通列車"であったが、エンジントラブルに悩まされ、末期は動ける車両をかき集めての組成であった　Yangon　2015年2月15日

ラッピング色に順次変更されている。

車内はJR西日本時代のままで、5030・5034（キハ181-45・キハ180-22）と、5036・5037・5029（キハ180-41・キハ180-42・キハ181-27）では、車内化粧板・デッキ仕切り・荷棚などの差異（→前者は原形、後者は壁紙貼付・仕切り戸交換・荷棚カバー取付）も健在。予備車5両はマラゴン3両（5040・5042・5043／キハ180-49・キロ180-4・12）及びインセイン2両（5031・5041／キハ181-47・キハ180-77）であった。冷房の室内側落とし込み改造も同様に施工されている。

"鳴り物入り"で登場したキハ181系であったが、高速運転が前提の特急DCを、駅間

RBE.5038（キハ180-45）の車内。営業開始にあたり、車体中央部の室内側に冷房が落とし込みされており、屋根が低くなっている。2015年9月の営業運転終了後、大半がインセインで放置されている　Insein車両基地（DRC）2018年3月18日

2015年9月の運用終了後にインセイン車両基地（DRC）の片隅で放置されているRBEP.5029（キハ181-27）他。Insein車両基地（DRC）　2017年3月11日

距離の短い環状線で連続した低速運転を行うという本来の用途とは異なる使い方とあって故障が相次いだ。本来予備車であったキロ180まで早々と運用に出さなければならなくなった上、乗車率低迷もあったことから「チャイトー急行」が2014年12月28日にわずか1年3ヶ月で廃止となった。

翌2015年1月3日より、捻出されたチャイトー編成を環状線普通列車に転用して運用維持を図ったものの、結局は同列車も2015年9月限りで廃止され、こちらもわずか2年足らずの営業に終わっている。運用廃止後、インセイン車両基地（DRC）構内に留置されていたが、2018年11月の取材時には大半が姿を消しており、処分されたものと推定される。

JR東日本キハ52・58形（20両）→RBE.5001〜5020

2007（平成19）年11月改正で引退した盛岡車両センター配置のキハ52・58形で、このうちの20両（キハ52形17＋キハ58形3）がMRへ搬出された。キハ52形は全車がMR入りしたのに対し、キハ58形は3両に留まった。まずキハ52 108・109が川崎貨物ターミナルへ、残りの車両も追って回送され、MRでは同年中に竣工し、RBE.5000形（5001〜5020）と付番された。

JR東日本時代にいずれも車体更新工事を施工しエンジンも換装されているが、MR竣工後に外観上で目立つのは、車体切詰と「エアインテーク（空気取入口）」追設である。

前出の他の車両概要部分でも度々触れている「車体切詰」とは、幕板部または窓下約30cmを削り、"だるま落とし"のように車体を低くするもので、貫通扉・側扉も削っ

て車体に合わせている。このため、相対的に座席が嵩上げされた恰好になり、側面窓下部が膝の位置まで下がって顔を出すのも一苦労なほど窓の位置が低くなった。また、5010・5019・2020(キハ58 504・1514・1528)は、車端部ロングシートの背ずりが車体切詰によって窓下に収まりきれず、側面窓下部にまで飛び出している。「エアインテーク」とは、エンジンの空気取入口をミャンマーの細かい土埃を吸わないように追設されたアイテムで、施工工場の違いでデザインが異なっており、5008(キハ52 152)は屋根上まで立ち上がっている大型タイプであるのに対し、5019・5020(キハ58 1514・1528)では小型の四角い箱状をしているなど、外観上のアクセントとなっている。

当初の車体色は、5001・5002(キハ52 108・109)のみRBE.3600形と同カラーで出場し、5001はごく短期間、車番もRBE.3613を名乗っていた。5003以降は当初よりMR標準色(クリーム＋朱色)で竣工し、5002は後年変更されている。

5002は2008年10月17日にネピドー近郊で脱線して2位側前面を大破し、一時、ヤンゴン車両工場で保管されていたが、2009年6月に見事に復旧した。以降、しばらくはヤンゴンエリアの主力として活躍していたが、エンジン不調が相次ぎ、2015年5月31日付で、5007と共にトレーラー化され、RBT.5002・5007になる。

キハ58形3両(5010・5019・2020)は、5010がピィンマナ、5019・5020はインセインに配置され、5010は主にネピドー近郊の区間列車に使われたが2013年頃休車となり、以降はピィンマナ機関区で留置されたままとなっている。

5019は、同じ片運の2573や三セクDCと

まるで日本の地方私鉄をイメージさせるようなツートンカラーに塗られたRBE.5011(キハ52 110)。MR竣工当初、5008・5011・5018～5020の計5両がインセイン車両基地(DRC)に配属となり、晴れて営業を開始した　Yangon　2009年1月28日

ピィンマナ機関区所属のRBE.5006＋5003(キハ52 145＋キハ52 126)の2連。同国陸橋対策(接触防止)のため、車体切詰の他、屋根上ベンチレータを全て撤去して車高3400㎜に抑え、基準をクリアしている　NayPyiTaw　2014年1月25日

利用客で賑うティラワ支線ホームで付け替え中のRBE.5002(キハ52 109)。2008年10月の事故で大破した前面も綺麗に修復され、当時は主力車として活躍していた　Toe Gyaung Kalay　2011年6月25日

第1章 ミャンマー　55

混結して2連組成の上、コンピューター大学支線運用にほぼ特化して使われていたが、同車も2015年7月8日付で、RBT.5019に改造された。5020は当初からエンジン不具合が続き、ほとんど営業運転を行わないまま、2009年頃には早々と休車となって長らくヤンゴン車両工場片隅で放置されており、おそらくMRで最も短い活躍だったものと推定される。

2015年4月、「RBT.5020」に改造すべく、

RBT.5002（キハ52 109）。2015年7月にエンジンを外してトレーラー化されたキハ52で、車内はオールベンチシート化され昔日の面影はないが、妻面に車号痕が残っていた Yangon客車区　2016年2月21日

RBT.5003（キハ52 126）。急行「いなわしろ」時代は通票通過授受の際、側窓破損防止のため、保護柵を取付ていた。RBT.5003は、その4ヶ所の受具が残っている貴重な存在。前照灯は5002と違い、完全に塞がれている　Yangon貨物ヤード　2016年2月21日

RBE.5013（キハ52 146）単行のタッコン行507Up。地元住民の利便を図り、ピィンマナ ネピドー〜タッコン間38.4kmに1日2往復運転されている区間列車。主な利用客である通学利用の小学生が知っていれば良い、という理由から時刻表には掲載されておらず、近所の集落に伝えているだけの"幻の列車"　NayPyiTaw　2018年3月20日

ミンゲ車両工場へ搬出されたが、同形運用中止に伴い、この改造は未着手のまま中断しているようで、書類上（改造済）と現車（未改造）の状況が一致していない"謎の車両"となっている。

エンジンが換装されたとはいえ、製造時から40年以上経過しているとあって、2010年代に入り運用落ちが相次ぎ、現在の稼働車は、シットウェー機関区の5012・5014・5015（キハ52 141・147・148）の4両のみである。ネピドー近郊で最後まで活躍していたピィンマナ機関区の5013（キハ52 146）は2018年5月、遂に休車となってしまった。

2019年3月現在、ピィンマナの5017（キハ52 154）とインセイン留置の5018（キハ52 155）が除籍対象車となっており、この他の車両も所属機関区で荒廃している。国鉄形DCの本格的な増備は、同形で一旦"打ち止め"となり、JR四国キハ47形4両（2571〜2574）が一時的に導入されたのを除くと、2015年7月のJR東海キハ40・47・48形導入まで約7年間中断することになる。

JR四国キハ47形（4両）
→RBE.2571〜2574

現時点で唯一のJR四国からのDCで、

2010（平成22）年3月付で廃車となった4両（キハ47 116・117・503・1087）を導入し、2011年5月28日付でMR入籍した。

MR初のキハ40系列で、改造は116と117がミンゲ車両工場、503と1087がヤンゴン車両工場で実施され、2連2本（2571＋2572、2573＋2574）がJR四国色のままマンダレーエリアで運用開始した。

試験的ではあったがJR四国時代の総括制御をそのまま活用するなど、その後の運転に大きな影響を与えたが、ほどなくして2574が故障、復帰の目処が立たなくなり、その相棒の2573が2012年3月に車両不足が深刻なインセインへ転属してきた。

2573はヤンゴン唯一のキハ47形として、コンピューター大学支線で三セクDCと連結して使われていたが、2015年7月8日付でトレーラー化され「RBT.2573」と改番した。

ミンジャン機関区への配置が決まり、再整備中のRBE.2572（キハ47 117）。前面種別窓は前・所属時代から破損していた　Yangon車両工場　2017年3月13日

残念ながら修理中止となった模様のRBE.2574（キハ47 1087）。修理不能と判断されたのか、JR四国色のまま車両工場の片隅で放置されており、仮台車も履いたままで再起の見込みはないものと思われる。行先幕も残存　Yangon車両工場　2017年3月13日

RBT.2573（キハ47 503）。MR唯一のキハ47からの改造車で、塗色以外は車体に大きな変化はないが、車内のセミクロスシートは全て撤去され、三セク車と同じベンチシートが設置されている　Yangon客車区　2016年2月21日

他のRBT形と4～6連で運用されていたが、なぜか1年ほどで終了している。

2571＋2572はその後も総括制御編成のまま活躍し、2014年12月にヤンゴン車両工場へ入場した。翌2015年1月にはMR標準色に塗り替えられたが、2年ほど屋外留置のまま、2017年5月に前面種別窓を閉鎖の上、ミンジャン機関区へ、さらに2018年3月にはピィンマナ機関区へ転属し、周辺の運用に就いている。

機関と変速機の調子が悪い2574は、2013年7月時点でヤンゴン車両工場へ入場中であったが、修理不能と判断されたようで、屋外に出され同工場の片隅で現車は仮台

車を履いて事実上の部品供給車となっている。2018年11月の取材時には、さらにキハ11形発生品であるクロスシートの物置となっており、復帰の見込みはないものと推定される。

JR東日本キハ38形(5両)
→RBE.25101～25105

キハE130系100番台投入に伴い、2012(平成24)年12月1日限りで運用離脱した幕張車両センター木更津派出所の久留里線用キハ38形7両のうち、国内保存(キハ38 1)と水島臨海鉄道譲渡(キハ38 1003)を除く5両がMR入りした。

20m両開き3扉、ロングシートながら軽量バケットシートを装備したアコモの良さに加え、エンジンが火災対策工事で全車DMF14HZ機関に更新されていたため、除籍後早々にパーツとして搬出業者への売却が実現した。この業者より購入する形で、同年4月に横浜港よりキハ40・48・141系(後述)と共に大型輸送船にまとめて搭載され、同年5月25日にティラワ港に到着している。同港搬出能力の関係から陸揚げされたのは翌26日で、29日までに搬送用の仮台車を履かせ、本台車は無盤車に搭載の上でヤンゴン車両工場へ移送されている。JR東日本時代に冷房装置(AU34)が床下搭載されていたことから、屋根上はほとんど手を付ける必要がなく、キハ40系と比較すると改造ペースは速かったという(関係者談)。

輪軸改修(※9)・側扉下部ステップ取付・屋根上全ての機器類撤去以外の改造項目は以下の通りとなっている。

●主な改造項目
①側扉下部にステップ、両脇と開口部中央に手すりを取付、空気取入口設置
②冷房効果を高めるため、側面窓上部と側扉ガラス部分にスモークフィルム貼付
③便所閉鎖(施錠のみ)
④車体前面と側面に現地形式標記、25101・25104は前面種別窓部分に現地語で特別列車を意味する「アトゥーヤター」シール貼付(のちに非冷房化で撤去)

営業開始は2014年8月16日で、「アトゥーヤター(AtuYather、特別列車の意)」としてヤンゴン環状線に投入され、出発式典も

キハ38形の改造にあたり、低床ホーム対応で手すりとステップが取付られた　Yangon車両工場　2014年8月7日／写真提供=MR

キハ38形の1番列車営業開始に際し、ヤンゴン中央駅1番線で開催された出発式典。本営業開始前に、RBE.25102(キハ38 2)の貫通扉が車体色と同様に変更されている　Yangon　2014年8月16日／写真提供=MR

※9=当初導入の三セクDCは車軸を切って溶接(関係者談)、という話も聞くが、同形の「輪軸改修」(車輪の改造)は、車軸は切らずにインセイン機関車工場(DRI)の200tプレス機を使用し、プレスで車輪を押して軌間を67㎜縮めている。おそらく、キハ11形以前より、この工法が施工されていたものと推定される

挙行。車体色については2代目久留里線時代を踏襲しているが、黄色の正面貫通扉だけは本営業開始までに車体色と同様に塗り直されている。

DCとしてはキハ181系に続くMR2番目の冷房編成で、運賃も異なるため、側面扉脇にはミャンマー語で「この列車は運賃300チャット」とのシールが貼られた。

現車は陸揚げ時に、25101・25103がインセイン方、25102・25104・25105がヤンゴン方を向くように接地されており、5両全てが先頭車とあって適宜組成替えを行って運転台機能を維持している。

運用開始時に正面貫通扉上の種別窓に貼られたアトゥーヤターシールは25101と25104だけで、残る3両はタブレットイラストがポイントの久留里線シールが残っている。

座席はMR竣工から2018年8月頃まで、JR東日本時代と同様のバケットシート。側扉は冷房効果を高めるため種車の構造を活かしたMR初の自動扉となったが、運転台からの一括制御扱いとされ、半自動用押しボタンは車体色で塗り潰し、車内側はボタンをテープで覆って作動しないようにされた。その他、低床ホーム対応で、下部にステップと開口部中央に手すりが設置された。

当時稼働させていた冷房装置はAU34形1基のままで、冷房用サブエンジンに直結させてユニットクーラーを作動させているが、営業時には車内7ヶ所ある扇風機も作動させていた。

車内も大きな変化はなく、25101・102・103車端部のトイレ脇に2人掛けのクロスシートも健在。同形は5両1本のみで、他形

登場からわずか3ヶ月で側面ラッピング化されたキハ38形。先頭のRBE.25102（キハ38 3）を始め、大半は前面にJR時代のカラーが残る　Insein　2016年2月21日

RBE.25103（キハ38 4）の車内。長らくJR東日本時代のバケットシートであったが、モケットの破損が相次いだため、2018年8月にFRP製ベンチシート化されている　Yangon　2018年11月25日

式との併結も難しく、不調時には予備車と差し替えることができないため、その場合には編成から外して検査を実施している。

2014年11月より、側面にラッピング（25101のみ全面ラッピング）が実施され、久留里色はわずか3ヶ月ほど消滅しているが、このラッピングは2016年より新デザインとなっており、25103も全面ラッピングに変更されている。

2015年12月21日には低所得者向けに環状線の運賃値下げが実施され、扇風機が付いているRBEのエアコン使用が中止されたため、同形も"非冷房車化"され、関連のステッカーが全て剥がされた。

第1章 ミャンマー　59

2017年10月に25105がMR標準色に変更された他、2018年8月にはJR東日本キハ40形のベンチシート化改造工事に合わせ、全車座席がFRP製ベンチシートに交換されており、趣が変わっている。

JR東海キハ11形(16両)
→RBE.3006〜3021

2015(平成27)年3月ダイヤ改正時に運用離脱した美濃太田運転所・伊勢運転所所属のキハ11形0番台10両、100番台23両のうち、0番台1両(11-6)と100番台15両(102・103・106・111-122)の計16両がMR入りした。

1989(平成元)年1〜3月に投入された全長18m2扉のDCで、暖地仕様の0番台10両、寒地仕様の100番台23両が竣工した。当時製造されていた新潟鐵工製NDCをベースに、機関・最高速度などの変更点を盛り込んで製造されたが、このうちキハ11-122はJR東海・名古屋工場製という異色の経歴を持つ。

2014(平成26)年春にMR関係者一行が来日し、国内各地を視察した際、特に興味を持ったのがJR東海キハ11形であったという。すなわち、
①製造年が比較的新しい
②エンジン・変速機が同一製品で揃えられている(保守管理にメリット大)
③まとまって大量の良質な中古車が確保できる

との3点がその理由である。扉を車端部に寄せた片開き2扉は、ラッシュ時にはやや不向きな構造ながら、特に保守管理面でメリットがあることから、2015(平成27)年3月17日に譲渡契約を締結し、3月27日のJR東海のプレスリリースで正式に発表している。

搬出対象車は0・100番台で、2015(平成27)年2〜4月に0番台1両(6)と100番台15両(102・103・106・111〜122)の計16両が同時に搬出されるキハ47・48形12両と共に複数回に渡って東名古屋港大江埠頭に回送された。4月28日には大型輸送船に搭載され、日本を出発し、5月12日にティラワ(Thilawa)港(ヤンゴンの南約25kmに位置)に到着した。同港搬出能力の関係から陸揚げされたのは翌13日で、月末までに搬送用の仮台車を履かせ、本台車は無盤車に搭載してミンゲ車両工場へ移送された。

輪軸改修・側扉下部ステップ取付・屋根上全ての機器類撤去以外の改造は以下の通り。

●主な改造項目
①車内座席をクロス・ロングに関わらず、全て撤去してFRP製ベンチシートを設置
②現地車両限界に合わせた冷房装置落とし込み及び排水口2ヶ所を側面幕板部に設置
③車内の運賃箱・整理券発行器撤去
④側窓上部と側扉ガラス部分にスモークフィルム貼付
⑤車体前面と側面に現地車号標記

外観では、近年のRBE標準装備であっ

近年のRBEは、MR竣工に際して冷房の室内側への落とし込み改造と、列車無線アンテナ・ベンチレータなど、屋根上機器類撤去のみで対処しており、上から見ると苦心したその改造痕跡がよくわかる
PhaYarLan　2018年3月19日

た側面のエアインテーク設置が省略された他、車体中央部設置の排水口（2ヶ所）が外観上の最大の変化点である。

　冷房編成の竣工としては、過去にJR北海道キハ183系（2012年度竣工）、JR西日本キハ181系（2013年度竣工）、JR東日本キハ38形・JR北海道キハ40形（2014年度竣工）がある。キハ183系では集中式冷房の室内側への落とし込みのため、側面に後付けした排水用の雨樋を設置する方式、キハ181系では分散式冷房それぞれに排水口（片側計7ヶ所）を設ける工法であったが、キハ11形では工期短縮を狙って、車体中央部幕板部にやや大きめの排水口2ヶ所を直接設置する工法が採用された。

　屋根上は無線アンテナなどを全て撤去し、さらに冷房の室内落とし込み改造を実施。車体色はJR東海色を踏襲し、MRでは使用しない半自動ボタン・バックミラー・銘板類、裾部の検査標記や車内の案内標記類には手を加えていない。

　他のJR車より若干短い18m級であることから、収容力アップとモケット劣化による交換の手間を省くため、全車セミクロスシートを全て撤去し、同国製のFRPベンチシートに交換された。なお、撤去された座席は、同国急行用PCの座席として移植されている。

　改造箇所のカラーも車体色と同カラーを調合して綺麗に仕上げられ、車内低屋根部分の内装も種車で発生した化粧板を再利用して違和感なく仕上げられている。同様の工法は、同時期に竣工したRBE.3004・3005（三陸36-1103・1107）にも応用されている。

　MRへ渡ったキハ11形は全部で28両（ティラワ港留置車7両含む）で、この他にまだ日本から船積みされていない未搬送分が3両ある。それを加えると合計31両、除籍時点での0・100番台は合計32両だから、ひたちなか海浜鉄道譲渡分（123）を除く、全てがMR入りする予定であった。

　現時点での竣工は21両（表5参照）で、未竣工車10両のうち、暖地向け0番台が7両も含まれており、MR竣工の0番台はまだ2両（キハ11-6・8）に留まっている。MRでの形式はRBE.3000形で改造メニューも同一だが、竣工時期により、大きく4つに分けられるため、便宜的に「第1～4グループ」と呼称する。

①「第1グループ」（6両）／キハ11 6・102・111・112・118・122→RBE.3006・3007・3010・3011・3017・3021

　2015年7月に竣工した最初のグループ。試運転を経て8月16日の記念式典後、まず

RBE.3017（キハ11 118）と車内。定員増を図るため、JR東海時代の座席を全て撤去し、新たに自国製ベンチシートが設置されている　Insein車両基地（DRC）　2018年3月18日

は5連（3011＋3010＋3021＋3007＋3017）で運用開始となった。3007（キハ11 102）のみ埋め込み式幌枠が灰色に塗られている他は、JR東海色を踏襲している。

確認した限りでは、3006・3017（キハ11 6・118）は、旧来の窓付仕切り板を流用した仕切り扉が新設されているが、他は半室運転台の全てを締め切るアルミ製ドアが新たに取付られた。

② 「第2グループ」（5両）／キハ11 103・106・116・117・120→RBE.3008・3009・3015・3016・3019

同年9月に竣工したグループで、改造メニューは第1グループと同じ。

③ 「第3グループ」（5両）／キハ11 113・114・115・119・121→RBE.3012・3013・3014・3018・3020

同年10月に竣工。改造メニューは同じだが、前面上部のJRマークが存置されたまま出場した。

④ 「第4グループ」（5両）／キハ11 8・101・104・105・108→RBE.3035・3036・3037・3038・3039

現時点での最終グループで同年12月竣工。第1～3グループまで、前面下部に赤色カッティングシートを貼付していたMR車号が省略され、側面のみの標記となった。

同形は2015年8月16日の営業開始後、同年冬頃までに21両が竣工した。当初、インセイン車両基地（DRC）配置車として、ヤンゴン環状線（本線）用5連×2本と、コンピューター大学支線用2連×2本の合計14両が定期運用車、7両を予備車とする体制でスタートした。MR車号はRBE.3000形（3001～3003／三陸36形）の続番で、2015年度竣工の36形2両（1103・1107）が3004・3005を名乗ったことから、JR車号の若い順に3006～3021と付番された。

RBE.3015（キハ11 116）の正面。2015年9月に竣工した第2グループで、JRマークは改造時に剥がされている他、キハ40・47・48形と同様にラッピングは側面のみで、前面は東海色が残る　Yangon　2018年3月18日

インセイン車両基地（DRC）で入換中のRBE.3018（キハ11 119）他4連。2015年10月竣工の第3グループで、裾部のMR車号は第1・2グループと同様に標記されているが、正面のJRマークが存置されたまま出場したのが最大の相違点　Insein車両基地（DRC）　2018年3月18日

行先幕が「松坂－鳥羽」を表示しているRBE.3037（キハ11 104）は、2015年12月竣工の最終第4グループ。第3グループまで標記されていた前面下部のMR車号が省略されているのが、外観上最大の識別点となる　Yangon　2019年3月24日

なお、導入時期と工場側の事情でJR東海時代の車号順には竣工しておらず、先行改造の6両（3006・07・10・11・17・21／順にキハ11－6・102・111・112・118・122）が2015年7月24日付で出場（前面排障器にペンキ書きで標記）し、インセイン車両基地（DRC）に回送された。試運転を経て、8月16日の式典後、当初は5連（運用初編成は、3011＋3010＋3021＋3007＋3017）で1編成を組み、1両は予備車扱いの体制でスタートした。

　全てが両運転台車とあって、適宜組成替えを行って運転台機能を維持している他、3008・9・15・16・19（キハ11 103・106・116・117・120）の5両は、竣工後ほどなくして、同国産のビールをイメージさせる側面ラッピング化を施工した。当初は同一ラッピング車で組成されていたが、現在はこだわらなくなっている。冷房は2016年5月で全車使用中止となり、比較的短期間の使用に留まった。

　2016年夏に3006・3010（ヒンタザ）・3011（マンダレー）・3014（タージィ）・3016（パテイン）の5両が地方の4機関区にそれぞれ転属し、新天地での活躍を開始したが、インセイン車両基地（DRC）所属車の慢性的な稼働車不足が深刻化し、3011・3014の2両は短期間でインセインに復帰した。3006・3010・3016は、さらにハヤイク（Thayaik）機関区に転配されている。

　2017年初頭より、正面窓上部に黄色の反射材を貼付して若干イメージが変わった他、同年秋頃より運用数が増えた関係で、各編成を5→4連に減車し、側扉は手動化されている。捻出した車両で運用編成を1本組成した他、2連での環状線運用も出現している。正面行先表示幕は使われておらず、運転台窓内側に行先の駅名を書いた紙片（ミャンマー語のみ）を表示する。

　2018年2月21日改正の新ダイヤでは、環状線の一部区間が改良工事に伴う単線運転になった関係で、コンピューター大学支線が同日より運休となり、半ば同支線の専用だった3007＋3036（キハ11 102＋101）は、同車両基地構内に留置中で、インセイン所属車は4連3本が定期運用を行っている。

　2019年3月現在、休車が1両（ハヤイク機関区所属の3016）発生しており、残る20両が稼働車。総括制御を行うため、異形式との混成は行われていない。改造から早5年が経過したが、追設改造などは行われておらず、車両自体はMR竣工時の姿を保って

退色が激しかった一部のキハ11は、2019年1月より、部分的に再塗装が開始された。写真は側面の再塗装が完了したRBE.3017（キハ11 118）で、JR東海時代の側面標記類が全て消され、新たにMR車号が大書きされている　Insein車両基地（DRC）　2019年3月24日

整備中のRBE.3003（三陸36－1106）と並ぶRBE.3011（キハ11－112）。3011は2016年夏頃に一旦はマンダレーに転属したが、わずかな期間でインセインに戻ってきた　Yangon車両工場　2017年3月13日

第1章 ミャンマー　63

ティラワ駅構内に留置されているキハ11-5＋キハ11-1＋キハ11-4。2015年12月、一旦は工場入りの準備がなされたが、種々の事情で再び放置状態になりすでに3年以上が経過し、一刻も早い竣工が望まれる
Thilawa 2019年3月23日

おり、比較的短期間で手が加えられることが多いMRでは珍しい事例と言える。それだけ"使い勝手が良い車両"である証といえよう。

特にベンチシートは収容力がアップした上、FRP製ベンチシートは車内に吹き込んだ雨にも強く、検修陣からも歓迎されているようである（※10）。ただ塗色の塗り直しがほとんど行われておらず、車両によっては退色が散見されるようになったため、2017年3月より順次、外観の再塗装と車体内外の再整備を開始し、非ラッピング車では東海色を忠実に再現している。この他MRでは使用しないJR東海時代のアイテム（バックミラーのアームや鏡面、車内のシールやステッカー、プレート類）も徐々に撤去が進んでいる。また行先表示幕は、竣工時

※10＝MRでは屋外留置の際でも、窓を開けたままのケースが多く、スコールが吹き込んでモケットがずぶ濡れになってしまうためで、FRP製だと万一濡れても拭くだけで整備が完了する

※11＝日本でいう「港湾局エリア」（ティラワ支線・ティラワ駅構内に隣接）に相当する専用線にまとめて留置されているキハ11-1・2・4・5・107・109・110、キハ40 3001～3003・3306・3010・5501、キハ48 5501・5518・6501・6502・6816のことで、搬出の見込みはまだ立っていない。このため2016年3月に次回搬出分予定として、大江埠頭から金城埠頭に移送された15両（キハ11-3・7・10、キハ40 6311、キハ48 3809・3812・5302・5802・5817・6302・6804・6809・6810・6812）についても処遇は未定である

に全て回送であったが、訪緬したファンがリクエストしているのか、馴染みの駅名が表示されている車両も多くなった。

軌道は改善が進んでいるとはいえ、まだ路盤状態が悪い区間が多く、低速での力行運用が多いためか、変速機の負荷が増して不調が目立つ車両も多いという。

2015年12月に陸揚げされた7両（キハ11 1・2・4・5・107・109・110）は、翌2016年2月、同時に搬入されたキハ40・48形と共にティラワ駅構内で18連組成されて入場待ちであったが、何らかのトラブルが発生したようで、MRが受け取りを拒否した。その15両はミャンマー港湾公社の保税倉庫エリアに差し戻され、そこに入り切らない3両（キハ11 1・4・5）は、JR東海時代のまま3連組成され、ティラワ駅構内に放置されたまま3年近くが経過した（※11）。

2018年に入り、MRではなく地方政府が、まず2両を購入する形で導入し、最終的には18両全てをMRで運用を目指す方針が示されているという。また、この後に搬出される予定であった大江埠頭から金城埠頭に移動されたDC15両の中にも、キハ11形が3両（3・7・10）含まれている。

JR東海キハ47・48形（12両）
→RBE.3022～3033

2015（平成27）年3月ダイヤ改正時に運用離脱した美濃太田運転所・伊勢運転所所属のキハ47形5両、キハ48形7両の計12両で、5月12日に陸揚げされた。

改造はミンゲ車両工場の他、先行営業した7両（3027～3033）については他の三セク車やDD51形での改造実績のあるインセイン機関車工場（DRI）でも実施されている。車体長21m級の大型車で、その車高は列車

無線アンテナ・ベンチレータ撤去で3600㎜に抑えられる（※12）ことが判明し、MR改造担当責任者が安堵したというエピソードも残っている。

●主な改造項目
①側面窓下に「エアインテーク」を取付
②車内2ヶ所に監視カメラ（CCTV）を取付（キハ48形）
③冷房効果を高めるため、側面窓上部と側扉ガラス部分にスモークフィルム貼付
④車体前面と側面に現地車号を標記（カッティングシート切り抜き）
⑤前面助士席窓上と側面部に掲示されていたJRマーク撤去

RBE.3032（キハ48 6803）他4連。JR東海キハ40・47・48形は2015年7月より営業を開始した。現在はヤンゴンエリアに11両在籍し、全てラッピング化されている
Yangon　2018年3月18日

正面貫通扉に、同国サッカーリーグのステッカーを掲示したRBE.3033（キハ48 6813）。ラッピングは側面のみで、正面はJR東海色が残る　Yangon　2018年3月18日

　2014年度竣工のJR東日本キハ38形と同様に冷房装置が床下搭載型で、JR北海道キハ40・48形で実施されたような全高制限のため、冷房の室内側落とし込み改造という手間のかかる項目がなかった。そのため、竣工にあたってキハ11形よりも作業工程が大幅に簡略化できることから、同形より先に実施され、まずはキハ48形5両（3816・5511・5805・6803・6813）から開始された。

　メインの作業はインセイン機関車工場（DRI）で、車体内外の細かい作業はヤンゴン車両工場で手分けして行い、5月末の入場から1ヶ月半程度で完成にまでこぎつけている。

　MR新車号はRBE.3000形で、キハ11→キハ47→キハ48の順で、車号の若い順から3022～3033と付番されている（表6参照）。

JR東海時代のセミクロスシートを維持するRBE.3032（キハ48 6803）の車内。側窓には、冷房車時代に冷房効率を上げるため貼られた遮光フィルムが残る
Yangon　2018年3月18日

※12＝MRの車両限界(高さ)は、3429～3505㎜以内で、2種類あるのは貨車と客車の基準のようである。当初導入の三セクDCは、この基準に正式に適合させるため車体を切り詰め、当該値以下の3400㎜にした。しかしその後、導入車両が増えると、車体切詰作業は膨大な手間と時間がかかることから、屋根上の冷房だけを落とし込んで3600㎜以内になる「冷房落とし込み改造」を行った。この方が車体切詰よりも圧倒的に時間も手間も、そしてなによりコスト面でも安く済んだのである。また、ほとんどの路線では実際には3600㎜でも何とか走れることから、RBEに限り、3600㎜以内の特別な基準を設けて通したという（関係者談）。日本では基準の方を変えるなんてとても考えられない

第1章 ミャンマー　65

2017年夏にラッピング化されたRBE.3042（キハ40 63U/）。同国陸憫対策で、屋根上ベンチレータなど一切のパーツが撤去されている　PhaYarLan　2017年11月28日

JR東日本キハ38形・JR北海道キハ40形と同様、ベンチレータ・列車無線アンテナなどを撤去すれば車高が3600mmに抑えられるため、屋根上は何もない。外観上は側面のエアインテークが目立つ程度で、当初はJR東海標準色を再塗装している他、セキュリティー向上を目指して、MR初の監視カメラが車内2ヶ所に取付られた。

JR東海時代にワンマン改造されていたキハ48 3814・3816・5805・6803・6813（→RBE.3027・3028・3031～3033）は、ワンマン改造によるデッキ仕切り、乗務員室扉の有無について種車時代の改造のまま踏襲されている。前面・側面のワンマン表示灯、デッキ部の開閉用押しボタンも残存し、現時点では車体色による塗り潰しは実施されていない。

改造を終えたキハ48形5両については、6月のヤンゴン～バゴー間での試運転実施を皮切りに、営業開始までに乗務員のハンドル訓練も兼ねて試運転が何回か実施され、7月5日より3032＋3033＋3031＋3028の本務4＋予備1の体制でスタートした。

7月にはヤンゴン車両工場で改造が進められていたキハ47形5両も改造が完了し、試運転を経て8月16日より営業運転が開始

した。改造内容は先発竣工車と大きな違いはないが、2571～2574（JR四国キハ47形）で施工された側扉中央部の手すりは、5両とも省略されている。

JR東海キハ40・47・48形は基本的に冷房装置がサブエンジン方式で、熱交換装置が床下搭載であることから、早期にMR竣工を実現できたという、いわば条件に助けられた面もあった。しかし唯一、問題が発生したのは、1両だけインバータークーラー（C－AU711D）を搭載した3000番台3005（→RBE.3040）で、同車のみ冷房落とし込み改造が必要となり、2015年10月にインセイン機関車工場（DRI）に入場したが、改造にかなり手間取ってしまった。出場は大幅に遅れた2016年6月頃で、しかも肝心の冷房はほどなく稼働中止になったとは何とも皮肉である。

当初は形式別に厳格に組成されていたが、現在は各形式の混結が展開されている他、2016年より地方へ順次転出（4機関区に計19両が転属）しており、インセイン車両基地（DRC）所属車は11両（稼働は10両）にまで激減している。通常は5連2本の体制で、不調車が発生した場合は適宜、編成から抜いて運用するようである。

ヤンゴン中央駅で出発を待つバゴー行きRBE.3057（キハ48 6815）他5連。2016年春頃、バゴー機関区へ転属し、車体色も東海色を保っている　Yangon　2017年3月13日

2017年11月の取材時には、RBE.3024・3026・3027・3030・3032・3033・3042・3051の8両が車体側面に広告ラッピングが施工され、RBE.3040・3044の2両はJR東海時代と同様の"国鉄色"に塗られており、ヤンゴンエリア稼働車の東海色はRBE.3049（キハ48 5803）1両まで減少。2018年1月には3040・3044・3049の側面もラッピング化され、一旦はヤンゴンエリアから原形塗色車は消滅している。しかしながら2018年11月に広告契約の関係からか、3042と3051の2両が、それまでのラッピングから東海色に復元され、久々に懐かしいカラーリングで運用に復帰した。

2018年8月にそれまでのラッピングから、東海色化されたRBE.3024（キハ47 6001）。カラーリングや帯幅も忠実に復元しており、好ましい仕上がりとなっている他、併せて車内もFRP製ベンチシート化されている
Yangon　2018年11月25日

2018年9月にMR標準色化されたRBE.3044（キハ40 6309）。それまでの国鉄形DCは貫通扉を含めたツートンの塗り分けだったのに対し、同車は貫通扉部分をクリーム一色にした上、両脇の塗り分けにRを付けており、やや違いがみられる　Yangon　2018年11月25日

　この東海色化では、車号標記はMR車号だけとなり、JR東海時代の検査標記類は全て消去されている他、ベースカラーとなるクリームもやや明るめであるが、帯幅も種車に揃えて東海色を忠実に復元しており、実に好ましい仕上がりとなっている。3044は竣工当初、国鉄風ツートンカラーに塗られていたが、わずかな期間で一旦ラッピング化されたのち、再度塗り直されるという、変化の激しいMRを象徴するような存在といえよう。
　MR標準色化された国鉄形DCとしては、2571・2572・25105・25106・25100に次いで6両目で、2018年夏施工の25100以来のMR標準色の出現となった。関係者によれば、塗り分けについては各車共通とのことであったが、25100・25106は貫通扉を含めてツートンカラーの塗り分けに対し、3044は貫通扉をクリーム一色に塗って、国鉄風カラーの塗り分けパターンを一部踏襲しているなど、微妙な違いが見られる。塗料も同一にして作業の共通化を図っているとのことで、相次ぐ旧塗色の"復活"はファンとしても喜ばしいことである。

**JR北海道キハ40・48系（5両）
→RBE.2598・2599・25100・25106・25107**

　苗穂運転所所属のキハ40系330番台6両（331～336）、キハ48系1330番台3両（1331～1333）のうち、キハ40形2両（334・335）、キハ48形3両の計5両を搬入した。
　334が1979（昭和54）年10月の富士重工製である他は、335が1980（昭和55）年1月、キハ48形3両が1982（昭和57）年7月、いずれも新潟鐵工製である。
　1988（昭和63）年11月改正時、宗谷本線急

行「宗谷」「天北」「利尻」(いずれも当時)DC化に伴い、機関換装・リクライニングシート化したキハ400・480へ改造した。さらに2000(平成12)年3月改正でキハ40・48系に形式が戻され、711系発生品を使いロングシート化し、2012(平成24)年10月27日の札沼線(学園都市線)近郊区間完全電化時まで使用されていた。同年12月に陣屋町から室蘭港へ移送後、2014(平成26)年4月にはキハ38と共に航送され、同年5月25日にティラワ港に陸揚げされた。現地では両数分の特殊トレーラーが手配できず、しかも港湾内の一部専用線はDLが入線できないため、ティラワ駅までMR職員の手押しで移送され、同駅で編成を仕立ててヤンゴン車両工場まで移送されている。

●主な改造項目
①側扉下部にステップと両脇と開口部中央に手すりを取付、エアインテーク設置
②冷房効果を高めるため、側面窓上部と側扉ガラス部分にスモークフィルム貼付
③便所閉鎖(施錠のみ)・水タンク撤去
④全高制限のため、冷房の室内側落とし込み改造
⑤車体前面と側面に現地形式標記

　最も難儀した改造は④で、その工程は屋根部の該当箇所を開口→車内に張り出す形で新たに「底」を作って冷房を設置→その部分を避けるような形で車内冷風管設置→各種配線再接続するという、キハ181・183

大型輸送船に搭載され、ティラワ港に到着したJR北海道キハ40・48形　Thilawa Port　2014年5月25日／写真提供＝MR

ティラワ港構内では一部でDLが入線できない区間があり、陸揚げされたJR北海道キハ40・48形は職員の手押しで移動している　Thilawa Port　2014年5月25日／写真提供＝MR

大型トレーラーに搭載されたキハ40 334(→RBE.25106)。これからヤンゴン車両工場での改造工事が始まる　Thilawa Port　2014年5月25日／写真提供＝MR

冷房落とし込み改造中のキハ40 334(→RBE.25106)。低屋根部がよくわかるカットだが、撮影日は8月3日で工事が明らかに遅れていた　Yangon車両工場　2014年8月3日／写真提供＝MR

系とほぼ同様の改造メニューである。作業時間短縮のため、外板補修とJR北海道色への再塗装、デッキ両脇への手すり設置と下部へのステップ取付も併行して行っている。

しかし、改造が予想外に手間取ったためにスケジュールは逼迫し、5両全車の改造が完了したのは営業開始5日前の8月19日。翌20日からヤンゴン〜バゴー間で試運転を開始し、8月24日に3本目の「アトゥーヤター(冷房列車の意)」として営業開始を迎える。5両全てが先頭車で時折組成替を行っているが、車両基地内での入換の都合上、使い勝手が良い両運のキハ40を両端に配置し、中間にキハ48を挟みこむ形態が多いようである。

冷房は機関直結式のため、作動時には全車エンジンを稼働させ、当初は5両全車で運用していたが、後年には25100(キハ48 1333)の床下機器不調と検査間合確保のため、4連が主流となっている(5連も時折、組成)。

車内はパイプ仕切りの付いたオールロングシートのままで、車端部の一角はキハ38形と同様に初の優先席扱いとなり、JR東日本の優先席デザインを模したシールも貼られている。車体内外の掲示類もキハ38形に合わせており、側面窓の上半分と側扉ガラス部分はスモークフィルムが貼られている他、JR車号右側にMR車号を併記し、先頭車は正面右側にMR車号を掲示している。正面の種別幕と妻面の銘板の一部は5両とも事前に外されており、運転開始時に前面にも貼られていた「アトゥーヤター」シールは、現在は剥がされている。

同形の増備により、冷房車はキハ181・

2018年2月にJR北海道車としては初めてMR標準色化されたRBE.25106(キハ40 334)。エアインテークも綺麗に塗装されているが、JR時代の検査標記類はすべて塗り潰された PhaYarLan 2018年3月19日

2018年夏にMR標準色化されたRBE.25100(キハ48 1333)。キハ40系としては5番目の施行で、正面種別表示器のガラス面が破損したため、鉄板で塞がれているのが外観上のポイントとなっている Insein車両基地(DRC) 2018年11月26日

38・40形の3本体制となり、利用客からの評判も良く、MR側としても走行中に自動扉を閉めれば運賃を確実に収受できるメリットもあったが、冷房装置の老朽化という理由で、2016年5月に使用が中止され、ごく短期間の稼働に留まっている。

車体色は、2014年11月より順次ラッピングに変更され、それ以降は約5年の長きに渡りラッピング塗装をまとっていたが、25106(キハ40 334)が2571・2572、25105に続き、2018年2月に国鉄形DCとしては4両目、JR北海道車としては初めてMR新標準色化され、イメージを一新している(表6参照)。

JR東日本キハ40のベンチシート化に先立ち、2018年5〜6月にかけて、"先行試作"のような形で車内ロングシートをモケットから、現地製FRPベンチシートへの交換が施行され、現在は2599(キハ48 1332)を除いて交換は完了している。先行試作らしく、ベンチ形状は様々なタイプを搭載しており、興味深い。

2018年夏には25100(キハ48 1333)がJR北海道車としては2両目のMR標準色となった他、正面の種別表示幕が破損したため、鉄板で塞がれた姿となった。

JR北海道キハ48形(301・302・303／3両)→RBE.2588・2589・2590

2012(平成24)年6月20日付で除籍され、JR北海道で最後まで残ったDMF15HSAエンジン装備車。クロスシートの1＋2列化はJR北海道時代の施工で、MR入線後の2013年1月に改造工事が開始され、同年3月25日よりコンピューター大学支線で運用を開始した。試運転時は3連走行も行われたようだが、基本的にはどれか2連で組成し、残り1両は他形式と組んで使われていた。業務用室扱いとなっていたトイレは再整備の上で使用可能となっている。

竣工以来、ずっとインセイン車両基地(DRC)配置であったが、2016年5月に「ニャンカシェ(NyaunKaShe)支線」LRBE置換のため、バゴー(Bago)機関区に転属し、現在は同線専用車として運用中。

インセインの5両とは対照的に大きな改造もなく、側面の「学園都市線」シールも残存し、車体色もJR北海道色を維持しているなど、比較的原形に近い存在。前面下部の製造銘板や車内形式板などはMR搬出前に撤去されている。2588(キハ48 301)は現在休車中でバゴー機関区内に留置されている。

JR北海道キハ141・142系(22両)→RBE.2582〜2587、5044〜5049、RBE.2592〜2597、5050〜5053

2012(平成24)年10月27日の札沼線(学園都市線)近郊区間電化により、運用離脱した同形のうちキハ141形12両(2〜13)、キハ142形10両(2〜4・7〜13)の計22両を搬入した。1回目は2012年7月に最初の運用離脱となった12両(キハ141−7・8・9・10・11・12、キハ142−7・8・9・10・11・12)で、同年11月22日付MR入籍。2回目は同年10月の完全電車化時に離脱した10両(キハ141−2・3・

2016年にバゴー機関区へ転属したRBE.2588〜2590の3両のうち、2588(キハ48 301)は2017年秋頃、エンジン・変速機不調が発生し、以来休車扱いとなり機関区片隅に放置されている。写真は錆が目立ち始めた同車
Bago機関区　2019年3月24日

車体内外とも、JR北海道時代のインテリアを堅持するRBE.2592(キハ141−2)。同国中部に位置するネピドーは標高が高く、南国にも関わらず冬季はかなり冷え込むため、暖房効果の良いキハ141系が集中配置されている
NayPyiTaw　2018年3月20日

4・5・6・13、キハ142-2・3・4・13)で、2014年3月25日付MR入籍した。
●主な改造項目
①側扉はエアを抜いて手動化
②便所の汚物循環処理装置を撤去し、自然落下式に改造
③側扉下部にステップと両脇に手すりを取付、エアインテーク設置

　非冷房車であり、屋根上などの大規模かつ複雑な工事が不要であることから、入場から約1ヶ月という異例の速さでMR竣工した。JR北海道色を堅持し、追設されたエアインテークも同色に塗られた他、デッキ両脇の手すりも取付られた。
　MRの一般用DCとしては初の総括制御運転を行うことから、種車と同様に形式が分けられ、番号の若い順にキハ141形＝RBE.2500形（2592～2597）、キハ142形＝RBE.5000形（5050～5053）と付番された。第2グループも1エンジン車のキハ141形は2597を除き、ヤンゴン方を向く。

早朝のネピドーで出発を待つRBE.2592＋5050（キハ141-2＋キハ142-2）2連。MRで初めて総括制御を採用し、暖房効果が良いことから同国中部－北部の機関区に集中配置され、一部はMR標準色へ塗り替えも始まっている NayPyiTaw　2018年3月20日

同国中部に位置し、3路線が集まるジャンクション・タウンジンジーに"711系色"のRBE.2583＋5044（キハ141-8＋キハ142-7）が到着。待ちかねた乗客が群がる TaungDwingyi　2017年11月27日

沿線の草木に研磨され、満身創痍のRBE.2597（キハ141-13）NayPyiTaw　2017年11月27日

マンダレー機関区在籍時代に新路線開通式に充当するVIP車とカラーの統一を図るため、赤＋白帯の711系に似たカラーリングに変更されたRBE.5044（キハ142-7）。塗色変更でJR北海道時代の痕跡はほぼ消えてしまったが、助士側窓の「7」数字のみ健在　Lewe　2018年3月20日

第1章 ミャンマー　71

2014年6月28日には先に改造が完了した5051（キハ142-3）他4連による試運転がヤンゴン近郊で実施された。暖房が強力なことから、2014年7月に標高が高く、寒冷地である同国中部（マンダレーに3本、パテイン・パコックに各1本ずつ）に配置となった。

　妻面の製造銘板・改造銘板、運転台上部の行先表示幕及び車内形式板は、事前にJR側の手で外されているが、それ以外は車体内外とも大きな変化はない。車体色を始め行先サボ受けや種別札差部分に掲示されていた「学園都市線」ステッカーや、角丸ゴシック体の車号や妻面検査標記、前面の白文字車号など、各種標記類も残存している。車内の1+2人掛けの固定クロスシートも健在で、主にマンダレー機関区所属車は、マンダレー～バガン間の急行運用、その他は地域の長距離ローカルに運用されている。

　2回目の増備車竣工に伴い、マンダレー機関区所属だった711系に似た赤+白帯のVIP色である塗色変更車2両（2583+5044／キハ141-8+キハ142-7）は、ピィンマナ機関区に転配となったが、現車は車体色の変更だけで、車内はJR北海道時代のまま特に手を加えていない。また2017年より、5050（キハ142-2）を始め、MR標準色への塗り替えも始まっている（同車は2018年10月、脱線事項で休車中）。

JR東日本キハ40・48形（19両）
→RBE.25109～25127

　現時点での最新竣工車。2015（平成27）年5月にHB-E210系の投入と石巻線運用撤退による玉突きで、小牛田運輸区で余剰となったキハ40・48形冷房車が新津運輸区・会津若松派出所に転属し、両区所で残存していた非冷房車19両がMR入りした（表7参照）。

　まずけ小牛田運輸区キハ48形4両（501・553・1511・1514）、新津運輸区キハ48形2両（551・1547）、会津若松派出所キハ40形4両（514・548・562・2024）の合計10両が搬出され、改造メニューはJR北海道キハ48形非冷房車とほぼ同じ。「全高制限のための、冷房の室内側落とし込み改造」が省略できるため、整備期間は大幅に短縮できた上、JR東日本からの検修社員の現地派遣に代表される手厚いサポート体制が取られたこともあり、先に竣工したRBE.25109～25114の6両は、2015年9月28日にヤンゴン中央駅で

RBE.25116（キハ40 562）。25115（514）、25126（2022）と共に、郡山（会津若松）在籍時代が極めて長かったためか、車体内外とも目立った改造が行われず、原形の面影を色濃く残したグループ。側扉窓には通票破損防止柵を設置していた金具も残る　Insein車両基地（DRC）2019年3月23日

RBE.25119（キハ40 542）。新庄運転区在籍時代に、左沢線用ワンマン化改造されており、側扉脇の乗降口案内表示器が特徴。また、「フルーツライン」のヘッドマークを掲示していた時のサボ差しも貫通扉に残ったまま、2016年廃車となり、MRへ譲渡されている　Insein車両基地（DRC）2019年3月22日

引渡式と出発式典が挙行されて運用を開始した。第3陣も2016年3月より運用開始し、25127が現時点でMR最後のキハ40竣工となっている（表6参照）。

　JR東日本車19両は、導入に際して2つに大別される。一つは政府開発援助の一環である「草の根・人間の安全保障無償資金協力（GGP）」の支援で搬出された第1・2陣の10両（RBE.25109〜25118／2015年8月20日・10月22日付）、もう一つはJR東日本が寄付の形を取った第3陣9両（RBE.25119〜25127／2016年3月19日付）である。前者は日本からの援助で運用が実現したことを利用者に明確にアピールするため、運用開始に先立って日緬国旗をあしらった「JAPAN－MYANMARシール」を側面片側に各4枚、前面貫通扉に各1枚の計10枚（キハ48形は計9枚）を掲示している。車内にも日本の援助

車庫で休むRBE.25117（キハ48 551）。JR東日本の手厚いサポートにより、近年は1〜2両を予備車として庫内待機させる「予防保全体制」が確立している　Insein車両基地（DRC）　2018年3月18日

RBE.25111（キハ48 501）の車内。「草の根・人間の安全保障無償資金協力（GGP）」の支援で搬出された10両（25109〜25118）は、車体に日緬国旗をあしらったシールを、車内には日本の援助で導入された旨を掲示している　Insein車両基地（DRC）　2018年3月18日

政府開発援助の一環で譲渡されたRBE.25111（キハ48 501）。小牛田区時代に追設された側面行先表示幕とワンマン出入口表示器は黒塗りされている他、前面に1枚、左右側面に計8枚の日緬ステッカーが掲示されている　Yangon　2017年3月13日

整備中のRBE.25109（キハ40 548）。2015年9月28日、JR東日本車19両のトップを切って営業開始した第1陣5両のうちの1両で、前面に2枚、側面に8枚、日緬国旗をあしらったシールが掲示されている　Yangon車両工場　2019年3月22日

JR東日本キハ40形は後年、配置区所によって様々な改造が施工されているが、これはMRでもそのまま使われている。左がRBE.25120（キハ40 549／元・石巻線用ワンマン改造車、右がRBE.25123（キハ40 578／元・左沢線用ワンマン化改造車）で、側面の出入口表示器に差異が見られる　Yangon　2018年3月18日

※13＝左沢線用として新庄運転区配置当時、ワンマン改造と共にロングシート化・便所撤去を行っている

第1章　ミャンマー　73

で実現した経緯を英語とミャンマー語でステッカーに記し、前後のデッキ部仕切窓に計2枚掲示されている。後者はそれらの掲示がないのが相違点。

　現在のところ地方転属はなく、全てインセイン車両基地（DRC）所属で、4～5連の組成で運用中。エンジンもおおむね良好とのことで、2018年5月頃までは車内はRBE.25119・25123・25124（キハ40 542・578・579）の3両（※13）を除く16両が国鉄時代の固定セミクロスシートのままで、側窓も下窓上昇式（JR東海車は下窓が固定化されている）のため、ミャンマー版"汽車旅"が楽しめた。

　旧・小牛田車には側面行先表示幕が残存しているなど、JR東日本除籍時の形態を維持している。車体色は全車が東北地域本社色であるが、東海車と比較して大きな改造

JR東日本キハ40系一族19両のうち、初めて運用落ちしたRBE.25118（キハ47 1547）。2017年10月頃に25113と車号の振替（？）が行われており、新・25118は元の25113（キハ48 1511）が名乗ることになった　Insein車両基地（DRC）　2019年3月22日

RBE.25121（キハ40 550）他4連。当初5連で組成されていたが、予備車確保のため2017年夏頃より順次4連に減車されている　PhaYarLan　2018年3月19日

一部のキハ40の車内に取付られたLCDテレビ　Insein車両基地（DRC）　2017年11月25日

は行われておらず、前面行先幕も25116を除く大半が、JR東日本時代の幕が内蔵されたままで、時折、旧所属区の駅名が表示されている。

　当初は入線時の編成で運用されていたが、2017年夏頃より組成にこだわらなくなった。また、予備車確保のため編成減車も開始され、稼働5本中の4本が4連化され、ラッピングも行われていない。また同時期より車端部網棚の上に、LCDテレビの取付が実施されており、25124（キハ40 579）と25126（キハ40 2022）で確認できた。

　2017年10月には編成から外れていた25118（キハ48 1547）と25113（キハ48 1511）との車号振替が行われ、書類上の車号と現車とが一致していない。新・25118はキハ48 1511となり運用に復帰し、キハ48 1547（元・25118）は25113になるものと思われたが、現車は下1桁の車号シールを剥がしたまま、インセイン車両基地（DRC）奥に留置されたままで、25113は事実上欠番となっており、今後の復活はないものと推定される。

　現在は稼働17両（1本は5連のため）＋予備1両、休車1両の陣容で、今後予備車確保のため、編成短縮が行われるものと推定される。

JR東海キハ40・48形（2両）
→DMU8000形（8000−30＋8001−30）
／私有車

　MR最新の日本型DC。種車は、JR東海・キハ40 5001とキハ48 5001の2両であるが、商社との協力で整備が実施されており、MRの保有ではない。そのため「RBE」の形式がつかない「私有車」として竣工した初の事例となった。

　車号はそれぞれDMU8000−30（キハ40 5501）＋DMU8001−30（キハ48 5501）と付番されているが、元はJR東海の旧・伊勢車両区のキハ11・40・48形18両のうちの2両が出自。2015年12月にティラワ港に到着後、何らかの事情により3年近く保管中だった。

DMU8000−30（キハ40 5501）の前面。東海色の帯が貫通扉で上昇している珍しいデザインで、種別表示器の窓ガラス部分には運用区間の駅名シールが貼られている
Yangon車両工場　2019年3月22日

2018年3月、この18両を観光列車として活用する計画が報道され、同年12月に第1弾としてヤンゴン車両工場で整備が開始されたのがこの2両である。

　主な改造としては、車内の一部座席をリクライニングシートに交換、車体塗装変更程度で、一般車では短命に終わった冷房装置も活用し、基本的にJR東海時代末期の面影を残した再デビューとなった。しかし、高温多湿のミャンマーで3年も屋外放置されていたため、特に床下機器類の調整に苦労したそうで、現在も冷房の効き具合が2両それぞれ微妙に異なるとのこと。前面は東海色の帯が貫通扉で上方へ向かう珍しいデザインになり、行先表示幕のガラス面にはヤンゴン〜バゴー間のステッカーが、運転台窓下には形式名と「Test Running（試運転）」の文字が表記されている。側面は東海色の帯が「W」を描く斬新なストライプデザインとなった。

　2019年3月2日にヤンゴン〜モウラミャイン間でMR関係者や招待客を乗せた試運転も実施されており、女性客室乗務員が弁当

DMU8001−30（キハ48 5001）の車内。特に大きな改装は行われておらず、紺色モケットのセミクロスも健在で、キハ48形時代の面影が十分に残っている
Yangon車両工場　2019年3月22日

入場中のDMU8001−30＋8000−30（キハ48 5001＋キハ40 5501）。2019年3月営業開始した最新車で、W字を描くストライプが斬新だが、MRではなく別会社所有の私有車で、RBEの箱には入っていない　Yangon車両工場 2019年3月22日

を配布するなど、観光列車を意識したサービスが実施されている。

現車は3月22日の取材時、ヤンゴン車両工場にて整備中で、基本的に試運転時のままであったが、リクライニングシートは撤去されて固定クロスシートのフレームが再設置されていた。その他にキハ40 5001の連結面の運転台助士席側が"車販準備室"扱いとされ、各種サービス品が搭載されたままとなっており、サービス用スペースのない一般形DCを観光列車に充当するにあたり、苦心の跡が窺える。

今後、MRと商社の合弁による営業運転を目指しており、詳しい運転計画は後日発表になるものと思われ、今後に期待したい。

ベンチシート改造工事(16両)

JR東日本キハ40・48形、JR東海キハ40・47・48形は、2015年10月にRBE.3027・3030(→キハ48 3814・5513)の2両が試験的にキハ11形と同様のベンチシート化された以外は、JR時代の座席構造のまま使われてきた。

しかしながら乗客の持込荷物(主に野菜や果物を入れる編みカゴ)によって、モケット破損が相次いで交換パーツが不足したことと、雨季のスコールでモケットが濡れると乾くのに時間がかかること、また4連化によって輸送力が減少したため、立客のための床面積を広げ、1両あたりの乗車人員を増やすこと(MR関係者取材による)などにより、2018年6月より座席のロングシート(→ベンチシート)化が開始された。

本格的な改造に先立ち、2018年3月に25124(キハ40 579)がヤンゴン車両工場に入場し、モケットのロングシートを現地製FRPベンチシートに交換して4月に出場した。まず25111(キハ48 501)が車内のセミクロスシートを全て撤去し、3027・3030と同様のオールベンチシートが初めて施工された。

すでにロングシートであったJR北海道車5両(2598・2599・25100・25106・25107)及び、JR東日本車ですでにロングシート(1人ずつ区分されたバケットシート化)改造が行われていた旧・左沢線営業所運用車3両(RBE.25119・25123・15124→順に、キハ40 542・578・579)についてはセミクロス車と比べて作業工程が少なく、改造が比較的容易なことから、2018年5月に先行試作の形で改造が開始されている。改造

2018年6月にJR東日本キハ40の改造に先立ち、ベンチシート化されたRBE.25107(キハ40 335)。窓5個分の"スーパーベンチシート"が設置された Insein車両基地(DRC) 2018年11月26日

2018年5月、一足先にベンチシート化されたRBE.25124(キハ40 579)の車内。元々は1人掛けバケットシートであったため、先行試作で施行された車両で、ベンチを隙間なく詰めて背ずりも高いタイプ。側窓下部との隙間もない Yangon 2018年11月27日

メニューはバケットシートを全て撤去の上、その跡にベンチシートを設置したが、概ね結果が良好だったことから他車にも順次、実施されることになり、混雑緩和とリニューアルを兼ねた更新工事は、このインセイン車両基地所属のキハ40・48形の稼働車合計29両を対象として実施された。

セミクロス車の場合もほぼ同じで、JR東日本時代の座席をクロス・ロングに関わらず全て撤去し、現地製FRPベンチシートを設置する工程で実施された。ベンチシート化の"試作車"であるJR北海道車は、それぞれ異なるタイプのベンチを搭載していたが、JR東日本車ではJR東海キハ11形(RBE.3000形)に準じた、青色ベンチシートが設置されている。ただ施工方法は各車によって微妙に異なっており、ベンチとベンチの間を隙間なく設置し、背ずりの高いタイプ(25124)もあれば、双方が30cm以上開き、背ずりがほとんどないタイプ(25109・25114など)もあり、興味深い施工内容となっている。なお、車端部の袖仕切りはJR時代のまま手を付けていない。

JR東日本キハ40・48形のベンチシート化改造は稼働車18両のうち13両が、JR東海

RBE.3000形のベンチシート化に際しては、中央部のクロス1席のみ床下機器類の関係で撤去ができず、ここだけ残存して異彩を放っている。写真はRBE.3032(キハ48 6803) Insein車両基地(DRC) 2019年3月22日

キハ40・47・48形も11両中3両(RBE.3023・3024・3032→順にキハ47 5002・6001、キハ48 6803)がそれぞれ改造対象車に選ばれた。約3ヶ月の間に合計16両が施工し、9月12日付竣工のRBE.25127(キハ40 2025)をもってほぼ完了した。竣工日時は表1の通り。

この結果、キハ40系列では、前述の3027・3030とJR北海道車5両を加え、合計23両がベンチシート(2599→キハ48 1332のみJR時代のモケット)として活躍を開始している。同時期には、キハ38形5両(RBE.25101～25105)についても同様の改造が実施されているが(ただし、ベンチの色は異なる)、座り心地は公園のベンチと変わらず、汽車旅の雰囲気は勿論、長時間の乗車にも向かなくなってしまったのが残念である。

なお、JR東海車(RBE.3000形)のベンチシート化については、中央部の床下機器類の関係でここだけ撤去ができず、クロスシートの1脚のみ残されている独特のインテリアとなった。

シートモケットのビニール生地化(10両)

JR東日本キハ40・48形、東海キハ40・47・48形のうち、座席状態が比較的良好で、当

キハ40と同時期にベンチシート化されたキハ38形(キハ38 4→RBE.25103)の車内。デザインは、JR北海道車(RBE.2598・25107)と同じ薄緑色系。扉間で1組の大型タイプだが、袖仕切りの変更はない Yangon 2018年11月25日

第1章 ミャンマー 77

面はセミクロスシートのまま使用を継続した10両（東日本車4・東海車6）について、座席構造はそのままに、生地をモケットからビニールレザー化する改造工事が2018年6～7月にかけて、ヤンゴン車両工場で実施された。

交換された生地は水色系のビニール製で、クロス・ロングに関わらず、JR東日本・東海車とも同一デザインでまとめられた。東海車については、元のヘッドカバーを改めて付け直しているところが東日本車との相違点。この改装はベンチシート化と同様、雨対策（濡れても拭くだけで整備が完了）で行われたMR特有の事情によるもので、工事完了に伴い、JR時代の面影を残すモケット生地のセミクロス車は、RBE.25115（キハ40 514）の1両だけとなった。

改装された10両は当分の間、セミクロスのまま運用されるが、MRではシートは破損するまで使い、壊れたらベンチシート化する（関係者談）との方針を示しており、いずれは前述15両と同一のインテリアになるものと推定される。

側面表示器閉塞改造（5両）

JR東日本時代に、ワンマン化改造などで、乗降口表示器や側面行先表示器追設改造が行われていた車両は、ガラス面の破損がひどくなり、見栄えもよくないことから、2019年2月より、この部分を緑色の鉄

セミクロスのまま、シートモケットがビニールレザー張りに更新されたRBE.25121（キハ40 550）の車内。JR東日本車では25120・121・122・125の4両に施工されており、当面の間は"汽車旅"が楽しめる　Yangon　2018年11月25日

シートモケットがビニールレザー張りに更新されたRBE.3044（キハ40 6309）の車内。枕カバーはJR東海時代のアイテムを再利用している。デッキ仕切りには運賃表示器も健在　Yangon　2018年11月25日

近年、側面行先表示器やワンマン乗降口案内器が装備されている車両は、ガラス面の破損が目立つようになり、2019年2月より、鉄板で塞ぐ作業が開始された。写真は緑色の鉄板で閉鎖された側面行先表示器　Insein車両基地（DRC）　2019年3月22日

板で塞ぐ改造が開始された。まずは25111・25112・25118・25120・25127の5両に施工されており、入場時に廃材利用で施工するためか、形状はバラバラである。

「東海色」への塗装復元

JR東海車は当初、"東海色"を忠実に復元したカラーリングで竣工したが、2016年頃から順次、側面ラッピング化が進められ、2017年の一時期には、稼働車全てがラッピングとなっていた。その後、契約の関係からか、2018年9月にMR標準色化（3044／キハ40 6309）、11月には東海色へ復元された車両（3024・3042・3051→順に、キハ47 6001・キハ40 6307・キハ48 5806）や、ラッピングだけ剥がした車両（3049／キハ48 5803）も出現している。

その中でも3044は、竣工当初、国鉄風ツートンカラーに塗られていたのが、わず

インセイン車両基地所属車以外のJR東海キハ40系は、基本的に「東海色」を維持しており、塗替えに際してもカラーリングを踏襲しているようである。写真は編成中間に入ることが多いためか、正面貫通扉が撤去されたバゴー機関区所属のRBE.3048（キハ48 5508）
Bago機関区　2019年3月24日

2018年8月にインセイン所属のキハ47としては唯一、ベンチシート化と共に"東海色化"されたRBE.3024（キハ47 6001）。側面車号は赤文字で記入（他車は黒）されている
Yangon　2018年11月25日

2018年11月に"東海色化"された3051（キハ48 5806）であったが、2019年2月に再びラッピング化されており、残念ながら東海色はわずかな期間の再現に終わっている
Yangon　2019年3月22日

2018年11月、3051と共に久しぶりに"東海色"化されたRBE.3042（キハ40 6307）。帯幅も踏襲しているが、JR時代の車号や検査標記は残念ながら消去されている
Yangon　2018年11月25日

2018年9月、それまでのラッピングカラーからMR標準色に塗り直された、RBE.3044（キハ40 6309）の正面。JR東海時代に一部のキハ40は「国鉄色」化されており、一種の"東海特別色"ともいえる。JR東海時代の行先表示幕やワンマン表示灯も健在　Yangon　2018年11月25日

第1章 ミャンマー　79

かの間にラッピング化され、再び塗り直された。変化の激しいMRを象徴するような存在で、MR標準色化された国鉄形DCとしては、RBE.2571・2572・25105・25106・25100に次いで6両目、2018年夏に施工された25100以来のMR標準色の出現となった。

作業を担当したMR関係者によれば、MR標準色への再塗装は各車共通のことであったが、実際は25100・25106は貫通扉を含めてツートンカラーの塗り分けに対し、3044は貫通扉をクリーム一色に塗って、国鉄風カラーの塗り分けパターンを一部踏襲しているなど、微妙な違いが見られる。ただ塗料も同一にして作業の共通化を図っているとのことで、相次ぐ旧塗色の"復活"は喜ばしい。

再塗装後の同車は、車号標記はMR車号（RBE）だけとなり、JR東海時代の検査標記類は全て消去された他、ベースカラーとなるクリームもやや明るめに感じられる。帯幅も"種車"に揃えているなど、忠実に復元しており、好ましい仕上がりとなっている。

改造が中断された旧・「北斗星」用24系

JR北海道の特急用DCのMR搬入が相次いだ2008年には、客車の搬入も行われている。寝台特急「北斗星」の1往復化に伴い、2008（平成20）年4月30日付で除籍となったJR北海道24系18両（オロハネ25 551-558「ロイヤル・ソロ」、オロネ25 501-503「ツインDX」、スシ24 501-503・508、オハネ24 504、オハ25 551、カニ24 501／※14）が、同年11月25日よりMRへ導入された。

A個室寝台を始め、食堂車・ロビーカー、そして電源車まで、編成を丸ごと移籍させたような陣容で、MRは導入当初、完全

空調の団体専用車または寝台特急として運用することを目論み、2009年よりミンゲ車両工場にて、オロハネ25 556（ロイヤル・ソロ）・オロネ25 501（ツインDX）・スシ24 501・503の4両について改造工事を開始し、オロハネ25については湾曲した屋根部を切断し、低屋根化を兼ねて平滑化した。スシ24は「全高制限のため、冷房の室内側落とし込み改造」、車体外板の雨樋設置などが施工され、竣工予定の7両にはMR車号まで付番され（表7参照）、後は走行線区での試運転を行えば完成、という段階まで整備されていた。

続いてオロハネ25 555・558もソロ上段の窓撤去、エンブレムや切抜文字の取り外しなど、準備を進めていたが、当時は欧米諸国の経済制裁が続いており、近い将来の需要の見通しが不明であったこと、当時のMR標準客車（車体長17〜18m）と比較すると20m級の24系は大きく、軸重制限も加わって、実際の運用にはかなり難しいことが判明した。2011年に工事は中断され、以来整備が終わった4両と合わせ、大半はミンゲ車両工場屋外の留置線で荒れるに任せていた。

同系について、その後の消息が全く報じられていないのは、当時、軍や警察による厳しい撮影禁止処置に加え、ヤンゴン近郊のティラワ駅構内に放置されていた2両（オロハネ25 554・オハ25 551／現在は移送済）以外、全て車両工場敷地内に保管されてい

※14＝MR入線後の現車は、側面切抜文字を外し、再塗装して痕跡が残っていない車両が多く、再塗装後に旧車号を覚えているMRスタッフが妻面下部に車号のみ手書きで記入（現地ではカタカナが読めない）しているが、ここで間違いもあるようで、実際の車号と合致していない可能性もある。2010年当時のMR提供資料による

たため、ファンの目に触れる機会が全くなかったことも要因として挙げられる。

2015年6月に突如24系の改造工事が再開された。該当車は改造済4両に加え、スシ24 502を加えた5両で、再開というより、既竣工車の再修繕の意味合いが強い。理由は不明であるが、長期間屋外放置されていたこともあり、いずれも車体色の退色が激しく、抜本的再修繕はこれからであったのだが、この工事も2017年夏頃になると、なぜか再度中断し、結局1両も竣工せずに終わった。現車は全て、同工場敷地内に留置中である。

スシ24 501【→RBTR.01】

1986(昭和61)年3月廃車の旧・サシ481-67を松任工場でPC改造し(1987年3月14日付)、スシ24 501として車籍を復活。1988(昭和63)年1月28日付で再改造を実施したオリ

2008年4月の除籍以来、実に7年ぶり(撮影時点)に姿を確認したRBTR.01(スシ24 501)。1988年3月の「北斗星」運転開始にあたり、1987年3月にサシ481-67をスシ24系化改造したPC。MRでも大きな変化はないが、残念ながら再び改造工事が中断した模様である　Myitnge車両工場　2015年9月18日

エント急行風の内装が特徴の食堂車。

MRでの車号は、RBTR.01で、「R」はレストラン(Restaurant)指す。調理室内器具配置や、食堂部分の調度品(テーブル・ソファータイプのイスなど)はJR北海道時代のままで特に変化はなく、妻面には同国の著名な観光地でもあるシュエダゴン・パゴダ(パゴダとは「仏塔」の意)の絵画が飾られていた。現在、改造途中で中断したままとなっている。

スシ24 502【→RBTR.03／2009年改造当初→RBT(Conf).1／2015年】

MRに搬入された旧・「北斗星」用24系の中で、最も変化があった車両。種車はサシ

RBTR.01(スシ24 501)の車内と調理室。埃を被っているが「北斗星」時代の木目調テーブルやシェード付きランプも健在で、シェフが腕を振るってフランス料理を作っていた調理室のレイアウトも変わっていない　Myitnge車両工場　2015年9月18日

スシ24 502をMRの食堂車・RBTR.03に一旦改造後、2015年に再度改装されたRBT(Conf).1。ホールのテーブルや座席は全て撤去され、大きめのソファーが据え付けられた　Myitnge車両工場　2015年9月18日

第1章 ミャンマー　81

481-75で、同車も一旦廃車後に吹田工場でPC化改造され、1987(昭和62)年3月19日付でサシ24 502に改番した。1988(昭和63)年2月16日に五稜郭車両所で再改造されている流れは501と同じ。

JR北海道からのスシ24は501-503の3両で、MRでは当初、3両とも食堂車活用する計画で、それぞれRBTR.01・03・02(車号が逆になっていることに注意)として竣工していたが、2015年7月に修繕を兼ねた再改造が実施され、「ミーティングカー」として再竣工した。車号も「RBTR.03」から、新たに「RBT(Conf).1」に改番されている。Confとは、「会議(Confidence)」の略で、スシ24 501同様、車体裾部の切抜車号は外した上で再塗装時に塗り潰され、中央部にMR車号が書き入れられている。

車内は旧・ホール部分の調度品類を全て撤去し、新たに絨毯を敷き直した上で、レール方向に1人掛けソファーを10脚、枕木方向に2人掛けソファーを1脚配置したもの。旧・「北斗星」の中では種車の面影が全くない特筆すべきインテリアとなっている。ソファー間には小さなテーブルが置かれており、調理室はそのままであることから、会議の合間に簡単な食事や飲料も提供できる"ロビーカー"のような存在を意図しているようで、案内してくれたMR関係者も「偉い人たちの会議用」と説明していたことから、定期列車ではなくVIP列車運用時、編成中のフリースペースとしての活用が目的と思われる。

今回、スシ24 503(→RBTR.02)は確認できなかったが、MR関係者によれば同車は食堂車と説明しており、これが事実ならば、スシ24は食堂車2+ミーティングカー1の布陣となっていただけに改造工事中止は残念でならない。

オロハネ25 556
【→RBTNNU(R).01】

1990(平成2)年8月7日付で、オハネ14 503を苗穂工場でAB合造寝台車に改造した。除籍は2008年4月30日付で、MRには551～558の8両全車が搬入されている。

ほとんどが手つかずのまま放置されている状態である中、唯一556のみ、改造が実施され、2009年冬頃にRBTNNU(R).01として竣工している。車号のNNUとは新型寝台車ユニット(New Nightcar Unit)を指し、「R」とはおそらくロイヤル(Royal)を意味するものと思われる。

湾曲した屋根部を平滑化したため、ソロ上段はかなり天地方向が低くなり、事実上、「下段のみ寝台車」である。それ以外は「ロイヤル・ソロ」時代のままで、重厚なベッドと回転ソファーもJR北海道時代のまま。ロイヤルのシャワー室内にある洗面台とトイレの機能的な配置に、MR関係者は驚いたという。

2015年9月の取材時点では、この他にエンブレムが外された558を確認。同車は本

エンブレムや切抜車号文字を剥がした痕が生々しく残るオロハネ25 558。556と異なり、低屋根化などの改造工事を行う前に中断しており、「北斗星」時代の面影がかなり残るMyitnge車両工場 2015年9月18日

格的な改造を行わないまま、工事を中断されている。

オロネ25 501・502
【→RBTNU.01・02】

オハネ25を大宮工場で改造し、1987（昭和62）年2月28日付で2人用A寝台車として竣工した「ツインDX」。MRには501～503の3両が搬入され、2009年度中に501・502が改造を開始したが、直後に中断している。同車も寝室はツインDX時代のままで、長年の屋外放置により、鮮やかな赤色回転ソファーやベッドは、やや色褪せていたものの、インテリアは当時のままであった。

オロネ25を改造したRBTNU.01・02の外観と車内。車体内外とも「北斗星」時代のまま大きな変化はないが、2009年に改造工事は中断。撮影時点ではすでに6年が経過し、塗装の傷みが目立っていた　Myitnge車両工場　2015年9月18日

DL（2004〜2008年）

あまり知られていないが、MRは旧・JR貨物DD51 797・823・1001・1070、JR北海道DD51 1006・1068の合計6両の譲渡を受けている（表8参照）。入線ごとに改造工法が大きく異なることからバラエティーに富んでおり、事実上3グループに分けられる。実際に竣工したのは旧・JR貨物機だけで、それも貨物牽引機とあって、なかなかファンの目に触れることが少なかった。機器類不調に伴い、2012年頃までに全て運用から外れており、営業線上では見られなくなった。
①「第1グループ」（2両）／DD51 797・823→D2D 2201・2202

2両とも、最終配置はJR貨物・愛知機関区で、同形の搬出例としてはタイ（※15）に続く2例目となった。797はJR東日本・郡山車両派出所（磐越東線営業所）で2000（平成12）年11月30日の廃車後、翌2001（平成13）年2月4日にJR貨物が購入し、2004（平成16）年3月の除籍時まで活躍した。名鉄キハ23・24・25と共に東名古屋港大江埠頭から搬出されている。

823は放熱器散水装置装備でキャブ内に2000リットルの水タンクが設置された関係で、屋根が取り外し式となった。こちらは

DD51 797を改造し、2006年冬に竣工したD2D.2201。ヤンゴン近郊のマラゴン機関区に配置され、それまで重連で運用していた重量貨物を単機牽引できるなど、運用合理化に寄与したが、保守用パーツの手配ができず2012年頃休車となった　MaHlwaGon機関区　2014年1月26日

※15＝タイでは工事用として2～3両導入し、後年はマレーシアの線路保守会社に移籍しており、現在も使われている

2005（平成17）年5月の除籍後、伊勢鉄道イセI形3両と共にMR入りし、インセイン機関車工場（DRI）で以下の改造が実施されている。
●主な改造項目
①屋根形状変更により最大高を低減、これに伴い前面・側面窓の形状変更・排煙筒切詰め・列車無線アンテナ撤去・タブレット保護柵・区名札差撤去
②JR時代のスノープラウ撤去と連結器の高さ変更、MR仕様のカウキャッチャー取付
③前面デッキと側面ステップ交換・後部標識灯移設・JR時代のジャンパ栓撤去と、MR仕様に合わせたブレーキ管への交換
④MRのDL標準色へ塗色変更、MR形式車号記入と、マークの前灯下部・側面窓下への貼付

2両とも2006年に重量級の貨物列車牽引でデビューした。機関出力はJR時代のままであったため、それまで重連牽引列車を単機に置換することができるなど、現場でも重宝されていたが、当時は維持管理に必要なパーツ類の手配が満足にできず、2201は2012年に、2202も同時期に相次いで休車となった。2201は2015年初めまで、ヤンゴン近郊のマラゴン（MaHlwaGon）機関区に留置されていたが、その後の処遇は不明で、移送されたとの話も聞かず、おそらく解体されたのではないかと推定される。
②「第2グループ」（2両）／ DD51 1070・1001→DD.1101・1102・1103・1104

表記を見て、誤植ではないか？　と思った方もいると思われるが間違いではない。2005年入線の2両は、機関区構内や貨物ヤードでの入換用として、軸重や車体重量軽減が目的の小出力軽量機が必要だったが、本線重量列車牽引用のDD51では大きすぎるため、その目的に対応した改造が実施された。

すなわち、2両の機関車の車体中央から台枠ごと2分割し、新たに4両のDLを竣工させるという、まるで模型のような異色機関車が誕生したのである。

種車は2005（平成17）年12月26日付でJR貨物・門司機関区にて除籍となった1001・1070で、MR入り後の改造はヤトン機関車工場（Ywa-Htaung Locomotive Workshop）で行われ、メニューは前出の①〜④に加え、以下の項目が追加されている。
⑤種車を運転台中央部から台枠ごと切断し車体長変更（18m→14m）
⑥片側に廃車発生品の現地DLのボンネットを接合、発生品台車を組み合わせ、エンジンも1基化

2006年12月に竣工し、新形式「DD.1100形」として、1101〜1104の4両が誕生した。当初の目的通り、貨物ヤード入換や短距離の貨物列車牽引にて運用を開始した。

2009年7月取材時には、1103がヤンゴン駅に隣接する貨物ヤードの入換用に配置されているのを確認した。塗色はMR貨物

JR貨物DD51 1070を2分割し、片側に発生品の"カオ"を接合して誕生したDD.1101。写真は竣工直後の姿で、同国DL標準色に塗られ、キャブの低屋根化が実施されているがDD51の面影をよく留めている　MaHlwaGon機関区 2007年1月24日

機標準色に塗り替えられていたが、現車はキャブ1位側に、楕円形のJR貨物銘板、正方形のメーカープレート（三菱）が残存しており、低屋根化されたキャブはかなり低く、屈まないとないと乗り込めないほど。運転台は種車のまま1ヶ所のみ設置し、接合側は何もなく、広々とした空間になっていた。

エンジン不調に伴い、2012年頃までに全車が運用を外れ、1101・1103はヤトン機関車工場に、1102はマンダレー機関区の片隅で放置されていたが、1101は2014年5月2日、遂に解体され、MRにおける日本型車両の解体第1号となった。解体されたボンネットの一部が同工場内に"忘れ形見"のように残されている他、1103も廃車休留置線で荒廃

しており、復帰は絶望的。同年10月のMR配置表には1104の記載もなく、同車も休車または解体済と推定される。

③「第3グループ」（2両）／DD51 1006・1068→DF.2027・2012（予定）

2008（平成20）年3月のダイヤ改正で「北斗星」が1往復化となり、専用カラーのDD51形が2両除籍され、MR入りした。2012年3月にインセイン機関車工場（DRI）で改造工事が開始されている。メニューは第1グループとほぼ同一であるが、最大の変化は車体色で、MR標準色ではなく、「北斗星」カラーにも似た、やや明るめの紺色を主体に金の細帯が入るカラーリングとなった。

1006→DF.2027、1068→DF.2012のMR新車号まで用意されていたものの、残念ながらその時々の事情で工事中断→再開→再び中断、の繰り返しで、2014年4月に外装工事まで完了したが、その直後に配線工事でトラブルが発生して工事は中断した。同年12月にようやく再開されるが、2015年8月には再度中断するなど、竣工の見込みは立っていない。しかも同工場では改造工事が中断すると、当該機は作業途中のまま屋外留置線に"追い出して"しまうため、1年の半分は雨季となる同国では、すぐに塗装が傷ん

ヤトン機関車工場検修庫に置かれている、2014年5月に解体されたDD.1101のボンネット部。MRに渡った日本型車両解体第1号となった　Ywa-Htaung機関車工場　2015年2月15日

背の高い南国の夏草に埋もれつつあるDD.1103。2005年12月にDD51 1001を2分割して誕生（1103・1104）した片割れで、三菱の銘板も残っていたが、2012年頃休車となり、ヤトン機関車工場片隅で自然に還ろうとしていた　Ywa-Htaung機関車工場　2015年9月28日

工事が3度中止となり、再び屋外へ移動したDD51 1006。「北斗星」カラーに似た紺色（ただし色調はやや明るい）だったが、雨の多い地域ゆえ、すでに色褪せていた　Insein機関車工場（DRI）　2016年2月23日

第1章 ミャンマー　　85

でしまう。現車は2両とも屋外放置のままで、再開は難しいのではないかと推定される。

半年ほど走って消えた電車

MRは全路線が非電化であるが、かつて半年ほどではあるが電車が走ったことがある。その路線は、2014年12月7日にヤンゴン中央駅の1駅となり、パズンダン（Pazundaung）からトゥーリークエ（HtawLiKue）までの8.92kmで旅客営業が開始（歴史的に見れば復活）された「ヤンゴン臨港線」。

三陸36形2両（RBE.3001・3002）が専用車として用意され、1日7往復（2015年5月からは5往復）、併用軌道上では極めて異色の"チンチンディーゼルカー"として走っていた。それが何と、2015年9月から約4ヶ月の運休期間を経て、2016年1月10日に旅客営業を併用軌道区間のランスダウン（LansDown）〜ワーダン（WarDan）5.6kmのみに短縮の

陸揚げ直後の旧・広島電鉄3001号と772号。カバーを被せられ、工場入りを待っていた頃の姿　Wardan 2015年9月16日

上、直流600V電化され、広島電鉄から譲渡された路面電車3編成を使って電車が走り始めた。

電化にあたっては、JICA（独立行政法人・国際協力機構）を始め、JR西日本や広島電鉄など、日本側の技術協力が活かされており、電車運転のノウハウがないMRとしても、近い将来の主要幹線電化を見据えた先行試作的な意味合いがあったものと思われる。また同線は以前より1435mmと1000mmの三線軌条で、DC時代は軌間1000mmのDCが走っていたが、広島電鉄の電車は1435mmのため、MR車両で唯一、車軸改造を全く行わずに運用できた唯一の事例となった。形式の「TCE」はTram Car Electricの頭文字を採ったものである。

車庫はワーダンに置かれ、初の電車路線は8：00〜16：00の間に1日6往復を運転し、全線1閉塞で所要30分。運賃は全線100チャット（約10円）の体制でスタートした。当初、MR側の意気込みも大きく、最終的にはDC運転時代の専用軌道区間とワーダンから先の未開業区間を含め、総延長約11kmとなるはずであった。

ところが、DC運転時はヤンゴン環状線と連絡していたのに、電化開業後は他のMR路線と接続がない孤立した路線になったことから、利便性が悪化したため利用客が減少した。また、沿線は港湾地帯で住宅が少なく、もとより利用客が少ない上、敷設されていたカンナーラン通りは、以前よりバスが頻発し、1日6往復運転ではとても太刀打ちできなかった。特に午後は港湾施設に出入りするトレーラーの軌道横断が増えることから、逆に電車は邪魔者扱いされ、事故防止のため午後は電車の運転を見合わ

せる、という施策がまかり通ってしまい、ほどなくして8:00〜13:00までの1日3往復運転に縮小されるなど、首を傾けるような後ろ向きの施策が相次いだ。

この頃よりMR内部でも電車運転についての是非が議論されたようで、当初の意気込みは急速にしぼみ、最末期は3本目が削減され1日2往復まで減少した。乗客は試乗にきた市民だけという、"寂れたテーマパークのアトラクション"のようになってしまい、同年6月30日には利用客が増える見込みがないことから、当分の間の運転休止を発表し、華々しい開業式とは対照的に、電車運転はひっそりと幕を下ろした。

7月1日の休止直後は、復活の可能性も模索していたようであったが、12月20日に同国運輸通信省より「路面電車は道路上をクルマと一緒に走行する安全上の問題と、気動車から電車にすぐに移行したのには無理があり、電力を十分に確保しなければならず、運行制御システムも必要で、営業を諦めた」との公式発表があった。そして休止のまま一度も走ることはなく、2014年12月の運転開始から2年半、電車運転に限ればわずか半年弱の運行で煙の如く消え去ってしまったのである。世界的に見ても稀な、超短期間営業であった。

休止以降、車両はワーダンに留置されたままで、駅ホームや軌道は営業当時のまま駅名標が外されたくらいであるが、架線は一部で撤去が始まっており、今後の復活はないものと推定され、あまりにも儚い電車運転であった。

3両の電車は、現在も旧・ワーダン電車区に留置されたままとなっているが、保安上の関係からか車内には24時間体制で警備員が常駐している。

TCE.700形（701／1両）

旧・大阪市交通局1831で、1950年3月製。全長13.7m、自重18.0ｔ、定員94（内座席40）人の半鋼製ボギー車で、大阪市電の路線縮小に伴い、1968年4月に広電に移籍した。2014年3月まで運用された後、翌2015年7月に除籍され、MRへ譲渡された。

広電時代に行先表示幕の大型化、冷房の追設が行われている。1950年代製造の電車を、保存目的ではなく現役の稼働車として海外譲渡したことは世界的に見ても珍しく、もちろん日本型電車としては最古参である。TCE3000形と比較して定員が小さく、冷房も出力不足気味であったが、6月の運転休止まで活躍した。現在は営業当時の姿のまま、旧・ワーダン電車区跡地に留置中。

わずか半年の営業に留まったヤンゴン臨港線の路面電車。写真のTCE.701は1950年製の元・大阪市電で、トラムとはいえ、1950年代の半鋼製電車が東南アジア諸国で再起した唯一の事例であっただけにその引退は惜しまれる　旧・Wardan電車区　2018年3月18日

TCE.3000形（3001・3002／2両）

旧・西鉄福岡市内線1101・1201・1301形で、1963年製。全長25.25m、自重30.09ｔ、駆動装置は吊り掛け式の3車体4台車構造を持つ連接車で、定員は180（内座席76人）。

第1章 ミャンマー　87

旧・ワーダン電車区跡地に保管中のTCE.3002。同編成は試運転を行ったのみで、ほとんど営業に就くことなくカバーを被せられていた。廃止後はこれが外されており、皮肉にも編成全景が撮影できるようになった　旧・Wardan電車区　2018年3月18日

広島電鉄時代に取付けられた「福岡市内電車」の銘板。TCE3000形の側面に現在も残る　旧・Wardan電車区　2018年3月18日

　福岡市内線の路線縮小に伴い、1976（昭和51）年に広電に移籍して同社初の連接車に改造し、3000形として8両が竣工した。連接車化の際、運転台脇の扉を除いて折戸→引戸化・行先幕の大型化・車掌窓の追加など、若干のレイアウト変更が実施され、後年冷房も追設されている。2015年4月6日付で休車、7月に廃車となり、MRへ譲渡された。

　車体と床下機器類は現地で広電スタッフによって組み立てられ、車体色を濃淡青に変更の上で竣工した。車内レイアウトも広電当時のままで、現地の乗客には新鮮に映ったようである。前面行先幕は白地のままであったが、後年、ガラス部分に「STRAND ROAD TRAM」の紙片を張り付けている。

　3001が休止まで通常運用で使われており、3002は試運転を行ったのみで営業運転を行ったかどうかは怪しい。休止後、3001が屋根付検修庫に、3002はそこから少し離れた留置線に放置されたままとなっている。

　以上がミャンマーの日本型DCについての解説である。2000年代後半から2010年代初頭にかけて、様々な車両が相次いで搬出されたが、車両限界や床下機器、それに軸重など様々な事情が絡み、実際に稼働している車両は一般形DCばかりとなっており、改めて海外での稼働は難しいことを感じさせる。

　MRも近い将来、日本製新形DCが投入される予定で、日本型車両の活躍範囲や運用も徐々に変化していくものと思われるが、交代するその日まで"お役目"を果たすことを願ってやまない。

ミャンマー事情コラム
あっ!! 車号が変わっている!?

　MRでは時折、一度付番した車号を後年になって他車と振替えているケースが見られる。RBE導入以前、MRローカル線の主力であったLRBE（簡易レールバス）でも同様な施策が行われており、LRBEは車体が1両ずつ個性溢れる"手作り車体"であったことから、こちらの判別は意外に容易だった。ネットサイトのブログでも熱心なファンが取り上げていたが、まさかRBEでも同様なことが行われているとは意外であった。

　ヤンゴンエリアでは、2015年3月に竣工したインセイン車両基地（DRC）所属のVIP車・三陸36形が有名で、当初は車号の若い

順にRBE.3004→36-1103、RBE.3005→36-1107で竣工し、2015年9月・2016年2月・2016年10月の訪問時、確かにこの車号だったのを確認した。しかし、2017年3月訪問時には、なぜか逆になっていたのである。

現車はカッティングシートを切り貼りしてMR車号を掲示している。貼替も容易なようで、下1ケタのみ乱雑に交換されており、元・車番の糊の痕がすぐ判別できた。他にもRBE.25113→キハ48 1511、RBE.25118→キハ48 1547の事例（現在、25113は事実上欠番、25118→キハ48 1511となっている）も確認している。こうなると当然、MR本社の車両台帳と車号が合わないので、国内の鉄道雑誌などで報告すると"誤植では？調査ミスでは？"、などとあらぬ疑い（笑）をかけられる遠因となっている。

日本ではまず考えられないこの施策、実のところ、なぜ、行われているのか全く不明で、筆者も訪問の都度、同行ガイド経由でMR関係者に聞いてみるのだが、いつも笑ってはぐらかされる。きっと、何か触れてほしくない事情があるのだろう。

三陸36-1107は竣工時、RBE.3005だったはずが、2017年1～2月頃になぜか車番が3004に入れ替わった。下1桁を貼り替えた痕が容易に判別できる。なぜこのようなことをしたのか全く不明だ　Insein車両基地（DRC）　2018年3月18日

形がなんか変……？

RBEは、MRの規格に合わせた台車改造や冷房撤去などを行っているが、最も特徴的なのは「車体切詰」であろう。これは線路と交差する道路陸橋対策で、古いものだと大英帝国時代に建設された代物がまだ市内で現役である。陸橋は当時の技術力の名残か、下部の高さがやたら低く、鉄道車両はこれ以下にしないと陸橋下部に屋根が接触してしまう。

日本のDCでは、ベンチレータを撤去しても屋根上が接触してしまう車高であることから、2005～2008年にRBE.2500形17両・RBE.3600形12両・RBE.5000形20両の計49両について車体切詰を施工した。改造方法は側面窓下部または、幕板部をそれぞれ20～30cm切り取って再接合するもので、ベンチレータや冷房撤去と併せて"低屋根化"されると、車高が概ね3400mmに抑えられ、MRの車両限界値に適合するようになる。当初は本線でもRBEを使っていたことから、運用の自由度を増すとの思惑もあったようである。

出場してきた車両は、かつての面影が残っているものの、どこか"ずんぐりむっくり"で、ペタッ、と潰したような、どこか吹き出しそうな顔つきになった。しかしながら、時間とコストがかかる割に効果は薄く、

車体切詰改造後のキハ52。写真はRBE.5009（キハ52 123）で、窓下幕板部を30cmほど取り去ったため、どこかずんぐりした外観が特徴である　Pyawbwe　2015年9月17日

第1章 ミャンマー　89

運転台周囲に日本語表記がそのまま残るRBE.2542(松浦MR-202)。筆者が日本人だとわかると、同行ガイドを通じて、複数の乗務員がスイッチ類を指差して、これは何を意味するのか？ とその表記について聞かれる
Myogwin 2009年1月27日

MRでは2009年頃より方針を転換し、導入線区の実態に合わせた基準値（→ヤンゴン環状線内は3600mm）で運行して良い、という規則にし、屋根上パーツを撤去すれば3600mmに抑えられる同年度導入のNDC（松浦車＝RBE.2542）以降は、車体切詰は行わず、以後の竣工車もこれにならうようになった。

あちこちに残る日本語表記

MRでは竣工したRBEの車体内外に残る日本語表記について、ほとんどそのまま残して運用に就く車両が多い。運転台機器類の表記はもとより、窓や側扉に貼ってある注意書き、果ては居酒屋や病院の広告まで、近年竣工したDCでは外部の塗装や車号、検査表記まで旧・所有者時代のまま残っており、「リバイバル塗装」どころではない。

しかし、それにはちゃんとした理由があり、関係者によれば、竣工時期を短縮して一刻も早く営業線に出すためだという。また日本語表記が残っていれば、これは間違いなく「メイド・イン・ジャパン」の証明にもなるため、わざと残しているようである（それほど同国では日本製品への信頼が厚

い）。

"昔の姿で出ています"を、地で行くようなこの施策、ファンの目には、結果的にニクい演出と映るが、それでも少しずつ変化している。外観はクリーム＋赤のMR新塗装に順次変更され、車内のステッカーやプレートなどの表記アイテムも、MRステッカー貼付や貼紙掲示のため、少しずつ撤去されており、いずれは「正真正銘のMR車両」となる日が近いかもしれない。

MR版のDD51は新造機

ヤンゴン中央駅で列車を待っていると、近所の貨物ヤードから入換用DLが時折、ホームまで入ってくるが、この中に「DD51」というナンバーが表記されたDLを見かけることがある。

前面窓のデザインが、改造された旧・DD51によく似ている上、ナンバーがDD.51になっているものだから、鉄道に詳しくないような個人のブログなどで、旧・JR貨物DD51を発見！ と紹介されているサイトを時折見かける。しかしこれは1980年代末期に日本企業で製造された車体を輸入したもので、現地で組み立てたノックダウン生産方式による、れっきとしたMRオリジナル機関車である。

よく見れば台車も異なるし、キャブも車体片側に寄せたDE10タイプ。第一、MRに入線したDD51は6両全てが営業運転には出ていないのだから、少し考えればわかりそうなことだ。同形のファンが見ればまるっきり違うことは一目瞭然なのだが、間違った知識でも、ネットに流せばそれがあたかも正しい事柄に見えてしまうのが恐いところで、注意したい。

表2 RBE. 2500・3000・3600・5000形 車号対照表

2018年2月1日現在
資料提供＝MR

1. RBE. 2500形（127両　内7両RBT化）

	MR車号	旧所有者	車号	MR入籍日	稼働	MR所属区	備考
1	RBE. 2501	名古屋鉄道	キハ21	2003年4月25日	×	カウリン	
2	RBE. 2502	〃	キハ22	〃	◯	ピンマナ Pyinmana	VIP車
3	RBE. 2503	〃	キハ23	2004年4月25日	◯	ピンマナ Pyinmana	VIP車
4	RBE. 2504	〃	キハ24	〃	◎	ピイ Pyay	
5	RBE. 2505	〃	キハ25	〃	××	除籍対象車(現車はインセイン)	2005年、CNG試験車化
6	RBE. 2506	〃	キハ31	2004年11月29日	××	除籍対象車	
7	RBE. 2507	〃	キハ32	〃	××	除籍対象車	
8	RBE. 2508	〃	キハ33	〃	××	除籍対象車	
9	RBE. 2509	〃	キハ34	〃	▲	ピンマナ Pyinmana	
10	RBE. 2510	伊勢鉄道	イセ2	2005年6月22日	××	除籍対象車(現車はピンマナ)	
11	RBE. 2511	〃	イセ3	〃	×	ミッチーナ Myitkyina	
12	RBE. 2512	のと鉄道	NT-101	2005年11月12日	◎	ミンジャン Myingyan	
13	RBE. 2513	〃	NT-103	〃	▲	ピイ Pyay	
14	RBE. 2514	〃	NT-124	〃	◎	ピイ Pyay	
15	RBE. 2515	〃	NT-125	〃	×	ミンゲ車両工場 Myitnge	
16	RBE. 2516	〃	NT-121	2006年2月20日	◎	パコック Pakkoku	
17	RBE. 2517	〃	NT-131	〃	◯	ピンマナ Pyinmana	VIP寝台車
18	RBE. 2518	〃	NT-109	〃	×	ヤンゴン車両工場 Yangon	
19	×RBE. 2519	〃	NT-122	〃	▲	ピンマナ Pyinmana	2015年RBT化工事中断
20	RBE. 2520	〃	NT-106	〃	▲	ピイ Pyay	
21	RBE. 2521	〃	NT-112	〃	×	インセイン（DRI）	
22	RBE. 2522	〃	NT-105	〃	×	マラガン Mahiwagon	現車はDRCに留置
23	RBE. 2523	〃	NT-133	〃	◎	ピイ Pyay	
24	RBE. 2524	伊勢鉄道	イセ4	〃	◎	パコック Pakkoku	
25	RBE. 2525	天竜浜名湖鉄道	TH-106	2006年8月7日	▲	ピンマナ Pyinmana	
26	RBE. 2526	〃	TH-211	〃	××	除籍対象車(現車はピンマナ)	
27	RBE. 2527	のと鉄道	NT-126	〃	◎	パコック Pakkoku	
28	RBE. 2528	〃	NT-130	〃	▲	ピンマナ Pyinmana	
29	RBE. 2529	三陸鉄道	36-301	2007年2月19日	××	除籍対象車	
30	RBE. 2530	〃	36-401	〃	×	ヤンゴン車両工場 Yangon	
31	RBE. 2531	〃	36-302	〃	×	ヤンゴン車両工場 Yangon	
32	RBE. 2532	〃	36-402	〃	×	ハヤイク Thayaik	
33	RBE. 2533	甘木鉄道	AR201	2007年6月9日	××	除籍対象車(現車はシットウェー)	
34	RBE. 2534	真岡鐵道	モオカ63-11	〃	×	ヤンゴン車両工場 Yangon	
35	RBE. 2535	〃	モオカ63-1	〃	××	除籍対象車(現車はヤンゴン)	
36	RBE. 2536	のと鉄道	NT-132	〃	◎	ピンマナ Pyinmana	
37	RBE. 2537	〃	NT-107	〃	▲	ピンマナ Pyinmana	
38	RBE. 2538	甘木鉄道	AR106	〃	××	除籍対象車(現車はヤンゴン)	
39	RBE. 2539	北海道ちほく高原鉄道	CR70-1	2007年10月15日	×	ヤンゴン車両工場 Yangon	
40	×RBE. 2540	〃	CR70-2	〃	×	現・RBT. 2540	2015-7-8付RBT化
41	RBE. 2541	〃	CR70-3	〃	×	ヤンゴン車両工場 Yangon	
42	RBE. 2542	松浦鉄道	MR-202	2008年5月10日	×	ヤンゴン車両工場 Yangon	
43	RBE. 2543	〃	MR-301	〃	▲	ピンマナ Pyinmana	抜本的再整備施工車
44	×RBE. 2544	〃	MR-201	〃	×	現・RBT. 2544	2015年5月31日付RBT化
45	×RBE. 2545	〃	MR-203	〃	×	現・RBT. 2545	2015年7月8日付RBT化
46	×RBE. 2546	〃	MR-302	〃	×	現・RBT. 2546	2015年5月31日付RBT化
47	RBE. 2547	〃	MR-104	〃	◎	ピュンタザ Pyuntaza	
48	RBE. 2548	平成筑豊鉄道	104	〃	×	チャイントン Kyaingtong	
49	RBE. 2549	〃	108	〃	×	シットウェー Sittway	
50	RBE. 2550	松浦鉄道	MR-204	〃	×	ヤンゴン車両工場 Yangon	
51	RBE. 2551	〃	MR-205	〃	×	ヤンゴン車両工場 Yangon	
52	RBE. 2552	〃	MR-102	2008年10月22日	▲	シットウェー Sittway	
53	RBE. 2553	〃	MR-103	〃	×	シットウェー Sittway	
54	RBE. 2554	〃	MR-123	〃	◎	マグウェ Magway	

第1章 ミャンマー　91

55	RBE. 2555	〃	MR - 124	〃	×	ピィンマナ Pyinmana	
56	RBE. 2556	平成筑豊鉄道	103	〃	◎	パテイン PaThein	
57	RBE. 2557	〃	202	〃	◎	パテイン PaThein	
58	RBE. 2558	松浦鉄道	MR - 105	2010年2月28日	◎	シットウェー Sittway	
59	RBE. 2559	〃	MR - 122	〃	◎	シットウェー Sittway	
60	RBE. 2560	〃	MR - 101	〃	▲	カウリン Kawlin	
61	RBE. 2561	〃	MR - 108	〃	×	ハヤイク Thayaik	
62	RBE. 2562	平成筑豊鉄道	109	〃	×	チャイントン Kyaingtong	
63	RBE. 2563	〃	102	〃	×	チャイントン Kyaingtong	
64	RBE. 2564	松浦鉄道	MR - 106	2011年4月2日	◎	パテイン PaThein	
65	RBE. 2565	〃	MR - 107	〃	◎	カウリン Kawlin	
66	RBE. 2566	〃	MR - 121	〃	◎	シットウェー Sittway	
67	RBE. 2567	平成筑豊鉄道	101	〃	◎	ミッチーナ Myitkyina	
68	RBE. 2568	〃	303	〃	▲	ミッチーナ Myitkyina	
69	RBE. 2569	樽見鉄道	ハイモ230-301	2011年5月28日	◎	ピィンマナ Pyinmana	
70	RBE. 2570	〃	ハイモ230-312	〃	◎	ピィンマナ Pyinmana	
71	RBE. 2571	JR四国	キハ47 116	〃	◎	ピィンマナ Pyinmana	
72	RBE. 2572	〃	キハ47 117	〃	◎	ピィンマナ Pyinmana	
73	×RBE. 2573	〃	キハ47 503	〃	×	現・RBT2573	2015年7月8日付RBT化
74	RBE. 2574	〃	キハ47 1087	〃	×	ヤンゴン車両工場 Yangon	
75	×RBE. 2575	松浦鉄道	MR - 109	2012年11月15日	×	現・RBT2575	2015年5月31日付RBT化
76	RBE. 2576	〃	MR - 110	〃	◎	パコック Pakkoku	
77	×RBE. 2577	〃	MR - 111	〃	×	現・RBT2577	2015年5月31日付RBT化
78	RBE. 2578	〃	MR - 125	〃	◎	ミンジャン Myingyan	
79	RBE. 2579	〃	MR - 126	〃	◎	ミンジャン Myingyan	
80	RBE. 2580	いすみ鉄道	いすみ203	〃	○	ピィンマナ Pyinmana	VIP車
81	RBE. 2581	〃	いすみ207	〃	◎	マンダレー Mandalay	VIP車
82	RBE. 2582	JR北海道	キハ141-7	2012年11月22日	◎	ミッチーナ Myitkyina	
83	RBE. 2583	〃	キハ141-8	〃	◎	ピィンマナ Pyinmana	
84	RBE. 2584	〃	キハ141-9	〃	▲	ピィンマナ Pyinmana	
85	RBE. 2585	〃	キハ141-10	〃	◎	ピィンマナ Pyinmana	
86	RBE. 2586	〃	キハ141-11	〃	▲	ピィンマナ Pyinmana	
87	RBE. 2587	〃	キハ141-12	〃	○	カウリン Kawlin	
88	RBE. 2588	〃	キハ48 301	〃	▲	パゴー Bago	
89	RBE. 2589	〃	キハ48 302	〃	◎	パゴー Bago	
90	RBE. 2590	〃	キハ48 303	〃	◎	パゴー Bago	
91	RBE. 2591	いすみ鉄道	いすみ205	2014年3月9日	◎	タウンジンジ-TaungDwingyi	
92	RBE. 2592	JR北海道	キハ141-2	2014年5月25日	▲	ピィンマナ Pyinmana	
93	RBE. 2593	〃	キハ141-3	〃	◎	ヘンタザ Hinthaza	
94	RBE. 2594	〃	キハ141-4	〃	◎	ピィンマナ Pyinmana	
95	RBE. 2595	〃	キハ141-5	〃	×	ヤンゴン車両工場 Yangon	
96	RBE. 2596	〃	キハ141-6	〃	◎	パコック Pakkoku	
97	RBE. 2597	〃	キハ141-13	〃	◎	ピィンマナ Pyinmana	
98	RBE. 2598	〃	キハ48 1331	〃	◎	インセイン (DRC)	
99	RBE. 2599	〃	キハ48 1332	〃	◎	インセイン (DRC)	
100	RBE. 25100	〃	キハ48 1333	〃	◎	インセイン (DRC)	
101	RBE. 25101	JR東日本	キハ38 2	〃	◎	インセイン (DRC)	
102	RBE. 25102	〃	キハ38 3	〃	◎	インセイン (DRC)	
103	RBE. 25103	〃	キハ38 4	〃	◎	インセイン (DRC)	
104	RBE. 25104	〃	キハ38 1001	〃	◎	インセイン (DRC)	
105	RBE. 25105	〃	キハ38 1002	〃	▲	インセイン (DRC)	
106	RBE. 25106	JR北海道	キハ40 334	〃	◎	インセイン (DRC)	
107	RBE. 25107	〃	キハ40 335	〃	◎	インセイン (DRC)	
108	RBE. 25108	いすみ鉄道	いすみ201	2015年5月12日	○	マンダレー Mandalay	
109	RBE. 25109	JR東日本	キハ40 548	2015年8月20日	◎	インセイン (DRC)	
110	RBE. 25110	〃	キハ40 2024	〃	◎	インセイン (DRC)	
111	RBE. 25111	〃	キハ48 501	〃	◎	インセイン (DRC)	
112	RBE. 25112	〃	キハ48 553	〃	◎	インセイン (DRC)	

	MR車号	旧所有者	車号	MR入籍日	稼働	MR所属区	備考
113	RBE.25113	〃	キハ48 1511	〃	▲	インセイン (DRC)	
114	RBE.25114	〃	キハ48 1514	〃	◎	インセイン (DRC)	
115	RBE.25115	〃	キハ40 514	2015年10月22日	◎	インセイン (DRC)	
116	RBE.25116	〃	キハ40 562	〃	◎	インセイン (DRC)	
117	RBE.25117	〃	キハ48 551	〃	◎	インセイン (DRC)	
118	RBE.25118	〃	キハ48 1547	〃	◎	インセイン (DRC)	
119	RBE.25119	〃	キハ40 542	2016年3月19日	◎	インセイン (DRC)	
120	RBE.25120	〃	キハ40 549	〃	◎	インセイン (DRC)	
121	RBE.25121	〃	キハ40 550	〃	◎	インセイン (DRC)	
122	RBE.25122	〃	キハ40 559	〃	◎	インセイン (DRC)	
123	RBE.25123	〃	キハ40 578	〃	◎	インセイン (DRC)	
124	RBE.25124	〃	キハ40 579	〃	◎	インセイン (DRC)	
125	RBE.25125	〃	キハ40 581	〃	◎	インセイン (DRC)	
126	RBE.25126	〃	キハ40 2022	〃	◎	インセイン (DRC)	
127	RBE.25127	〃	キハ40 2025	〃	◎	インセイン (DRC)	

2. RBE. 3000形 (57両)

	MR車号	旧所有者	車号	MR入籍日	稼働	MR所属区	備考
128	RBE.3001	三陸鉄道	36-1201	2008年10月25日	◎	ターズィ Tha z i	
129	RBE.3002	〃	36-1206	〃	▲	ピィンマナ Pyinmana	
130	RBE.3003	〃	36-1106	〃	×	ヤンゴン車両工場 Yangon	所属はパテイン
131	RBE.3004	〃	36-1103	2015年5月12日	○	インセイン (DRC)	VIP車
132	RBE.3005	〃	36-1107	〃	○	インセイン (DRC)	VIP車
133	RBE.3006	JR東海	キハ11 6	〃	◎	ハヤイク Thayaik	
134	RBE.3007	〃	キハ11 102	〃	◎	インセイン (DRC)	
135	RBE.3008	〃	キハ11 103	〃	◎	インセイン (DRC)	
136	RBE.3009	〃	キハ11 106	〃	◎	インセイン (DRC)	
137	RBE.3010	〃	キハ11 111	〃	◎	ハヤイク Thayaik	
138	RBE.3011	〃	キハ11 112	〃	◎	インセイン (DRC)	
139	RBE.3012	〃	キハ11 113	〃	◎	インセイン (DRC)	
140	RBE.3013	〃	キハ11 114	〃	◎	インセイン (DRC)	
141	RBE.3014	〃	キハ11 115	〃	◎	インセイン (DRC)	
142	RBE.3015	〃	キハ11 116	〃	◎	インセイン (DRC)	
143	RBE.3016	〃	キハ11 117	〃	◎	ハヤイク Thayaik	
144	RBE.3017	〃	キハ11 118	〃	◎	インセイン (DRC)	
145	RBE.3018	〃	キハ11 119	〃	◎	インセイン (DRC)	
146	RBE.3019	〃	キハ11 120	〃	◎	インセイン (DRC)	
147	RBE.3020	〃	キハ11 121	〃	◎	インセイン (DRC)	
148	RBE.3021	〃	キハ11 122	〃	◎	インセイン (DRC)	
149	RBE.3022	〃	キハ47 5001	〃	◎	バゴー Bago	
150	RBE.3023	〃	キハ47 5002	〃	×	インセイン (DRC)	
151	RBE.3024	〃	キハ47 6001	〃	◎	インセイン (DRC)	
152	RBE.3025	〃	キハ47 6002	〃	◎	カウリン Kawlin	
153	RBE.3026	〃	キハ47 6003	〃	◎	インセイン (DRC)	
154	RBE.3027	〃	キハ48 3814	〃	◎	インセイン (DRC)	
155	RBE.3028	〃	キハ48 3816	〃	◎	バゴー Bago	
156	RBE.3029	〃	キハ48 5511	〃	◎	ミッチーナ Myitkyina	
157	RBE.3030	〃	キハ48 5513	〃	◎	インセイン (DRC)	
158	RBE.3031	〃	キハ48 5805	〃	◎	カウリン Kawlin	
159	RBE.3032	〃	キハ48 6803	〃	◎	インセイン (DRC)	
160	RBE.3033	〃	キハ48 6813	〃	◎	インセイン (DRC)	
161	RBE.3034	井原鉄道	IRT355-07	〃	○	ピィンマナ Pyinmana	VIP車
162	RBE.3035	JR東海	キハ11 8	2015年9月5日	◎	インセイン (DRC)	
163	RBE.3036	〃	キハ11 101	〃	◎	インセイン (DRC)	
164	RBE.3037	〃	キハ11 104	〃	◎	インセイン (DRC)	
165	RBE.3038	〃	キハ11 105	〃	◎	インセイン (DRC)	
166	RBE.3039	〃	キハ11 108	〃	◎	インセイン (DRC)	
167	RBE.3040	〃	キハ40 3005	〃	◎	マンダレー Mandalay	

	MR車号	旧所有者	車号	MR入籍日	稼働	MR所属区	備考
168	RBE.3041	〃	キハ40 5802	〃	◎	マンダレー Mandalay	
169	RBE.3042	〃	キハ40 6307	〃	◎	インセイン (DRC)	
170	RBE.3043	〃	キハ40 6308	〃	◎	ミッチーナ Myitkyina	
171	RBE.3044	〃	キハ40 6309	〃	◎	インセイン (DRC)	
172	RBE.3045	〃	キハ40 6312	〃	◎	カウリン Kawlin	
173	RBE.3046	〃	キハ48 3815	〃	◎	マンダレー Mandalay	
174	RBE.3047	〃	キハ48 5501	〃	◎	マンダレー Mandalay	
175	RBE.3048	〃	キハ48 5507	〃	◎	バゴー Bago	
176	RBE.3049	〃	キハ48 5803	〃	◎	インセイン (DRC)	
177	RBE.3050	〃	キハ48 5804	〃	◎	バゴー Bago	
178	RBE.3051	〃	キハ48 5806	〃	◎	インセイン (DRC)	
179	RBE.3052	〃	キハ48 5810	〃	◎	カウリン Kawlin	
180	RBE.3053	〃	キハ48 6001	〃	◎	マンダレー Mandalay	
181	RBE.3054	〃	キハ48 6517	〃	◎	カウリン Kawlin	
182	RBE.3055	〃	キハ48 6808	〃	◎	バゴー Bago	
183	RBE.3056	〃	キハ48 6814	〃	▲	カウリン Kawlin	
184	RBE.3057	〃	キハ48 6815	〃	◎	バゴー Bago	

3. RBE.3600形 (12両／全車休車)

	MR車号	旧所有者	車号	MR入籍日	稼働	MR所属区	備考
185	RBE.3601	JR西日本	キハ58 7211	2005年5月22日	××	除籍対象車 (現車はミンゲ)	
186	RBE.3602	〃	キハ58 647	〃	××	除籍対象車 (現車はミンゲ)	
187	RBE.3603	〃	キハ58 1113	2005年5月3日	××	除籍対象車 (現車はミンゲ)	
188	RBE.3604	〃	キハ58 1044	2005年2月27日	××	除籍対象車 (現車はミンゲ)	
189	RBE.3605	〃	キハ58 7209	2005年5月3日	××	除籍対象車 (現車はミンゲ)	
190	RBE.3606	〃	キハ58 1042	2005年5月22日	××	除籍対象車 (現車はミンゲ)	
191	RBE.3607	〃	キハ58 1041	2005年2月27日	××	除籍対象車 (現車はミンゲ)	
192	RBE.3608	〃	キハ58 1045	〃	××	除籍対象車 (現車はミンゲ)	
193	RBE.3609	〃	キハ58 1046	〃	××	除籍対象車 (現車はミンゲ)	
194	RBE.3610	〃	キハ58 645	2005年5月10日	××	除籍対象車 (現車はミンゲ)	
195	RBE.3611	〃	キハ58 1128	〃	××	除籍対象車 (現車はミンゲ)	
196	RBE.3612	〃	キハ58 1120	〃	××	除籍対象車 (現車はミンゲ)	

4. RBE.5000形 (53両／内4両RBT化)

	MR車号	旧所有者	車号	MR入籍日	稼働	MR所属区	備考
197	RBE.5001	JR東日本	キハ52 108	2007年10月15日	▲	ピィンマナ Pyinmana	
198	×RBE.5002	〃	キハ52 109	〃	×	現・RBT.5002	2015年5月31日付RBT化
199	×RBE.5003	〃	キハ52 126	2008年2月22日	×	現・RBT.5003	
200	RBE.5004	〃	キハ52 143	〃	×	ミンゲ車両工場 Myitnge	
201	RBE.5005	〃	キハ52 144	〃	×	ミンゲ車両工場 Myitnge	
202	RBE.5006	〃	キハ52 145	〃	▲	ピィンマナ Pyinmana	
203	×RBE.5007	〃	キハ52 151	〃	×	現・RBT.5007	2015年5月31日付RBT化
204	RBE.5008	〃	キハ52 152	〃	×	インセイン (DRC)	
205	RBE.5009	〃	キハ52 153	〃	▲	ピィンマナ Pyinmana	
206	RBE.5010	〃	キハ58 1504	2008年2月21日	×	ピィンマナ Pyinmana	
207	RBE.5011	〃	キハ52 110	2008年2月29日	▲	ピィンマナ Pyinmana	
208	RBE.5012	〃	キハ52 141	〃	◎	シットウェー Sittway	
209	RBE.5013	〃	キハ52 146	〃	×	ピィンマナ Pyinmana	
210	RBE.5014	〃	キハ52 147	〃	◎	シットウェー Sittway	
211	RBE.5015	〃	キハ52 148	〃	◎	シットウェー Sittway	
212	RBE.5016	〃	キハ52 149	〃	×	ピィンマナ Pyinmana	
213	RBE.5017	〃	キハ52 154	〃	××	除籍対象車 (現車はピィンマナ)	
214	RBE.5018	〃	キハ52 155	〃	××	除籍対象車	
215	×RBE.5019	〃	キハ58 1514	2008年2月21日	×	現・RBT.5019	2015年7月8日付RBT化
216	×RBE.5020	〃	キハ58 1528	〃	×(未接工)	ミンゲ車両工場 Myitnge	2015年RBT化工事中断
217	RBE.5021	JR北海道	キハ182-106	2009年10月10日	×	ミンゲ車両工場 Myitnge	
218	RBE.5022	〃	キハ182-108	〃	×	ピィンマナ Pyinmana	
219	RBE.5023	〃	キハ182-1	2010年12月18日	×	ミンゲ車両工場 Myitnge	

220	RBE. 5024	〃	キハ182-2	〃	×	ミンゲ車両工場 Myitnge	
221	RBE. 5025	〃	キハ182-4	〃	×	ミンゲ車両工場 Myitnge	
222	RBE. 5026	〃	キハ182-5	〃	×	ミンゲ車両工場 Myitnge	
223	RBE. 5027	〃	キハ182-13	〃	×	ミンゲ車両工場 Myitnge	
224	RBE. 5028	〃	キハ182-17	〃	×	ミンゲ車両工場 Myitnge	
225	RBEP. 5029	JR西日本	キハ181-27	2012年4月4日	×	インセイン (DRC)	
226	RBEP. 5030	〃	キハ181-45	〃	×	インセイン (DRC)	
227	RBEP. 5031	〃	キハ181-47	〃	×	マラゴン Mahiwagon	現車はDRCに留置
228	RBEP. 5032	〃	キハ181-48	〃	×	インセイン (DRC)	
229	RBEP. 5033	〃	キハ181-49	〃	×	マラゴン Mahiwagon	現車はDRCに留置
230	RBE. 5034	〃	キハ180-22	〃	×	インセイン (DRC)	
231	RBE. 5035	〃	キハ180-36	〃	×	インセイン (DRC)	
232	RBE. 5036	〃	キハ180-41	〃	×	インセイン (DRC)	
233	RBE. 5037	〃	キハ180-42	〃	×	インセイン (DRC)	
234	RBE. 5038	〃	キハ180-45	〃	×	インセイン (DRC)	
235	RBE. 5039	〃	キハ180-48	〃	×	インセイン (DRC)	
236	RBE. 5040	〃	キハ180-49	〃	×	マラゴン Mahiwagon	現車はDRCに留置
237	RBE. 5041	〃	キハ180-77	〃	×	マラゴン Mahiwagon	現車はDRCに留置
238	RBE. 5042	〃	キロ180-4	〃	×	マラゴン Mahiwagon	現車はDRCに留置
239	RBE. 5043	〃	キロ180-12	〃	×	インセイン (DRC)	
240	RBE. 5044	JR北海道	キハ142-7	2012年11月22日	◎	ピィンマナ Pyinmana	
241	RBE. 5045	〃	キハ142-8	〃	◎	ピィンマナ Pyinmana	
242	RBE. 5046	〃	キハ142-9	〃	○	ミッチーナ Myitkyina	
243	RBE. 5047	〃	キハ142-10	〃	▲	ピィンマナ Pyinmana	
244	RBE. 5048	〃	キハ142-11	〃	◎	ピィンマナ Pyinmana	
245	RBE. 5049	〃	キハ142-12	〃	◎	カウリン Kawlin	
246	RBE. 5050	〃	キハ142-2	2014年5月25日	◎	ピィンマナ Pyinmana	
247	RBE. 5051	〃	キハ142-3	〃	◎	ピィンマナ Pyinmana	
248	RBE. 5052	〃	キハ142-4	〃	◎	ヘンタザ Hinthaza	
249	RBE. 5053	〃	キハ142-13	〃	◎	パコック Pakkoku	

5. RBE. 25-100形（11両／全車未竣工・休車）

	MR車号	旧所有者	車号	MR入籍日（書類上）	稼働	MR所属区	備考
250	RBE. 25-101	JR北海道	キハ182-224	2008年10月10日	×（未竣工）	ミンゲ車両工場 Myitnge	
251	RBE. 25-102	〃	キハ182-225	〃	×（未竣工）	ミンゲ車両工場 Myitnge	
252	RBE. 25-103	〃	キハ182-226	〃	×（未竣工）	ミンゲ車両工場 Myitnge	
253	RBE. 25-104	〃	キハ182-227	〃	×（未竣工）	ミンゲ車両工場 Myitnge	
254	RBEP. 25-105	〃	キハ184-7	〃	×（未竣工）	ヤンゴン車両工場 Yangon	
255	RBEP. 25-106	〃	キハ184-2	〃	×（未竣工）	ミンゲ車両工場 Myitnge	
256	RBEP. 25-107	〃	キハ183-103	2010年12月18日	×	ミンゲ車両工場 Myitnge	
257	RBEP. 25-108	〃	キハ183-1	〃	×（未竣工）	ミンゲ車両工場 Myitnge	
258	RBEP. 25-109	〃	キハ183-2	〃	×（未竣工）	ミンゲ車両工場 Myitnge	
259	RBEP. 25-110	〃	キハ183-207	〃	×（未竣工）	ミンゲ車両工場 Myitnge	
260	RBEP. 25-111	〃	キハ183-217	〃	×（未竣工）	ミンゲ車両工場 Myitnge	

※表2・1～5は、MRの御厚意でいただいた資料を基に、2018年2月現在の各車両を形式別に組み直したものである（原本は竣工順）。
※稼働の記号は以下の通り ◎＝稼働車（運用中） ○＝稼働扱いだが、予備車または、VIP車として、不定期の運用。
▲＝入場中（軽微な故障で、修理中） ×＝復旧が難しく、運用不可 ××＝除籍対象車。

第1章 ミャンマー　95

表3 インセイン車両基地（DRC）キハ11・38・40形　運用編成一覧表

2019年3月22日現在

●環状線（本線）運用編成＝10本・42両

1

RBE.25100	RBE.25107	RBE.2599	RBE.25106	RBE.2598	JR北海道 キハ40・48形
キハ48 1333	キハ40 335	キハ48 1332	キハ40 334	キハ48 1331	

2

RBE.3049	RBE.3029	RBE.3042	RBE.3024	RBE.3044	JR東海 キハ40・47・48形
キハ48 5803	キハ48 5511	キハ40 6307	キハ47 6001	キハ40 6309	

マンダレーより転属

3

RBE.3051	RBE.3030	RBE.3033	RBE.3027	JR東海 キハ48形
キハ48 5806	キハ48 5513	キハ40 6813	キハ48 3814	

4

RBE.25118	RBE.25112	RBE.25114	RBE.25111	RBE.25122	JR東日本 キハ40形
キハ48 1511	キハ48 553	キハ48 1514	キハ48 501	キハ40 559	

※1

5

RBE.3037	RBE.3039	RBE.3019	RBE.3008	RBE.3038	JR東海 キハ11形
キハ11 104	キハ11 108	キハ11 120	キハ11 103	キハ11 105	

6

RBE.25110	RBE.25125	RBE.25126	RBE.25117	JR東日本 キハ40形
キハ40 2024	キハ40 581	キハ40 2022	キハ48 551	

7

RBE.25124	RBE.25123	JR東日本 キハ40形
キハ40 579	キハ40 578	

8

RBE.25103	RBE.25102	RBE.25101	RBE.25104	JR東日本 キハ38形
キハ38 4	キハ38 3	キハ38 2	キハ38 1001	

9

RBE.3009	RBE.3020	RBE.3012	RBE.3015	JR東海 キハ11形
キハ11 106	キハ11 121	キハ11 113	キハ11 116	

10

RBE.3013	RBE.3014	RBE.3007	RBE.3017	JR東海 キハ11形
キハ11 114	キハ11 115	キハ11 102	キハ11 118	

RBE.3004	RBE.3005	三陸36形
36-1103	36-1107	
現車は「1107」※2	現車は「1103」※2	

●入場車・予備車（16両）

JR東海 キハ11形

RBE.3021	RBE.3018	RBE.3036	RBE.3035
キハ11 122	キハ11 119	キハ11 101	キハ11 8
入場中	入場中	入場中	入場中

JR東日本 キハ40形

RBE.25115	RBE.25119	RBE.25120	RBE.25121
キハ40 514	キハ40 542	キハ40 549	キハ40 553
予備車	予備車	予備車	予備車

JR東日本 キハ40形

RBE.25116	RBE.25109	RBE.25127
キハ40 562	キハ40 548	キハ40 2025
予備車	予備車	予備車

JR東海 キハ48形	JR東海 キハ47形	JR東海 キハ11形
RBE.3032	RBE.3026	RBE.3011
キハ48 6803	キハ47 6003	キハ11 112
予備車	予備車	予備車・マンダレーより転属

RBE.25105	JR東日本 キハ38形
キハ38 1002	

休車

RBE.25113？	JR東日本 キハ48形
キハ48 1547	

事実上の廃車

※表3は、MRの御厚意により、2019年3月22日現在のインセイン車両基地（DRC）の運用表を転記したものである。
※1＝2015年10月の竣工時、25113＝キハ48 1511、25118＝キハ48 1547であったが、2017年10月に現車の車号振替が行われており、車体標記は25118＝キハ48 1511となっている。旧25118のキハ48 1547はMR車号が下1桁が剥がされた状態でインセイン車両基地（DRC）奥に留置されており、このため現時点では「25113」は存在しないことになっている。
※2＝2015年5月の竣工時、3004＝36-1103、3005＝36-1107であったが、2017年3月に現車の車号振替が行われており、車体標記は3004＝36-1107、3005＝36-1103となっている。

表4 旧・JR西日本キハ181系　編成表

（運転末期）

「チャイトー急行」運用車（マラゴン機関区所属車）

RBEP.5029	RBE.5037	RBE.5036	RBE.5034	RBEP.5030
キハ181-27	キハ180-42	キハ180-41	キハ180-22	キハ181-45

環状線運用車（インセイン車両基地（DRC）所属車）

RBEP.5032	RBE.5035	RBE.5038	RBE.5039	RBEP.5033
キハ181-48	キハ180-36	キハ180-45	キハ180-46	キハ181-49

※表4は、2014年11月取材時のキハ181系編成を記録したものである。
※2編成とも2015年9月限りで全車が運用を外れており、現在は営業線上には出ていない。

表5 JR東海キハ11形0・100番台→MR RBE.3000形車号対照表

2018年11月現在

JR東海 車号	JR東海 公式試運転	メーカー	新製配置	JR東海 除籍	MR改造グループ	MR車号(大字が改工)	MR入籍日	所属	備考
キハ11-1	1989年1月18日	新潟鐵工	伊勢	2015年10月29日	—	(ティラワ港留置)	—	—	※1 ティラワ駅構内に3連組成で留置中、仮台車
キハ11-2	〃	〃	〃	—	—	—	—	—	※2 ミャンマー港公社敷地内に保管中
キハ11-3	〃	〃	〃	2016年3月28日	—	(金城埠頭留置)	—	—	※2
キハ11-4	〃	〃	〃	2015年10月29日	—	(ティラワ港留置)	—	—	※1 ティラワ駅構内に3連組成で留置中、仮台車
キハ11-5	〃	〃	〃	—	—	—	—	—	※1 ティラワ駅構内に3連組成で留置中、仮台車
キハ11-6	1989年2月14日	〃	〃	2015年4月9日	①	RBE.3006	2015年5月12日	Thayaik	※3 JR時代に運賃表示器撤去/現在休車中
キハ11-7	〃	〃	〃	2016年3月28日	—	(金城埠頭留置)	—	—	
キハ11-8	〃	〃	〃	2015年8月5日	④	RBE.3035	2015年9月5日	Insein (DRC)	
キハ11-9	〃	〃	〃	—	—	—	—	—	2007/1/19、名松線運用中、落石事故で廃車（現解体）
キハ11-10	〃	〃	〃	2016年3月28日	—	(金城埠頭留置)	—	—	※2
キハ11-101	1989年1月24日	〃	美濃太田	2015年8月5日	④	RBE.3036	2015年9月5日	Insein (DRC)	※5 表示幕「三瀬谷」、車内形式板シール取り
キハ11-102	〃	〃	〃	2015年4月7日	①	RBE.3007	2015年5月12日	〃	※5 楣枠が灰色塗色、表示幕「岐阜」
キハ11-103	〃	〃	〃	—	②	RBE.3008	—	—	ラッピング
キハ11-104	〃	〃	〃	2015年8月5日	④	RBE.3037	2015年9月5日	〃	表示幕「松阪・鳥羽」、バックミラー調面なし
キハ11-105	〃	〃	〃	—	④	RBE.3038	—	—	表示幕白地、反射材貼付なし
キハ11-106	1989年2月14日	〃	〃	2015年3月24日	②	RBE.3009	2015年4月9日	〃	ラッピング YangonRBEWorkshop入庫中 (18年3月)
キハ11-107	〃	〃	〃	2015年10月29日	—	(ティラワ港留置)	—	—	※1 ミャンマー港公社敷地内に保管中
キハ11-108	1989年2月28日	〃	〃	2015年8月5日	④	RBE.3039	2015年9月5日	Insein (DRC)	
キハ11-109	〃	〃	〃	2015年10月29日	—	(ティラワ港留置)	—	—	※1 ミャンマー港公社敷地内に保管中
キハ11-110	〃	〃	〃	—	—	—	—	—	※1 ミャンマー港公社敷地内に保管中
キハ11-111	〃	〃	〃	2015年4月9日	①	RBE.3010	2015年5月12日	Thayaik	※3
キハ11-112	〃	〃	〃	2015年10月29日	①	RBE.3011	—	Insein (DRC)	2016年夏、マンダレー転属、同年11月、インセイン復帰、行先幕破損
キハ11-113	〃	〃	〃	2015年3月24日	②	RBE.3012	—	—	
キハ11-114	〃	〃	〃	2015年4月7日	③	RBE.3013	—	—	増発運用のサボシール貼付
キハ11-115	1989年3月8日	〃	〃	2015年3月24日	③	RBE.3014	—	—	2016年夏、バイン転属、2017年3月インセイン復帰、増発運用
キハ11-116	〃	〃	〃	2015年4月7日	②	RBE.3015	—	—	ラッピング
キハ11-117	〃	〃	〃	—	②	RBE.3016	—	Thayaik	※4 ラッピング
キハ11-118	〃	〃	〃	2015年3月24日	①	RBE.3017	—	Insein (DRC)	JR時代に運賃表示器撤去、表示幕「岐阜」、増発運用車
キハ11-119	〃	〃	〃	—	③	RBE.3018	—	—	表示幕「高山」、増発運用のサボシール貼付
キハ11-120	〃	〃	〃	—	②	RBE.3019	—	—	ラッピング
キハ11-121	〃	〃	〃	—	③	RBE.3020	—	—	
キハ11-122	1989年2月28日	JR東海名古屋工場	〃	2015年4月7日	①	RBE.3021	—	—	ヤンゴン方の行先表示幕、前面窓上縁黒化鉄板撤去
キハ11-123	1989年3月8日	〃	〃	2015年4月22日	—	—	—	—	ひたちなか海浜鉄道に譲渡、同社キハ11-5として活用中

表5は、MRの御厚意により提供された2018年11月現在の配置表・車両資料から、旧キハ11形部分を抜粋して再編成したものである。
※1＝ティラワ港留置車は、上記7両の他、キハ40 3001・3002・3003・3010・3306・5501、キハ48 5501・5518・6501・6502・6816の合計18両。
※2＝金城埠頭留置車は、上記3両の他、キハ40 6311、キハ48 3809・3812・5302・5802・5807・5817・6302・6804・6809・6810・6812の合計15両。
※3＝3006と3010は、2016年夏、MRヒンザダ機関区へ転属→2017年10月、MR ハイゲ機関区へ再転属。
※4＝3016は、2016年夏、MRパイン機関区へ転属→2017年3月、MRハイゲ機関区へ再転属。
※5＝2018年2月21日、コンピューター大学支線運休に伴い、インセイン車両基地（DRC）内にて予備車として待機中。

表6 キハ40系（キハ40・47・48形）MR搬入・譲渡DC 車号対照表

2018年11月現在

1. RBE 2500形（31両/内1両RBT化）

	MR車号 ※1	JR車号	車体色	座席配置 ※2	ベンチシート化改造 ※3	シートモケット張替 ※3	MR配置機関区	備考
1	RBE.2571	キハ47 116	MR標準色	セミクロス			Pyinmana	2018年2月ヤンゴン出場、他地区で運用の後、3月ピンマナへ
2	RBE.2572	キハ47 117	〃	〃			—	
3	RBE.2573	キハ47 503	MR客車一般色	ロング			—	2015年7月8日付で、エンジン撤去、PC化（RBT2573）
4	RBE.2574	キハ47 1087	MR四国色	セミクロス			(Yangon)	ヤンゴン車両工場敷地内に留置中（事実上廃車）
5	RBE.2588	キハ48 301	JR北海道色	〃			Bago	ニャンカシェ支線専用2588・2589・2590のどれか2連で組成）
6	RBE.2589	キハ48 302	〃	〃			〃	〃
7	RBE.2590	キハ48 303	〃	〃			〃	〃
8	RBE.2598	キハ48 1331	MRラッピング	ロング→ベンチ	2018年6月14日		Insein (DRC)	2014年12月、側面ラッピング化、FRP製ベンチは薄青緑色タイプ
9	RBE.2599	キハ48 1332	〃	ロング	未改造（原形）			2014年12月、側面ラッピング化、シートは711系発生品モケットのまま
10	RBE.25100	キハ48 1333	MR標準色	ロング→ベンチ	2018年5月15日			2014年12月、側面ラッピング化→2018年5月、MR標準色化、FRP製ベンチは青色新タイプ
11	RBE.25106	キハ40 334	〃	ロング→ベンチ	2018年5月15日			2014年12月、全面ラッピング化→2018年1月、MR標準色化、FRP製ベンチは JR東海キハ11形（RBE3000形）搭載と同タイプ
12	RBE.25107	キハ40 335	MRラッピング	ロング→ベンチ	2018年6月9日			2014年12月、側面ラッピング化、FRP製ベンチは薄緑色タイプ
13	RBE.25109	キハ40 548	東北地域色	セミクロス→ベンチ	2018年6月19日			元・利府支線用ワンマンカー／2015年9月営業開始／種別表示器ガラス面破損
14	RBE.25110	キハ40 2024	〃	セミクロス→ベンチ	2018年8月4日			元・水郡線用→新庄・小牛田→会津組込転属／2015年9月営業開始、水郡線営業時代のワンマン乗降口車内器残存（ただし広告で閉鎖）
15	RBE.25111	キハ48 501	〃	セミクロス→ベンチ	2018年6月12日			元・小牛田区車で、広幅貫通路に改造済、2018年6月、FRP製ベンチシート化／側面ワンマン表示器一部破損、行先表示器は幕残存
16	RBE.25112	キハ48 553	〃	セミクロス→ベンチ	2018年7月29日			元・小牛田区車で、広幅貫通路に改造済、2018年7月、FRP製ベンチシート化／側面ワンマン表示器・行先表示器とも健在、幕残存

No	MR車号	JR車号	車体色	座席配置	ベンチシート化改造	シートモケット張替	MR配置機関区	備考
17	RBE. 25113	(キハ48 1547?)	〃	セミクロス	—		〃	MR竣工時、盛岡色→東北地域色へ塗替、2017年10月、車号振替（※4）に伴い旧キハ481511が2代目25118を名乗り、25113は欠番扱いか
18	RBE. 25114	キハ48 1514	〃	セミクロス→ベンチ	2018年6月12日		〃	元・小牛田区車、広幅普通話に改造済、2018年6月、FRP製ベンチシート化／側面ワンマン表示器・行先表示器とも健在、幕残存
19	RBE. 25115	キハ40 514	〃	セミクロス	未改造（原形）		〃	リニューアル工事未施行・化粧板淡緑1号、台車は会津若松運用離脱時のキハ40 502のものと交換しMR入り
20	RBE. 25116	キハ40 562	〃	セミクロス→ベンチ	2018年9月12日		〃	側面扉に通票破損防止柵収納付金具残存
21	RBE. 25117	キハ48 551	〃	セミクロス→ベンチ	2018年7月10日		〃	郡山→新津転属、キハ40 551＋キハ48 1547で運用、MRへ
22	RBE. 25118	キハ48 1511	〃	セミクロス→ベンチ	2018年7月29日		〃	八戸→新津転属／2017年10月、キハ48 1547と車号振替（※4）、側面ワンマン乗降口表示器、行先表示幕はいずれも破損、幕無しノベンチは隙間があるタイプ
23	RBE. 25119	キハ40 542	〃	(セミクロス)→ロング→ベンチ	2018年6月24日		〃	元・左沢線用ワンマンカー→郡山（会津若松）転属、ワンマン表示器残存・サボ受移設／車内ベンチシートは薄緑色（他車は基本的に青色）
24	RBE. 25120	キハ40 549	〃	セミクロス	2018年6月16日		〃	元・利府支線用→郡山（会津若松）転属／客室内に2か所、LCDテレビ（広告放映）側面ワンマン乗降口表示器、行先表示器は一部破損あり、幕も一部なし
25	RBE. 25121	キハ40 550	〃	セミクロス	—	2018年6月30日	〃	元・利府支線用→郡山（会津若松）転属／側面ワンマン表示器破損、行先表示器はガラス面を白塗り客室内に2か所、LCDテレビ（広告放映）取付、座席生地はモケット→ビニールレザー張りに更新
26	RBE. 25122	キハ40 559	〃	セミクロス	—	2018年6月19日	〃	座席生地をモケット→ビニールレザー張りに更新
27	RBE. 25123	キハ40 578	〃	(セミクロス)→ロング→ベンチ	2018年6月29日		〃	新庄→小牛田→会津若松時代のワンマン表示器残存・サボ受移設／客室内に2か所、LCDテレビ（広告放映）取付／ベンチは隙間があるタイプ
28	RBE. 25124	キハ40 579	〃	(セミクロス)→ロング→ベンチ	2018年5月15日		〃	新庄→会津若松転属、左沢線時代のワンマン表示器残存・サボ受移設／2018年5月、FRPベンチシートに交換（隙間が全くないタイプ）
29	RBE. 25125	キハ40 581	〃	(セミクロス)→ロング→ベンチ	2018年6月24日		〃	元・会津若松車／2018年6月、シート生地をモケット→ビニールレザー張りに更新
30	RBE. 25126	キハ40 2022	〃	セミクロス→ベンチ	2018年8月4日	—	〃	元・水郡線用（水戸）→新庄・小牛田→会津若松転属
31	RBE. 25127	キハ40 2025	〃	セミクロス→ベンチ	2018年9月12日	—	〃	元・水郡線用（水戸）→小牛田→新庄→会津若松転属

2. RBE 3000形（30両）

No	MR車号 ※1	JR車号	車体色	座席配置 ※2	ベンチシート化改造 ※3	シートモケット張替 ※3	MR配置機関区	備考
32	RBE. 3022	キハ47 5001	東海色	セミクロス			Bago	バゴー機関区所属／2018年夏、座席生地をモケット→ビニールレザー張りに交換
33	RBE. 3023	キハ47 5002	〃	(セミクロス)→ロング→ベンチ	2018年6月24日		Insein (DRC)	長らく車両基地（DRC）内で休車中、2018年夏頃、再整備のうえ、東海色のまま運用開始
34	RBE. 3024	キハ47 6001	〃	(セミクロス)→ロング→ベンチ	2018年8月4日		Insein (DRC)	2017年8月、広告更新／2018年8月、東海色化・FRP製ベンチシート化
35	RBE. 3025	キハ47 6002	MRラッピング	セミクロス			Mandalay	マンダレー機関区所属／4～5連で急行運用
36	RBE. 3026	キハ47 6003	〃	〃		2018年7月2日	Insein (DRC)	
37	RBE. 3027	キハ48 3814	〃	セミクロス→ベンチ	(2015年10月)		〃	2015年10月頃、ベンチシート化、クーラー用サブエンジンの冷却ファンにクルマ用市販品取付
38	RBE. 3028	キハ48 3816	東海色	セミクロス			Bago	バゴー機関区所属／防犯カメラ設置で竣工、2018年夏、座席生地をモケット→ビニールレザー張りに交換
39	RBE. 3029	キハ48 5511	〃	〃			Kawlin	インセイン所属時、一時ラッピング化、転属先周辺の急行で運用
40	RBE. 3030	キハ48 5513	MRラッピング	セミクロス→ベンチ	(2015年10月)		Insein (DRC)	2015年10月頃、ベンチシート化の上竣工／2017年2月頃、広告塗装化
41	RBE. 3031	キハ48 5805	東海色	セミクロス			Kawlin	2018年7月、前面種別窓にLED表示器設置、車内も運賃表示器跡にLED表示器設置（廃材利用か）設置、固定化された側窓下段の一部を改造済
42	RBE. 3032	キハ48 6803	MRラッピング	(セミクロス)→ロング→ベンチ	2018年6月16日		Insein (DRC)	運賃表示器はJR東海時代に撤去済、MRにて防犯カメラ設置
43	RBE. 3033	キハ48 6813	〃	セミクロス	—	2018年7月6日	〃	MRにて防犯カメラ設置
44	RBE. 3040	キハ40 3005	(ツートンカラー)	〃			Mandalay	低窓屋根化に伴い、網棚・扇風機撤去、側窓遮光フィルム未貼付
45	RBE. 3041	キハ40 5802	東海色	〃			Pakokku	
46	RBE. 3042	キハ40 6307	〃	セミクロス	—	2018年7月9日	Insein (DRC)	固定化された側窓下段の一部を開閉可能に改造、2018年9月、広告期限の関係でラッピング→東海色化（色調はやや明るめ）
47	RBE. 3043	キハ40 6308	〃	〃			Mandalay	マンダレー機関区所属／4～5連で急行運用
48	RBE. 3044	キハ40 6309	MR標準色	〃		2018年7月22日	Insein (DRC)	MRではJR東海時代末期と同じ、旧国鉄風カラーで竣工／2018年1月、側面ラッピング化／同年9月、広告契約の関係か、MR標準色化に再塗装
49	RBE. 3045	キハ40 6312	MRラッピング	〃			Kawlin	2017年11月、機関区でMR版・速度記録装置取付（試験的運用か）
50	RBE. 3046	キハ48 3815	〃	〃			Mandalay	マンダレー機関区所属／側面ラッピング化
51	RBE. 3047	キハ48 5501	〃	〃			Mandalay	マンダレー機関区所属／側面ラッピング化
52	RBE. 3048	キハ48 5507	東海色	〃			Bago	バゴー機関区所属／5連でヤンゴン～バゴー間運用／2018年夏、座席生地をモケット→ビニールレザー張りに交換
53	RBE. 3049	キハ48 5803	〃	〃	—	2018年7月16日	Insein (DRC)	2004年2月-2007年2月、高山本線被災に伴い、打保駅長期留置車、2018年秋、契約の関係で、ラッピングをはがし、元の東海色で運用中
54	RBE. 3050	キハ48 5804	〃	〃			Bago	バゴー機関区所属／5連でヤンゴン～バゴー間運用／2018年夏、座席生地をモケット→ビニールレザー張りに交換
55	RBE. 3051	キハ48 5806	MRラッピング	〃		2018年7月10日	Insein (DRC)	2018年9月、広告期限の関係か、ラッピング→東海色化（色調はやや明るめ）

56	RBE. 3052	キハ48 5810	東海色	//	//	Kawlin	
57	RBE. 3053	キハ48 6001	//	//	//	Mandalay	マンダレー機関区所属／4-5連で急行運用
58	RBE. 3054	キハ48 6517	//	//	//	Kawlin	
59	RBE. 3055	キハ48 6808	//	//	//	Bago	バゴー機関区所属／5連でヤンゴン-バゴー間運用／2018年夏、座席生地を、モケット→ビニールレザー張りに交換
60	RBE. 3056	キハ48 6814	//	//	//	Kawlin	2017年10月、所属区で、前面種別窓にLED表示器設置
61	RBE. 3057	キハ48 6815	//	//	//	Bago	バゴー機関区所属／運賃箱撤去および、仕切扉改造、2018年夏、座席生地を、モケット→ビニールレザー張りに交換

3. DMU8000形（2両／私有車）

	JR車号	車体色	座席配置 ※2	ベンチシート化改造 ※3	シートモケット張替 ※3	MR配置機関区	備考
62	DMU8000-30	キハ40 5501	東海色※5	セミクロス			Insein (DRC)	ティラワ港に留置されていた東海車18両のうち、2019年1月より、観光列車用として整備（MRではなく、民間会社所有のため、形式も異なる。）
63	DMU8001-30	キハ48 5001	//					ティラワ港に留置されていた東海車18両のうち、2019年1月より、観光列車用として整備（MRではなく、民間会社所有のため、形式も異なる。）

表6は、現地で実車確認した記録をもとに、MRの御厚意より提供された2016年5月19日現在の車号対照表で再確認し、車号・形式の若い順に標記し直したものである。

各車の現況は2019年3月時点であり、その後、多少の変化が生じている可能性があることをご了承願いたい。座席改造については、インセイン車両基地（DRC）所属のキハ40について、MR関係者より直接、担当部署に問い合わせの上、ご教示いただいた情報を基に構成したものである。備考欄の変更点は、現地関係者の聞き取りによる。

※1＝MR提供資料に基づく。
※2＝表中の「ロング」とは、JR時代のモケット張りロングシートを、「ベンチ」は、現地FRP製のベンチシートを指す。
※3＝ベンチシート化改造、シートモケット張替工事は全て、ヤンゴン車両工場施工。3000形のベンチシート化は、車内中央部にクロス1脚が残る。
※4＝2015年10月の竣工時、25113＝キハ48 1511、25118＝キハ48 1547であったが、2017年10月に現車の車号振替が行われており、現車の車体標記は、25118＝キハ48 1511となっている。このため書類上の車号と、現車標記が一致していない。旧25118のキハ48 1547はMR車号が下1桁が剥がされた状態で、インセイン車両基地（DRC）奥に留置中。このため現時点では「25113」は欠番扱いで存在していない。
※5＝塗色は東海色に準じているものの、帯の配置は独特のデザイン。

表7 日本型寝台車 車号対照表　2015年9月現在

JR北海道車号	MR車号
オロハネ25 556	RBTNNU(R). 01
オロハネ25 551	RBTNNU(R). 02
オロネ25 501	RBTNU. 01
オロネ25 502	RBTNU. 02
スシ24 501	RBTR. 01
スシ24 502	RBT (Conf). 01
スシ24 503	RBTR. 02

※表7は、2008年導入のJR北海道のPC18両のうち、実際に車号が付番された7両を抜粋したものである。
※改造は全てミンゲ車両工場で実施。
※現時点では、全車運用に出ていない。

表8 MR搬入DL 車号対照表　2018年11月現在

車号	製造年月日	メーカー	JR最終配置区	JR除籍日	MR車号	現況
797	1972年11月7日	日立製作所	JR貨物 愛知機関区	2004年5月26日	D 2D. 2201	休車
823	1970年8月6日	//	//	2005年6月27日	D 2D. 2202	//
1070	1974年2月28日	三菱重工	JR貨物 門司機関区	2005年12月26日	DD. 1101	解体
					DD. 1102	休車
1001	1972年10月5日	//	//	//	DD. 1103	//
					DD. 1104	//
1006	1972年11月21日	//	JR北海道 函館運輸所	2008年12月3日	(DF. 2027)	未竣工
1068	1974年2月16日	//	//	//	(DF. 2012)	//

※表8は、MRの御厚意により提供された資料を基に、MR各機関区で現車を確認し、まとめたものである。
※現在は全車、定期運用を外れている。DD. 1101は2014年5月に解体済。

第2章
フィリピン

それまでの12系から、2012年にJR 203系営業開始で不死鳥の如く蘇ったPNR（フィリピン国鉄）南方線。客車になった元・電車は、日本で鍛え上げられた経験を生かし、今日も利用客を満載して、大都会・マニラの下町を駆け抜けていく

3形式が活躍する南方線と北方線

　"東洋の真珠"とも称され、大小7100以上の島々で構成される群島国家・フィリピン共和国（Republic of the Philippines）。総面積は日本の約8割に相当する29万9404平方キロ、総人口は1億98万人（2015年度）で、そのうちマレー系住民が95%、そして国民の約83%がカトリック教徒（外務省フィリピン共和国基礎データより）というASEAN諸国では唯一といえるキリスト教主体国家である。

　1288万人もの人口を抱える同国最大都市にして、首都であるメトロ・マニラMetro Manilaを擁するルソン島では、フィリピン国鉄（Philippine National Railways／PNR）南方線がある。現在は度重なる台風被害でマニラ近郊と東部のナガでわずかな区間を営業しているだけであるが、車両面において日本との関係も深く、1970年代には日本で新造したDCが活躍した。近年では1999年の12系・14系の無償譲渡に端を発して日本型車両が幅を利かせており、その数は延べ107両にも上る。2018年には休止中だった北方線がわずかな区間ながらも15年ぶりに運転再開するなど、ここにきてようやく明るい話題も多くなった。

　本稿では2019年2月現在、PNRで活躍・在籍している日本型車両3形式（JR東日本203系、キハ52形、関東鉄道キハ350形）をメインに、休車中の14系寝台車、キハ59形「こがね」、そして2012年まで在籍していた12・14系についても触れたい。

　なお、フィリピンでは機関区・車両工場はもとより、駅構内（構内踏切も含む）に至るまで、全ての敷地内撮影は、事前にPNR本社の許可が必要で、本書掲載の駅・機関区・車両工場の敷地内撮影カットは、全て敷地内立ち入りを含め、事前に当局と折衝の上、撮影許可申請を行い、日本語ガイド同行のもと、現場職員の指示されたエリア内で撮影したものである。

　駅ホームでの撮影が事実上黙認されているミャンマーと異なり、フィリピンは実に厳しく、許可証なしでは駅ホームでの撮影もできず、ホーム端に行くことも許されていない。駅の規模に関らず、構内は数人のセキュリティーが常に巡回しており、駅にカメラを向けるだけでも駆け寄ってきて、「許可証はありますか？　なければここで撮影はできません（英語かタガログ語）」と制止される。

　2018年夏よりさらに車内にも数人の鉄道関係者が添乗し、乗客の動向を監視するようになっており、車内で小型デジカメを取り出しただけでも、ここでは撮影できません、と声をかけられるようになった。許可証なしでの敷地内撮影は事実上無理であることを申し添えたい。

路線概況

最盛期には1000km以上もの路線を運営

　PNRには本線格である「南方線」と、2018年に運転再開した「北方線」の2路線を運営している。南方線はトゥトゥバン（Tutuban）〜レガズピ（Legazpi）間479km（図1・2参照）とルソン島をほぼ横断する路線長をもつ。途中のスーカット（Sucat）までが複線、以遠は単線である。

　北方線は2018年8月1日、トゥトゥバン〜アシスティオ（Asistio）間の開通（歴史的に

第2章 フィリピン　101

見れば再開)を皮切りに、9月10日にアシスティオ〜サンガンダーン（Sangandaan）間が、12月16日にはサンガンダーン〜ガバナー・パスカル（Governor Pascual）間が開通した。現在、トゥトゥバン〜ガバナー・パスカル間7.0kmを運行、全区間単線となっている。

両線とも軌間は日本の在来線と同じ1067mmで、全線非電化。ATSなどの保安設備はなく、全て運転士の注意力に頼っている。最盛期には1000km以上もの路線を運営していたPNRだが、道路事情の改善に伴う乗客減に加え、地震や台風などによる被災、また北方線は沿線の火山噴火による施設損壊で順次、営業区間が縮小された。また国からの修繕予算が限られていたこともあって、1980年代より支線区の休廃止が相次ぎ、2003年には最後まで営業していた北方線・トゥトゥバン〜カローカン（Caloocan）間の休止（ただし、同区間はカローカン車両工場の入出庫線扱いとして回送列車は運転）に伴い、2003年から2018年までの15年間は、PNRの旅客営業路線は南方線1本だけになっていた。

起点のトゥトゥバンはPNR本社を併設した拠点駅で、本社1階を駅待合室として開放しており、乗客はセキュリティーチェックを受けてコンコースに入り、乗車券を購入する形となる。日常検査や整備はトゥトゥバン駅構内にある機関区で、大規模な車両修繕はトゥトゥバンから北へ約4km地点にある「カローカン（Caloocan）車両工場」で行っており、両駅間には入場・整備済み編成の回送列車が設定されている。また工場南側には、1983年に日本のODAによる「国鉄車両検修基地建設事業」で造られた検修庫がある。

4つの区間で構成される南方線

2019年2月現在、南方線は図1の通り、大きく4つの区間に分けられる。
①「マニラ近郊区間（運行中）」＝トゥトゥバン〜カランバ間／56.16km（図1・2参照）
②不通区間＝カランバ〜シポコット間／284.34km
③仮称・"シポコット線"区間（運行中）＝シポコット〜ナガ間／37.07km（図3参照）
④仮称・"レガズピ線"区間（運休中）＝ナガ〜レガズピ間101.43km（図3参照）

現在運行しているのは、トゥトゥバン〜

運転再開にあたり、リニューアルされたレガズピ駅。石造りの重厚な駅舎には、柵で封鎖されているたくさんの出札口が残り、多くの利用者で賑った頃を偲ばせるが、わずか1年足らずで再び休止となってしまった
Legazpi　2015年10月26日

PNR南方線・北方線起点のトゥトゥバン駅。1階が駅待合室となる　Tutuban　2019年2月10日

921号DL牽引の203系5連。2012年より導入された203系は電車を客車として使っており、動力方式変更車種としては日本型車両唯一の存在　Tutuban機関区　2019年2月11日

203系投入前の南方線・ビクータン駅。本来、需要旺盛なエリアを走るだけに、朝夕ラッシュ時は完全な輸送力不足で、"走るバラック"と化した12系4連に定員の倍以上の乗客が集中していた　Bictan　2009年11月27日

アラバン（Alabang）〜カランバ（Calamba）間56.16km及び、路線中間部のシポコット（Sipocot）〜ナガ（Naga）間37.07kmのみで、路線の8割が運休中。これは過去、ルソン島に襲来した台風被害による施設損壊が相次いでいるためで、近年は一時的に全線での運行も再開されていたが、2012年9月の台風被害で路線中間部の軌道損壊が発生した。2019年2月現在、中間部のカランバ〜シポコット間284.34kmは軌道施設の復旧は完了しているものの、旅客営業再開の許可が政府からまだ下りておらず、現在も不通のままである。

「マニラ近郊区間」のトゥトゥバン方は、途中のアラバンまでの28.09kmが事実上の運転区間で、アラバン〜カランバ間28.07kmは朝夕のみの運転である。同区間は官公庁や住宅地を縦貫しているため、本来需要の多いエリアである。アラバンまで1日21往復（この他、北方線からの区間乗り入れが4往復加わる）設定されており、近年は旺盛な需要に対応して臨時列車増発も頻繁に行っているが、終日大混雑を呈している。今日のような近代的な路線となったのは、事実上、203系営業開始（2012年）からで、まだ10年もたっていない。

特にPNRへの予算配分が削減されていた2008年頃までは、近代的なビル群の中を貫く複線の軌道上を、老朽化した非冷房の客車が1日6往復、のろのろと走っているだけという、およそ近代的な街並みからはかけ離れた光景が展開していたのは記憶に新しい。治安上の問題もあって当時の利用客は1日3000人前後と低迷していたが、運賃が安く、マニラ市内の道路渋滞が酷いため、朝夕の列車には機関車のデッキにまで乗客が群がるアンバランスな状況であった。

リハビリ対象から外れたトゥトゥバン〜エスパーニャ間4.5kmは、2008年頃まで軌道敷両脇にスクォッターと呼ばれる住民の不法家屋がびっしり建ち並んでいた。保線すらままならず、列車運行の大きな妨げになっていた（現在は撤去されている）　Tutuban〜Blumentritt（列車最後部より撮影）　2007年11月20日

列車走行が危険な時代もあった

特に起点のトゥトゥバン〜エスパーニャ (Eapaña) 間4.5kmは軌道敷に不法家屋を建てて生活するスクオッター（不法居住者）が密集し、"世界一細長いスラム街"と形容されていたほど。彼らの安全上の理由により、後述する路盤整備の対象外とされたことから、計画通りに整備が進まず、またスクオッターによるバラストの不法採取・販売、生活用水の路盤への排水などで路盤劣化が顕著で列車走行自体が危険で、同区間の最高速度は25km/hに制限されていたほどである。

PNRでもこれを傍観していたわけではなく、日本のODA（政府協力開発援助）を活用した「国鉄通勤南線活性化計画」（1989年）の推進、1995年2月〜1998年8月にかけて実施された円借款にて軌道改良を柱とするリハビリ工事の実施、2003年に当時のアロヨ大統領による「強力な国家輸送システム」プラン（鉄道を重視し、そのための予算確保を推進する）など、一連の改良施策を講じていた。しかし、結果的に対処療法でしかなく、施設や車両改善が曲がりなりにも本格的に始動したのは、2005年に韓国と締結された「South Manila Commuter Rail Project Phase1」からである。

2008年より開始された主な実施内容は、
①スクオッターの強制排除（家屋取り壊し）と軌道侵入防止用フェンス設置
②軌道強化（32kg軌条→37（一部40kg）軌条更新による重軌条化）
③駅改良（ホーム嵩上げ、上屋設置、老朽化した旧駅舎解体などの施設更新）と新設
④各駅に乗車券販売スタッフの常駐と警備員配置による乗車目的以外の駅立ち入り禁止
⑤老朽化した橋梁の修復

の5点が柱で、2009年にDMU1形18両（3連6本）の導入による増発で、一連の改良工事の第1期分が完成した。運転本数も順次増強され、2012年にJR東日本203系導入により安定した大量高速輸送が可能となって利便性が飛躍的に向上し、運転本数もダイヤ改正ごとに増発されている。ソフト面でも各駅への警備員配置と、女性専用車（先頭車1両が終日指定）導入などの施策が功を奏して利用客が激増した。元々人口の多いエリアを走っていただけに、2017年度における1日の利用客は約3万人と、2008年当時の約10倍にまで増加している。

2017年6月にJICA（国際協力機構）の協力により、トゥトゥバン駅高架化計画が始動した。現時点では実地調査段階で、実現までには時間がかかりそうだが、駅前には完成イメージパース看板が立てられている。

台風による軌道・施設の損壊

これに対し、路線中間部（表中②の、カランバ〜シポコット間）は、台風被害による

「マニラ近郊区間」の終点・アラバンに到着する922号DL＋203系5連。セキュリティー強化と車両更新、運転本数増強により、2007年当時は約3000人前後だった利用客も、2017年には約3万人と10倍近くにまで利用が伸びている Alabang　2013年10月13日

施設損壊が相次いで運休→運転再開→運休を繰り返しており、現在は運休中。

2006年9月の台風15号（Milenyo）の被害により、カランバ駅手前3km地点に架かるサン・クリストバル川橋梁が流出し、長らく不通のままだった。比較的被害が少なかった中間部のタグカワヤン（Tagkawayan）〜ナガNaga間99.18kmについて、2009年9月16日から試運転を実施し、21日より1日1往復、一時的に運転再開しているが、わずか1ヶ月ほどで再び運休となってしまい、比較的需要が見込めるシポコット（Sipocot）〜リガオ（Rigao）間96.56kmの運転に再度変更された経緯がある。2009年12月15日、ようやく運転再開した（後年ナガ〜リガオ間は再度運休）。

2011年6月には、廃止されたJR東日本の寝台特急「北陸」用14系を使い、路線を縦断する長距離寝台急行「ビコール・エクスプレス（Bicol Express）」が運行開始されるなど、攻めの姿勢も見られた。しかし、沿線人口は元々希薄で、事実上、長距離列車の通過ルートとしての役目しかなく、2012年10月26日にはケソン州サリアヤ町で、台風による豪雨で軌道損壊が発生したところに、折から走行中の「ビコール・エクスプレス」が突っ込んで脱線する大事故が発生した。これを契機に同列車は運休となり現在も復活していない。

この台風被害ではこの他にも沿線各所で施設損壊や軌道流出等の被害が発生し、軌道自体はすでに復旧完了しているものの政府の認可が下りておらず、現在に至るまで不通のまま。このため同区間は時折、車両運用の都合による回送がごく稀に運転されるだけとなっている。

③の"シポコット線"区間（シポコット〜ナ

2017年6月に日本の協力によるトゥトゥバン駅高架化事業がスタートした。写真は駅前に建てられている高架化イメージパース　Tutuban　2018年1月21日

カランバ駅手前3km地点に架かるサン・クリストバル川橋梁。台風襲来で度々流出している南方線の隘路で、鉄骨構造の新橋梁に架け替えられている。左は将来の複線化用橋梁　Calamba　2014年6月26日

918号DL牽引の「ビコール・エクスプレス」。トゥトゥバン〜ナガ間377kmを1日1往復していた長距離寝台・座席急行。PNRの"花形列車"として、14系寝台車3〜4両＋12系座席車1〜2両で組成されていたが、2012年10月の台風被害により運休となり、結局は2年足らずの活躍に留まった。写真はカローカンからの整備済み編成の回送列車　Tutuban　2012年7月20日

第2章 フィリピン　105

ガ間／図3参照)は、現在1日2往復の列車が運転されており、いずれも普通列車。2015年9月には④の"レガズピ線"区間も1日1往復の運転ながら、約2年半ぶりに復旧し、ルソン島最東端まで列車運行が一時的に再開されている。"レガズピ"線（ナガ〜レガズピ間／図3参照)区間は当初、キハ350形2連の単独運転であったが、途中、山越えの勾配区間が介在し、DC単独での登坂は難しいためか、ほどなくこの勾配に対処すべくDL連結運行に改められている。"シポコット線"区間についても、運用車両はDL＋12系PC2〜3連→キハ52形3連と、近年は日本型車両を使っており、現在はキハ350形2連で運行されている。

機関区のあるナガは所属機関車が配置2両で、"シポコット線"と"レガズピ線"で常時2両使用という予備車なしの体制であった。2016年5月、そのうちの1両が故障し、残る1両では2路線の運転が難しくなってしまった。"シポコット線"は、沿線の大半が整備された国道と併走する"レガズピ線"とは対照的に、国道から離れた交通不便な地域が多く、沿線住民の需要がかなりあることから、PNRは"シポコット線"の運行を優先することを決断し、"レガズピ線"はわずか1年足らずで再び営業休止となってしまった。現在も復旧の見込みが立っておらず、同区間で使われていたキハ350形がトゥトゥバンへ戻されてしまったところを見ると、運転再開はまだ先と推定される。

約15年ぶりに復活した北方線

2003年に最後まで営業していた北方線・トゥトゥバン〜カローカン（Caloocan）間が休止されたが、その後も同区間はPNRの車両整備を担うカローカン車両工場への入出庫線扱いとして、回送列車は運転されていた。車両工場までは韓国ODAの整備区間に指定されていたことから複線レールが敷設され、旅客ホームの整備も行われており、一般的な休止線とはだいぶ異な

トゥトゥバン起点133.04km地点にある不通区間のルセナ駅。構内は広く、保線用貨車が留置され、視察列車はここで1日滞泊した　Lucena　2014年6月26日

"レガズピ線"区間の各駅は3年に渡る運休期間中にホーム嵩上げ、駅舎新築など一連の更新工事を行い、面目を一新したが、これもわずか1年足らずの使用に留まった　Ligao 2015年10月26日

"レガズピ線"区間内ではサミットに位置するトラベシア駅。ここまで10‰の連続上り勾配が続いており、DC単独での登坂には無理があるため、DLの前補機連結が必須となった Travesia　2015年10月26日

ていた。この区間を延伸の上で営業再開し、PNRとしては実に約15年ぶりの復活路線となった。まず、2018年8月1日にカローカン車両工場に近いアシスティオ（Asistio）と南方線デラ・ローサ（Dela Rosa）間に1日4往復の運転が開始され、同年9月10日には旧・カローカン駅に近いサンガンダーン（Sangandaan）まで、12月16日には現在の終点であるガバナー・パスカル（Governor Pascual）間7.0kmまで延伸されている。

北方線の運転で特徴的なのは、起点のトゥトゥバンと南方線の次駅であるブルメントリット間において、ブルメントリット駅西側と北方線・ソリス（Solis）駅南側の間に業務用として敷設されていた三角線（デルタ線）を活用し、トゥトゥバン駅を経由せずに北方線～南方線の直通運転列車が設定されていることである。現在はトゥトゥバン～ガバナー・パスカル間の北方線のみ運転列車（1日9往復）と、南方線・FTI～北方線・ガバナー・パスカル間の直通運転列車（1日4往復）の2本立てとなっており、南方線直通列車は、PNRの一般形車両では初となる快速運転が開始されている（北方線内は各駅停車）。

運転

主力として活躍する203系

現行ダイヤは2018年12月16日改正で、南方線はトゥトゥバン～アラバン・ママディット・カランバ間に上下21往復設定されており、さらに中間のブルメントリット～FTI間で北方線からの直通4往復が加わる。北方線からの直通列車は快速運転で、途中停車駅はブルメントリット・エスパーニャ・パコ・デラローサ・エドゥサの各駅であるが、

2018年12月16日に新たに延伸開業した北方線の終点・ガバナー・パスカル駅。1面1線の棒線駅で、高速道路の真下に位置するが、いかにも仮設駅といった雰囲気が漂う
Governor Pascual　2019年2月10日

北方線・ソリス駅南側にあるデルタ線分岐部。写真奥がトゥトゥバン駅、左に分岐するのがデルタ線の一辺で、南方線・ブルメントリット駅につながっている。北方線は複線で整備されたが、営業再開時は単線での営業となり、片側の線路は一部撤去されている　Solis　2019年2月10日

916号DL＋EMU-05の5連アラバン行き。アメリカ製DLが203系5連を牽引するのが基本で、PNRでは伝統的に機関車牽引列車が好まれている
EDSA　2019年2月10日

第2章 フィリピン　107

普通列車との退避や接続待ちはない。この他は全て各駅停車で、朝夕30分、データイム60分ヘッドでの運転。21往復のうち、朝夕1往復を除く19往復がほぼ中間にあたるアラバンまでの運転。ママティッド・カランバまでは夜間・早朝のみ各1往復のみの運転で、同列車のみ両駅で滞泊して翌日の始発列車となる。

　また最近では混雑状況に応じて、1時間ヘッドのデータイムに「スキップトレイン」と呼ばれる臨時列車がかなりの頻度で運行されており、日中でも事実上の30分間隔を維持している日が多くなっている。運用はママディット・カランバ滞泊を除き、機関区のあるトゥトゥバンを起点に組まれており、機関車の給油・給水及び客車の整備もここで行われる。車両運用は、203系・キハ350形・DMU1形のいずれかが使用され、検査や入場が発生した場合に予備車となっているキハ52形国鉄色3連が充当される。

　現在、南方線で活躍しているJR東日本203系は、PNRではDL牽引のPC扱いであるが、元々電車であったことから現地では「EMU（Electric Multiple Unit）」と通称されており、基本5連で通常、3～4本が定期運用として使われている。電源装置搭載のクハ202・203はアラバン方に連結され、トゥトゥバン方は中間車が先頭となるため、先頭の車両については貫通扉窓が投石による破損防止のため鉄板に交換されている。

　203系登場以前の主力であったDMU1形（韓国Rotem社製DC）は2009年7月に運用開始し、しばらくは順調に走っていたが、片側2扉で乗降に時間がかかる上、灼熱のマニラで機関直結式冷房の多用によるエンジントラブルや故障が相次ぎ、すでに全6編成中、稼働できるのは2本にまで減少している。この穴を埋める形で203系が勢力を拡大し、激増する乗客を迅速に捌ける20m4扉という車体構造は、現地のニーズにも見事に合致した。

機関車の"機織り運用"

　DL牽引の203系の本格竣工に伴って問題となったのは、頭端式構造で機廻線のないトゥトゥバンでの機関車付替作業である。この解決策として同駅到着の上り列車が構内の機関庫脇を通過すると、待機している別の機関車が続行で走り出し、列車がホーム到着後にアラバン方へ連結して、同時に

構内の検修庫でDMU1形と並ぶ「キハオレンジ」　Tutuban機関区　2018年1月21日

トゥトゥバンにEMU-04が到着。機関区脇を通過すると待機していた別の機関車が続行で追いかけ、停車後すぐに連結して折り返して出発、という慌ただしい光景が展開される　Tutuban　2018年1月21日

それまで牽引していた本務機の連結器を外す。そして、アラバン方の機関車が編成をホーム外れまで引き出し、今度は逆に解結された本務機関車を続行で走らせて機関庫へ入庫させ、改めて推進運転でホームへ入線させるという、機関車の"機織り運用"を行っている。これにより、折り返し時間短縮と機廻し・走行キロ調整、給油・給水問題を解決している。

かつて日本の援助で設置された構内の自動転轍機はすでに壊れていて、入換は係員がポイント本体に非常用の手回しハンドルを差し込んで切り換えを行っているため、朝夕ラッシュ時の列車到着時間帯は迫力ある複雑な入換作業が展開される。また、アラバン・ママティッド・カランバの各駅の機廻作業も乗務員の手作業によるポイント切換を行っている。

意外なことに途中駅は全て有人駅で、相対式ホームの脇に小さな出札所がある形態が多い。駅ホームのデザインは基本的にどこも同じであるが、途中のEDSAは幾重にも重なる高速道路の下を走り抜ける。「マニラ近郊区間」の終点であるアラバンは（※

幾重にも重なる高速道路の直下に位置するエドゥサ駅。
PNRでは2014年より、右側通行に変更されている
EDSA 2019年2月10日

1）は当初、1面1線の棒線駅で203系が入線できず、当初は1駅手前のスーカット（Sucatで）折り返していた。2013年8月、同駅まで203系を乗り入れさせるため、新たに機廻線が新設され、スーカット折り返しが全て延長されている。アラバンでの機廻しは車掌がポイント切換と誘導・連結作業を行い、ブレーキホースや非常用チェーンフック（※2）接続も行っている。

なお、2017年夏頃から、203系の電源装置が相次いで故障する事態が発生し、運用本数が足りなくなった。一時は混雑に不向きなキハ52形3連や、キハ350形2連まで運用に出さざるを得ない危機的状況となっていたが、修理を急いだ結果、2018年1月時点で稼働1本まで落ち込んでいた同形も4本まで復帰している。

全線単線で途中交換駅もない北方線

一方、北方線はトゥトゥバン～ガバナー・パスカル間に上下9往復の他、トゥトゥバンの次駅であるソリス（Solis）と、南方線・ブルメントリット（Blumentritt）間のデルタ線の一辺を使ってトゥトゥバンに寄らず、南方線・FTIまで直通する列車が上下4往復設定されている。

北方線は全線単線で途中交換駅もなく、終点・ガバナー・パスカルも1面1線の棒線駅で、機廻線がないことから営業列車では203系は入線できず、基本はDMU1形（ごくまれにキハ350形）による運転である。開業からまだ日が浅く、運転本数が少ないこともあって、どの列車も閑散としている。

※1＝アラバン駅は、2010年6月に旧駅より南へ約200m移設されている
※2＝本来の自動連結器が不具合の際に、列車分離を防ぐ非常用連結器。連結器両脇に設置されている

ナガ側の"シポコット線"には1日2往復の普通列車が設定されている。いずれも機関区のあるナガをベースにした運転で、給油・給水・日常整備はナガで行われる。全列車各駅停車で、列車が単純に往復する運用である上、中間部が不通となっている現時点では優等列車もなく、途中駅の交換設備も使われていない。各駅での停車時間はいずれも1分程度、運転区間の所要時間は約1時間だが、利用客が多いため、概ね20～30分前後の遅れが発生している。

運転時は先頭にDLを連結するのが特筆される。これは途中区間で10‰前後の山越え区間が介在するためで、特に秋の落葉シーズンは空転が多発する南方線の難所となっており、DC単独運転では運行に不安があるためと推定される。このためDCについては、室内灯やドア操作のため、エンジンは起動するものの、機器類劣化防止と保護の面から、走行時はマスコンを「中立」のままに据え置いて力行運転はせず、運転士もDCには乗務していない。このため、物理的に自走はできるものの、事実上"エンジン付PC"で、実際の運転はDLで行っている。シポコットでは到着後、本線脇に併設された機廻線を使って付替を行う。上り列車がいつも遅れて到着するため、到着後すぐに機関車を解結し、下り方に連結後折り返す慌ただしい作業が展開される。

車両は当初、DL+Car-1形（12系を改装した新形式客車）3連であったが、老朽化に伴い、2013年3月に車体色を紺色+金細帯に変更し「キハブルー（Kiha Blue）」と通称されていたキハ52形3両（102・120・121）をナガへ転属させた。不通区間である路線中間部を使って送り込み、同年4月よりCar-1形運用を置換ている。

2015年9月の"レガズピ線"区間営業再開に伴い、関東鉄道キハ350形2連2本（353+354、358+3511）がナガ機関区に転属し、"レガズピ線"はキハ350形2連、"シポコット線"はキハ52形で運用されていた。しかしながら"レガズピ線"は2016年5月に運転再開からわずか1年足らずで再び運休に追い込まれ、余剰となったキハ350形第2編成（358+3511）が老朽化したキハ52形の代わりに"シポコット線"運用に充当され、第1編成（353+354）はトゥトゥバン機関区へ再転属となっている。

車両概要

稼働・休車・除籍の3種に分類される

PNRに導入された日本型車両は、新形式導入→在来車除籍、というパターンを繰り返している。近年では1999・2001・2003年の3回に渡り、JR東日本・JR九州から導入（無償譲渡）された12・14系PCが嚆矢で、12系は普通列車及び長距離急行「ビコール・トレイン（Bicol Train、ビコール・エクスプレスの前身）」の自由席車に、14系は同列車の指定席に充当され、老朽化が激しかった在

機関区で顔を合わせたキハホワイト（左）とキハオレンジ（右）。出自はどちらも旧・国鉄キハ35とキハ52で、南国マニラで"第3のお勤め"を果たしている　Tutuban機関区　2019年2月11日

来車の淘汰に貢献している。

14系は2006年の台風被害による同列車の運休に伴い、稼働7年余りで5両全車が休車（のちに解体）となってしまったが、12系は荒廃しながらも活躍を続け、2009年12月導入のDMU1形及び、2012年5月より運転開始のJR東日本203系投入により今度は追われる身となった。2012年10月に最後の1運用が置換られて消滅し、この結果、約13年に渡り活躍したPNR12・14系（現地形式＝7A-2000形）の運用に幕を下ろしている。

1999年〜2015年までに導入された日本型車両は合計107両（JR東日本12系26・14系座席車5・JR九州12系10・JR東日本203系40・キハ52形7・キハ59形（こがね）3・14系寝台車10・関東鉄道キハ350形6）にも及び、これに貨車2両（ワキ10147・10180）が加わる。もちろん、導入年度の違いにより、この全てが一堂に会していたわけではない。

現在、書類上66両（203系40・キハ52形7・キハ59形「こがね」3・14系寝台車10・関東鉄道キハ350形6）在籍しているが、稼働状況は大きく分けて3種（稼働・休車・除籍）に分類され、さらに常時運行されている車両は、6編成22両（203系20・キハ350形2）に限られている。

休車の内訳は203系20前後、キハ350形2、14系寝台車10、キハ59形「こがね」3で、203系は電源車修理に伴う編成全体の休車の他、車両状態悪化で整備が難しくなり、整備や稼働を諦め"運用落ち"した車両も該当する。キハ350形も2両が床下機器類不調でカローカン車両工場へ入場中。14系寝台車とキハ59形は2012年10月に路線中間部不通に伴う運用列車の休止により、すでに休止から7年が経過したが、現在も復帰の目処は立っていない。

除籍車は、トゥトゥバン機関区構内やカローカン車両工場に留置されており、2012

稼働編成が7本揃った2013年頃が203系の"最盛期"で、データイムにはトゥトゥバン駅構内に3本留置される光景も展開。時間帯によってはキハ52形国鉄色との4本並びも実現した。写真はEMU-06・05・02（順に、クハ202-3・クハ203-3・クハ202-4） Tutuban 2014年6月28日

1999年の12系搬出時に一緒に導入された、元・カートレイン用ワキ10180。PNRでは「7B-41」と称し、当時運転されていた「ビコール・トレイン」用荷物車として使われる予定であった。側面にはピクトグラムも残っている Tutuban機関区 2018年1月21日

2012年5〜6月、相次ぐ踏切事故に遭って修理を諦め、竣工からわずか7ヶ月で運用離脱したキハ52 123。同車も部品供給車となっている　Caloocan車両工場　2018年1月22日

第2章 フィリピン　111

年9月まで使われていた12系数両の他、事実上の除籍状態であるキハ52 123や203系3両（※3）が含まれる。いずれも荒廃が激しいものの、なぜか解体されることなく現存しており、本稿では稼働・休車・除籍の順で各形式を紹介する。

JR東日本203系（40両／稼働20両）
（稼働車）

老朽化した在来PC置換と、列車増発に伴う必要運用数確保のため、当時廃車が進んでいたJR東日本常磐緩行線用203系が無償譲渡されたもので、旧松戸車両センター所属のマト53・54・55・67の10連×4本がPNRへ航送された。

2011（平成23）年9月22日にマト67のクハ203-107を皮切りに同年11月までにマト53・54・55の順に全40両がマニラ港に陸揚げされ、トゥトゥバン機関区へ陸送された。関係者によれば、当初PCを希望していたが、JR東日本側に搬出できる車種がなく、当時

トゥトゥバンで出発を待つ916号DL＋EMU-07。2015年5月には2ヶ月に渡る運休期間中に203系は機関車と同じ紺＋オレンジ帯の新カラーに塗り直された　Tutuban　2015年10月26日

新潟東港で搬出を待つPNR向け203系10両　新潟東港　2011年6月8日／撮影＝伊東剛

203系の電源車はアラバン方に統一されている。防護網が取付けられない側面扉窓ガラスの一部は、鉄板に交換されている。排煙筒設置のため、旧・運転台寄りのベンチレータ1個が撤去された　Tutuban　2015年10月26日

203系一族40両のトップを切って、初めてマニラ港に陸揚げされたクハ203-107。港湾内の移動はアメリカタイプの大型トレーラーで牽引されている　Manila Harbor　2011年9月22日

203系は40両が導入された。当初計画では5×8本で、全てが竣工する予定であったものの、パーツ類確保のため、8両は事実上部品供給車扱いとなった。端部には大きく編成番号が記入されている他、2015年5月の運休期間を活用して運用全編成の車体色を紺＋オレンジ帯に変更している　Tutuban　2018年1月21日

※3＝トゥトゥバン機関区構内のサハ203-113、カローカン車両工場のモハ203-8・120が該当する（サハ203-113は事実上廃車状態）

写真は休車中のサハ203-5。ドアのエアが抜けていることから手で開けることが可能なため、誤乗防止のためか、モケットを上げて休車中であることをアピールしている
Tutuban　2018年1月21日

廃車が進んでいた203系を導入することになったという。PNRは全線非電化のため、PCとしての使用であるが、電車時代と同様に自動ドア・車内灯・冷房装置を継続使用するためのサービス用電源が必要となり、編成中にクハ1両の車端部約4分の1スペースに据置式発電機を設置しているのが大きなポイントである。

「電車(EC)」から「客車(PC)」への改造

　JR東日本に希望する車種がなかったとはいえ、動力方式の異なる車両の車種間改造を行うという、日本では考えられないこの仰天施策は運用開始までにかなりの試行錯誤があった。少し長くなるが、その経緯について解説したい。

　電車の車内灯や冷房などは、架線からパンタグラフで集電した電力を使っている。非電化のPNRでは当然ながらこの方式が使えない。また機関車も引き通し線のようなアイテムはなく、PC側で全てを完結させる必要があった。その解決策の一つとして考案されたのが、車内への「電源装置」の設置である。

　203系導入に際し、すでにPNRでは

DOST（フィリピン科学技術省）からの提言を基に、共同で実車検分と改造作業を進めており、当初のサービス用電源は別個の電源車を編成端部に連結する方法で検討していた。しかしながら、
①PNR保有の電源車は老朽化した3両しかなく、定期運用に供するにはとても足りない
②米国製電源装置の小型化の目処が付き、20m級車両1両をわざわざ連結するには不経済
③連結器形状が機関車・電源車と203系で異なり、カプラー取付での運用では機関車付替時に着脱の手間がかかる（→後年、203系の連結器を交換して解決）

などの理由から2012年に入り方針を転換した。導入時に次案として検討されていた車内の一部を仕切って床置式電源装置を設

2012年3月、"試作電源車"第1号として改造されたクハ203-107（→のちのEMU-01）は他編成と異なり、非運転台側に機器室が設置され、側面行先表示幕も残存していた。"量産車"と比べ、仕様が異なることから扱いづらく、2015年の入場時、他車に合わせて電源室が運転台直後の位置に移設されている　Tutuban　2014年6月26日

機廻し後の連結作業。手前は非常用チェーンフック
Tutuban　2014年6月26日

2012年3月、2両目の改造車として、車端部4分の1を仕切って床置式100kva発電機を搭載したモハ203-10。通風のため側面扉は全開。性能の異なる発電機を搭載させ比較検討した結果、同車の発電機は出力が小さすぎて冷房は2両が限度であることが判明し、試験運行はのちに中止されている Tutuban機関区 2012年7月20日

置する工法に一本化して実用化を急ぐことになった。

改造はカローカン車両工場で行われ、2012年3月までに4連・5連各1本の計9両が竣工し、車端部のクハ203-107とモハ203-10にそれぞれ出力の異なる発電機（前者は200Kva、後者は100Kva）を試験的に搭載し、性能比較を行う"試作車"を2両竣工させ、これらの結果を基に"量産車"へフィードバックする工程が組まれた。

●主な改造項目
①上記2両の車端部に米国製電源装置を搭載し、電源室－客室間には仕切壁設置
②低床ホーム対策として、側窓下部に2段式ステップ、手すり下部には発生品の吊手を取付
③全ての側扉窓、妻面窓に投石破損防止用の防護網を取付
④防護網が付けられない側面扉窓ガラスは、鉄板に交換
⑤車体帯色をラインカラーであるオレンジに変更
⑥側面車号上にPNR紋章貼付

外観上の変化としては、②のステップ取付が挙げられる。これは当時のアラバン以遠の各駅が低床式ホームのまま残されていたため、車高の高い203系の乗降補助アイテムとして当時の車両担当マネージャーが考案したもの。乗客はステップに足をかけ、手すり下部に設置された吊皮につかまって車内へ乗り込む形となる。ただ実際の利用は旅客に少ない末端部だけの上、高床式ホーム整備に伴い量産車では見られなくなっている。

2012年3月、最初に竣工したクハ203-107は、機器室区画がやや大きく、車体3分の1を占めている他、同車のみ非運転台側に機器室が設置されたため、運転台側の客室が他車とは行き来できず、隔離されたような独立したスペースとなっていた。また排煙は側窓の1ヶ所をルーバー改造して電源装置排煙口と接続させている。これに対し、同年7月に2両目の電源車として竣工したモハ203-10は中間車からの改造で、機器が小型のためスペースも車内4分の1となり、排熱と排煙は妻面貫通路を塞いだ鉄板にルーバーを付けて対処した。

2012年4月8日、トゥトゥバン～スーカット（Sucat）間で試験的に営業運転が開始され、続いて7月10日にはトゥトゥバン～ビニャン（Biñan）間で2本目が運用開始となり、ASEAN（東南アジア諸国連合）の日本型車両では初となるEC→PC車種転換車として本格的な活躍が始まった。車号もそれまでのPNR独自の現地形式に代わって、JR東日本時代の車号をそのまま踏襲している

のも特記される。

　試験は最終的に2012年10月まで続けられ、その結果、モハ203-10搭載の電源装置は予想していたほど出力が提供できず、肝心の冷房容量はせいぜい2両分だった。それ以上は通風扱いとなってサービス上好ましくないこと、また機器室と乗務員室は隣接していた方が保安上望ましいことから、"量産車"は、クハ203-107設置方式を一部改良して実施されることになり、翌2013年5月までに4連×8本の計32両が竣工することになる。

"試作車"→"量産車"への主な変更点

　電源装置の改良により車内占有面積は4分の1まで小型化されたが、それ以外の変更点は以下の通り。
①発電機設置位置を非運転台側から乗務員室直後に変更（クハ203-107は2015年に移設改造を実施）
②側面窓ルーバー形状を変更し、側窓サイズに収まる形状に小型化
③発電機排煙口を屋根上に設置し、干渉する部分のベンチレータ撤去
④側面扉ガラス部の鉄板交換を中止
⑤車端部となる中間車（トゥトゥバン方）の妻面貫通扉窓ガラスを鉄板へ交換（両脇の妻面窓はJR東日本時代に施行済）
⑥両端先頭車の妻面上部（クハは旧行先表示幕窓ガラス部分）に編成番号を表記

　運用は当初4連で、EMU-01を除き電源車はアラバン方に連結し、ドア操作と冷房稼働のため旧・乗務員室は車掌室として活用。PC扱いのため、0・100番台やモハユニットなど、種車の違いには特にこだわらず整備完了の車両を組成して運用に出す形でスタートした。組成は表1の通り。

　編成両端の連結器は自動連結器に交換し、さらに連結器不具合時の列車分離を防止するため、非常用チェーンフックが両脇に設置されている他、側窓に「防護網（※4）」を取付ている。防護網が取付られない側扉窓ガラス部分は鉄板に交換する作業も行われたが、費用の割に効果が薄いことから途中で中止されており、このため組成が車両単位で行われている現在は改造車・未改造車が混在している。

　この他の変更点は、帯色変更（PNRのラインカラーであるオレンジ帯へ）・編成番号記入（旧・行先表示幕部分へ）程度で、現場ではこの番号を基に各編成を「EMU-○○」と呼称している。当初は側面車号もJR東日本時代のまま残存しており、EMU-01は竣工後、しばらくの間は行先表示幕も残存していた（現在は撤去されている）。

　車体内外とも概ね、JR東日本時代末期の姿を留めており、妻面の転落防止用外幌や、

203系は竣工に際し、投石による破損防止のため全ての側面窓に防護網が取付られた。車号は丸スミゴシック体標記のまま、上部にPNR紋章を貼付している
Tutuban機関区　2012年7月20日

※4＝防護網とは、投石により窓ガラスが割れることを防止するため、前面・側面・貫通扉窓など、あらゆるガラス部分を保護するための金網を現地竣工に際して取付たもの。側扉窓ガラスなど、防護網が取付られない部分については鉄板に交換している

EMU-05先頭車・クハ203-3。帯色変更と防護網の取付以外は大きな変化はなく、JR東日本時代の面影が残る　Tutuban　2014年6月28日

サハ203-10の車内。JR東日本時代末期のままで大きな変化はない　Tutuban　2014年6月27日

2013年11月より、発電機の信頼性向上を目的として、それまでの200Kvaから新たに300Kvaの米国製高出力発電機と交換する作業を順次実施され、2014年7月までに、稼働全編成の改造工事が完了した。写真は緑色の高出力発電機に交換されたEMU-06とEMU-02　Tutuban　2014年6月27日

水色系の車内座席モケットも当時のまま残る。電源室と客室との間の仕切壁はかなり薄いうえ、電源装置の稼働音はかなり大きいため、運用中は乗客同士の会話も満足に聞こえないほどである。JR時代の側面行先表示幕は撤去されてカラになっていたため、行先方向を示す「North Bound（北行）」

「South Bound（南行）」の紙片が後年入れられている。

　2013年11月、出力がギリギリで余裕のなかった電源装置の運用上の信頼性向上を目指して、それまでの200Kvaから300Kvaへ出力向上した米国製高出力発電機と交換する作業を順次実施し、翌2014年7月までに稼働全編成の交換が完了している。その他同年6月より輸送力増強を目指して稼働編成が4→5連化されている。

　2015年4月29日、盗難によりレールが外されていたEDSA～Nichols間において、DMU1形が突っ込んで脱線する事故が発生した。怪我人は100名にも及び、このためPNRでは軌道メンテナンス及び、盗難防止のための監視カメラ設置作業という理由で、5月5日より7月23日始発まで、"マニラ近郊区間"は全区間運休という思い切った施策に出た。203系はこの期間を活用して、車体色変更（アルミ合金の無塗装＋オレンジ帯から、DLと同じ、紺色＋オレンジ帯へ）が実施されイメージを一新している。車体色変更に合わせて、裾部に記載されていた編成番号（※5）が廃止されている他、側面車号もオレンジ色となり、「モハ」「クハ」といった日本語も消去されているが書体は丸スミゴシック体を忠実になぞっているところが興味深い。なお妻面は無塗装のままで、最終的に、カローカン車両工場保管の保留車（モハ202-8・14、モハ203-13・120）以外、紺色＋オレンジ帯の新塗装化が完了している。

　2014年4月の取材時は40両中、稼働32両

※5＝2013年2月にEMU-02から施工されていたもの。アラバン方からA・B・C・Dの順で、編成番号と組み合わせたPNR独自の形式となり、アラバン方の裾部に小さく記入されていた

＋保留車（部品供給車）8の陣容（書類上）で、PNRでは当初40両全ての竣工を考えていたようであるが、JR東日本ではすでに廃形式となった車両ということもあり、パーツ類の部品供給車が必要と判断されたのか、状態の悪い車両が選別され、最終的に約8割の竣工に留まった。2016年には5連1本がナガ機関区へ転属しているが、まだ営業開始していない。

2017年夏頃、電源装置が相次いで故障する事態が発生し、同年暮れには稼働がEMU-04の1本のみとなる危機的状況となった。混雑に不向きなキハ52形3連やキハ350形2連まで運用に出さざるを得ない事態が続いていたが、2018年1月より、故障した電源装置の交換が開始され、修理が完了した車両をカローカンからトゥトゥバンへ順次、回送する臨時列車が同年夏頃まで時折運転され、稼働編成は4本まで復旧している。

再度交換された新型電源装置は薄緑色で、排煙を屋根上に設けた煙突より排出する方式は変わらないが、高出力のため熱気がこもりがちになり、このため交換時に側窓2ヶ所を両方ともルーバー化する改造が稼働全編成に施工されている。

2018年12月、トゥトゥバン駅構内で入換中の機関車とEMU-04が接触し、編成端部のモハ203-7の車端部が大破する事故が発生した。同車はこの事故後、運用から外れており、現在も事故当時の姿のまま、トゥトゥバン駅構内外れの旧・洗浄線脇に隠れるように留置されている。

すでに製造から35年前後が経過し、PNRで活躍している稼働車にも事実上の"運用落ち"が確認されている。該当車は、トゥトゥバン機関区構内で職員の休憩所代用となっているモハ202-13、サハ203-113の2両で、この他、少なくともトゥトゥバン駅構内に留置中の3両（クハ203-4、モハ203-

2017年夏頃に203系の電源装置が相次いで故障する事態が発生した。電源車がないと編成全部が使えないため、撮影当時、アラバン方のクハを外した編成が駅構内あちこちに留置されていた　Tutuban　2018年1月21日

かねてより修理中だったクハ203-3（電源車）の修理が完了し、カローカン→トゥトゥバン間で運転されたDL牽引の臨時回送列車。203系の運用離脱は大幅な輸送力低下をもたらしており、PNRでは修理を急いでいる　Caloocan車両工場　2018年1月22日

2018年より再度交換された新型電源装置を乗務員室側より望む。新型は薄緑色で、排煙を屋根上の煙突より排出する方式は変わらないが、熱気がこもるようになったため、側窓を2ヶ所ともルーバー化する工事が稼働全編成に施工されている　Tutuban　2019年2月11日

7・15)合計6両は外観から判別する限り、事実上の運用離脱車であると思われる。

2019年2月の取材時点での組成は表2の通りで、車両状態の悪化により、稼働編成はEMU-01・05・06・08のみで5連4本合計20両と、最盛期の半分にまで落ち込んでいる。近年は目玉である冷房も機器の調子が悪い編成が多く、入場時に整備を行っているが予備編成が少ない現状では抜本的整備が難しく、車両によっては通風のみ作動させ、側窓を開けて事実上の非冷房車化した車両も存在する。

検査入場は編成単位ではなく車両ごとに行っており、該当車を適宜編成から抜き、整備完了した車両を組み込んでいるため、編成ごとの竣工日時や記録はもはや形式的な意味合いしかない。近年は検査入場の関係から車両が不足気味で、2019年1月、保留車となっていたアルミ無塗装車2両(モハ202-14、モハ203-13)を整備の上、EMU-07・08にそれぞれ1両ずつ組み込まれた。車両事情はかなり苦しいものと推定される。この他、EMU-02・04・07は事実上の休車扱い(トゥトゥバン駅構内に留置)、カローカン車両工場修繕庫に入場中2両(クハ203-5、モハ203-119)及び、保留車3両(モハ203-8・120、モハ202-121)が留置されている。稼働車が半分まで落ち込んでいる203系であるが、車体が頑丈でラッシュに強い4扉車であることから現場での信頼性は高く、当面の間は活躍を続けるものと思われる。

JR東日本キハ52形(102・120・121・122・123・127・137/7両)
(102・120・121・123は休車。それ以外は稼働車)

2009(平成21)年3月14日改正で引退したJR東日本新津運輸区最後のキハ52形で、保留車として残存していた7両全てがPNR入りした。内訳は国鉄色3両(122・127・137)と新潟色4両(102・120・121・123)で、新潟色車は、後年に冷房化改造が実施されてい

相次ぐ稼働車の減少に伴い、2019年1月よりカローカンで保留車だったアルミ無塗装2両(モハ202-14、モハ203-13)を整備の上、EMU-07・08に組み込んでおり、異彩を放っている　写真はモハ202-14　Tutuban　2019年2月11日

専用線を通って搬出の"玄関口"となる藤寄に到着したPNR向けキハ52形7連。これから1両ずつ吊り上げられ、トレーラーに搭載される　藤寄　2011年8月3日／撮影=杉田亨

7000t級の大型輸送船に搭載されるキハ52 102。すでに4両が格納されているのが見える　新潟東港　2011年9月10日／撮影=伊東剛

たが国鉄色車は最後まで非冷房車で残っていた。203系同様、当初は2011（平成23）年3月の航送が予定されていたが、直前に東日本大震災が発生した関係で半年ほど延期となり、同年8月3日に新津から陸送の拠点となる藤寄に到着し、トレーラーに搭載の上、新潟東港から7000t級の大型輸送船に搭載されて9月10日に日本を出発した。9月17日にマニラ港に到着して陸揚げされ、カローカン車両工場・トゥトゥバン機関区に陸送された。

防護網取付など、各種改造の後、国鉄色3両と新潟色3両（102・120・121）に分けて3連2本を組成し、本務6、予備1（123）の体制で、運用がスタートした。組成表は表3の通り。当初は、トゥトゥバン〜ナガ間377.57kmの不定期夜行列車の運用であったが、フィリピンを走る長距離列車が非冷房ではサービス上問題があったのか、これは1シーズンで終了となり、2012年以降は国鉄色3連は「マニラ近郊区間」専用とした。新潟色3両については、14系寝台車とイメージの共通を図るためか、同年7月に車体色を同系に合わせた紺色＋金細帯に塗装変更して運用が完全に分けられ、多客期の臨時急行に使われていた。

国鉄色3両は2011年組成当初の編成（137＋127＋122）から現在まで変わっておらず、事実上3連固定編成化されており、中間に入っている127は基本的に先頭に出ることはない。運用時には通風のため、雨天時を除き正面貫通扉を開放して走行してい

マニラ港で並ぶ203系と国鉄色キハ52形。同じ会社とはいえ、JR東日本時代は全く顔合わせすることのなかった両形式が、奇しくもフィリピンで再会した　Manila Harbor 2011年9月22日

2017年7月、約2年4ヶ月ぶりに運用復帰した「キハオレンジ」。導入当初から車体色の塗り直しを行っていないため、JR東日本時代の検査標記が未だに残る　Tutuban機関区 2018年1月21日

キハ52 122。入線に際して全ての窓ガラスに防護網の取付と側扉ガラス部の鉄板交換が行われている。同車は唯一、クロスシート12組が残る原形車　Tutuban 2018年1月21日

キハ52は復旧後、エンジン負担軽減のため、平坦線区にも関わらずDL牽引とされ、203系と同様、終着駅での機廻し作業が展開される　Tutuban　2018年1月21日

第2章 フィリピン　119

る他、短距離のためトイレは閉鎖されている。現車は3両とも車体色と共に、旧・新津運輸区時代の標記類が車内内外とも残存しており、車内の優先席ステッカーや座席番号プレート、それに12組の原形クロスシートを維持する137と、後年ラッシュ対策でクロスシートが8組に削減された更新車2両（122・127）の違いも健在である。

2015年3月、乗車率300％にも達する超混雑運用が災いして、122の1位側台車車軸が毀損するというアクシデントが発生し、カローカン車両工場に入場中であったが、2017年7月に約2年4ヶ月ぶりに復旧している。運転再開にあたっては、自動ドアと車内灯を使う関係でエンジンは稼働させるものの、運用区間はほぼ平坦であるにも関わらず、自走させずにDL牽引による事実上のPC列車としての運用が特徴である。これは203系とDLの共通運用を図る目的もあるが、交換用パーツが少ないエンジンに出来るだけ負担をかけずに運用したい意向ではないかと推定される。

現場では車体色から「キハオレンジ(Kiha Orange)」と通称されているキハ52形は、運転開始からすでに8年が経過し、近年は塗装剥離が酷かったが、2018年になってようやく部分的に塗り直しを始め、傷んだ部分の修復も開始されている。元々ラッシュには不向きな片開き2扉セミクロスの車体構造は、混雑の激しいトゥトゥバン方での運用には無理があり、非冷房車のためサービス上も好ましくないことから、通常は予備車としてトゥトゥバン機関区に留置中で、他形式に不具合が発生した際の代走としての役割が大きくなっている。少しでも定員増を図るため、2018年12月、クロスシート8組削減車2両（122・127）について、クロスシートとロングシートの端境部分の2人

当時稼働していた14系寝台車とイメージの統一を図るため、"ブルトレ色"化されたキハ52 102＋120＋121の3連。運用当初は南方線を直通する長距離座席急行に使われていた。右は100Kva発電機搭載のモハ203-10で、貫通路を塞いだ鉄板のルーバーが目立つ　Tutuban機関区　2012年7月21日

キハ52 137の車内。JR東日本時代末期にラッシュ対策でクロスシートが12組→8組に削減されていた。防護網が取付られない側面扉のガラス部は鉄板に交換されている　Tutuban　2018年1月21日

2017年7月、約2年4ヶ月ぶりに運用復帰した「キハオレンジ」。エンジン負担軽減のため、平坦線区であるにも関わらず、DL牽引のPC扱いとして運用されているのが特徴。自動扉や車内照明のため、エンジンは起動している　Tutuban機関区　2018年1月21日

少しでも定員増を図るため、2018年12月にクロスシートとロングシートの端境部分が撤去されたキハ52 127。122も同様の改造が実施され、クロス部のモケットが直接見えるという新しい（？）インテリアとなった　Tutuban機関区 2019年2月11日

掛け部4ヶ所がさらに撤去され、事実上クロス6組に削減する改造工事が施工された。これは車内中央部まで乗客を誘導させる取り組みの一環と推定され、車内を見渡すと、クロス部のモケットが直接見える独特のインテリアとなった。ナガ機関区の「キハブルー」編成（後述）が休車となった現在、日本国内はもとより、現役のキハ52形としても非常に貴重な存在であり、確率はかなり低いが、稼働している時に遭遇したならは是非とも"試乗"をオススメしたい。

一方、紺色＋金細帯に変更された冷房車3連は、そのカラーリングから現場では「キハブルー（Kiha Blue）」と通称され、その後も長距離座席急行に使われていたが、2012年10月に襲来した台風被害で路線中間部が不通となってしまい、再び失業してしまう。仮復旧が完成した2013年4月、ナガ機関区へ転属し、それまで運用されていた"シポコット線"区間のコミューター運用に充当されることになった。通常は、ナガ方から121＋120＋102の3連で1編成を組むが、これは組成当初から変化はない。

現車は車体色が何回か塗り直されており、正面金帯デザイン処理が登場時と比べ

て多少変更されている程度で大きな変化はない。車内もJR東日本時代末期のままで、クロスシート12組原形車（102）と8組への削減車（120・121）といった改造工事の違いも健在。便所は締切扱いとなっている。

運用時は前部にDLを連結し、関東鉄道キハ350形と同様にDCはエンジンを起動するが、運転操作は行わない。駅停車時のドア操作は、錠なしで作動できるように改造された車掌スイッチを使用し、駅ホームの位置に関わらず、左右に配置された機関区スタッフ（連結手）が操作を行う。両側の扉を開閉し、車掌はドア操作にタッチせず、

現役時代最末期の「キハブルー」編成。キハ52 121＋120＋102の3連で、正面金帯のデザインが若干変更されている。JR東日本時代末期の面影をよく留めており、更新車とはいえ、原形に近いキハ52形として貴重な存在（現在は休車中）　Naga　2015年10月25日

キハ52 102の運転台仕切り部。JR東日本時代末期に腰板部しかなかった仕切りを増設する工事が行われ、助士席側に半透明のプラ板が取付られた。このパーツは現在でも残存している　Naga　2015年10月25日

第2章 フィリピン　121

車内乗車券発売に集中する。

　運用最末期は編成で6基あるエンジンのうち、3基が故障しており、残りの3基だけでは出力不足で勾配区間を上れないことから、"シポコット線"区間でも前部にDLを連結した。さらにエンジン保護の観点から最後尾となる1両はエンジンカットして運転しており、当該車はPC並みの静けさが体験できたが、2016年5月に"レガズピ線"区間運休に伴い、捻出されたキハ350形によってついに置換えられてしまい、現在は休車扱いとしてナガ機関区構内に留置中である。

関東鉄道キハ350形（353・354・358・3511・3518・3519／6両）
（3518・3519以外は休車中）

　旧・国鉄キハ35・36形→関東鉄道キハ350形で、2015年9月の"レガズピ線"営業再開に

第1・3編成をそれぞれ組みかえて組成したキハ353+キハ3518は、残念ながらエンジン不調で休車中。353に装備されている幌はPNR350形としては唯一のアイテム　Tutuban機関区　2018年1月21日

構内試運転中のキハ3518+3519。2015年に関東鉄道キハ350形2連3本を搬入したもので、3518はJR各社には引き継がれなかった貴重なキハ36形が出自　Tutuban機関区　2019年2月11日

際して用意されたDC。水海道車両基地に留置されていた保留車6両全ての譲渡を受けた。無骨な外吊扉が特徴の通勤形DCで、101系に類似した車内設備を持ち、かなりの更新工事が加えられてレベルアップされているとはいえ、1960年代の車体を持つ通勤形DCの海外譲渡は初の事例である。この背景には、車体は古いがエンジンは1993～1994年に、新潟鐵工所（現・新潟トランシス）製のDMF13HZに換装されていたこと、当初投入が予定されていたDMU1形が運用中における不具合が相次ぎ、保守管理に手を焼いていたため、信頼性の観点から日本型DCに変更したという経緯がある。

　国鉄・JR東日本時代の最終配置区は伊勢・亀山・茅ヶ崎で、353・354・358・3511・3518の5両は1988（昭和63）年4月に国鉄清算事業団より、3519は1992（平成4）年1月、JR東日本よりそれぞれ譲渡を受けた。各車の諸元は表4の通り。関東鉄道ではJR東日本時代の車号に関係なく、同社の竣工順に新車号が振られ、1988（昭和63）年9月～1993（平成5）年2月にかけて、新たに「キハ350形」として竣工している。関鉄竣工時までに、車体色変更（国鉄色から関鉄新標準色化）・便所撤去・側扉交換（ステンレス製／窓枠金属押さえ金支持方式）・ステップレス改造が実施された他、後年は機関更新・簡易冷房化の追設改造も実施されている。

　最末期は353+354が関鉄旧標準色、3518+3519が映画撮影のためスカイブルー一色になってレールファンの注目を集めていたことは記憶に新しい。しかし、老朽化と後継DCの竣工に伴い徐々に運用を外れ、2011（平成23）年10月10日のさよなら運転を最後に保留車となっていた。

2015（平成27）年3月17〜19日にかけて水海道より搬出し、陸送にて横浜港大黒埠頭まで運ばれた。4月10日に同港を出港し、4月21日にマニラ港に到着して陸揚げされた。編成は当初、組成替えして3連2本が予定されていたが、予備車確保の面から結局は関鉄時代と同じ353＋354（第1編成）・358＋3511（第2編成）・3518＋3519（第3編成）の2連3本（表5参照）を組むことになり、トゥトゥバン機関区でしばらく留置の後、5月中旬、カローカン車両工場に入場し、以下の現地化改造が実施されている。

●主な改造項目
①投石による破損防止のため、車両全てのガラス面（前照灯・尾灯含む）に金網を取付（第3編成は後年施行）
②床下機器類損傷防止のため前面にスカート取付（第3編成は後年施行）
③関鉄仕様の行先表示幕、助士側前面窓下のワンマン表示灯撤去
④行先表示窓・側扉と重なる側面窓を鉄板で封鎖し、側扉ガラス面は同サイズの鉄板を貼付
⑤車体色をPNR新標準色（紺色ベース＋オレンジ帯）に変更し、前面貫通扉及び側面窓下にPNRマークを貼付（全編成）、前面窓上に編成番号掲示（第1・2編成のみ）

改造工事は3編成とも8月頃までにはほぼ完了しているが、実際の試運転はそれ以降となった。当初はスカートの有無以外、3編成ともほぼ同一の仕上がりであったが、"レガズピ線"区間での運用に際し、9月9日に急遽第1・2編成に金網を取付ている。この後、不通区間をナガまで回送され、14日に到着後、乗務員のハンドル訓練を兼ねた試運転が繰り返され、晴れて21日の運転再開となった。各社の概要及び組成は表2・3の通り。

第1・2編成で大きな違いは見られないが、金網形状（キハ358＋3511は「田の字」タイプの縦横に細い桟が入るタイプで、運転台側の上下寸法が大きい）や、尾灯処理（全車は金網取付、後者はガラス面を取り替えて点灯不可）など、細かいところで差異が見られる。

ナガ機関区のキハ354（左）とキハ358（右）。"レガズピ線"区間営業当時は第1編成が主に使われていた。キハ358の防護網は、なぜか左右で天地高さが異なっているのが特徴で、相棒のキハ3511も同様の仕上がり　Naga機関区　2015年10月25日

キハ358（キハ35 113）の車内。インテリアは関鉄時代末期のまま大きな変化はないが、側扉ガラス窓と外吊扉に干渉する側窓が塞がれたため、かなり薄暗くなった　Naga機関区　2015年10月25日

キハ353（キハ35 183）の非運転台部。旧キハ35の一部は関鉄入線時に便所撤去後の妻面に窓を設けた車両があり、現存車としては同車が唯一。貫通扉上の禁煙プレートは、日本語標記を消して再利用　Naga機関区　2015年10月25日

キハ358(キハ35 113)の非運転台部。353以外は便所撤去後の妻面に窓がない　Naga機関区　2015年10月25日

キハ3518(キハ36 17)の車内。キハ36形は新造時からトイレがなかったので、車端部まで座席があるのが特徴　Tutuban機関区　2019年2月11日

　車内も関鉄時代のままで、非運転台側では改造の違いによる3タイプ（便所撤去後の妻面に窓を設置した353、それ以外は妻面窓なし、妻面両側に窓がありJRに継承されなかったキハ36形がルーツの3518）など、種車の違いも健在である。車内はロングシートのままでドア開閉時には関鉄時代に追設改造されたドアチャイムが鳴る。「禁煙」や「キハ」といったプレートは日本語標記のみ消去し、他はそのまま流用しているほか、側扉にかかる側窓（関鉄時代に固定化）は内側から破損防止フィルムが貼られている。

　2015年9月の"レガズピ線"区間運転再開に際しては、当初第1編成（353＋354）が起用され、エンジンは稼働しているものの、途中区間に10‰の山越え区間が介在しているためDLを前部に連結し、機関士はDCに乗務せず、事実上"エンジン付きPC"として使われていた。同線はわずか1年足らずの2016年5月に運休となり、余剰となった第1編成は2017年8月にトゥトゥバン機関区へ戻され、残った第2編成が"シポコット線"区間運用のキハ52を置換ている。

　しばらく出番のなかった第3編成（3518＋3519）は、トゥトゥバン方の車両不足が深刻化した2017年8月、白＋オレンジ帯の新塗装・通称＝キハホワイト（Kiha White）に変更の上、同月より2連で運用開始となった。トゥトゥバンに戻った第1編成（353＋354）は紺＋オレンジ帯のPNR標準色のまま編成を解かれ、9月4日より一時的に第3編成と組成して3連を組んで走っていたもののこれは短期間で終了し、同年11月に2連に戻った上で新塗装となったが、車号がなぜか省略されている。一時は2本連結した4連で運用されていたこともあったが、これも長続きせず、ほどなく353と3518の不

終点・レガズピ駅構内のデルタ線で機廻しを行うキハ353＋キハ354。推進運転中のDLから黒煙が吹き上がる　Legazpi　2015年10月26日

第1・3編成の"元気な"車両で組成したキハ3519＋キハ354。3519は2017年8月に350形のトップを切って新塗装（キハホワイト）に変更されている　Tutuban　2018年1月21日

具合により、2018年1月よりしばらくの間、354＋3519の混成2連で運行され、同年夏頃には所定編成に戻っている。

2019年2月の取材時点では353＋354が機器類不調に伴い、カローカン車両工場に入場中となっており、3518＋3519の第3編成2連が予備車として待機中である。エンジン機器類性能維持のため、時折トゥトゥバン機関区構内で試運転も行われているが、現在2連1本だけの状態では収容力の面から不安があることから、混雑の激しい南方線にはよほどのことがないと運用には出ず、閑散地区の北方線運用に出るくらいとなっている。

ナガ機関区の第2編成は現在も運用中で、トゥトゥバンと共に関鉄時代に追設された簡易冷房は作動させておらず、いずれも非冷房車として使われている。ルソン島最大都市と最東端の地で、かなりの改良が加えられているとはいえ、車齢50年にも及ぶ外吊扉のキハ35形が現役で走っていること自体が奇跡に近く、今後も活躍が期待される。

JR東日本キハ59形「こがね」（3両）
（休車）

2010（平成22）年12月に引退したJR東日本・仙台支社のジョイフルトレイン「こがね」3両の無償譲渡を受けた。JR各社のジョイフルトレインとしては唯一の海外での活躍例となっている他、大幅に改装されているとはいえ貴重なキハ58系の生き残りでもある。2011（平成23）年9月に203系やキハ52と共に航送され、PNRへ到着後、塗装の塗り直しや前面・側面の大型展望窓に防護網を取付る改造工事の後、同年11月25日にトゥトゥバン～ナガ間の臨時夜行急行でデビューした。翌2012年3月16日ダイヤ改正で定期列車化され、「マヨン・リミテッド・デラックス（Mayon Limited Deluxe）」として運行開始した。車号は203系やキハ52と同様、JR時代の車号を踏襲し、「キハ」を外した59-510＋29-506＋59-511と付番され、PNRでも「KOGANE」と呼ばれている。

豪華なリクライニングシートやソファー

キハ59-510の車内。「こがね」時代のフリーストップ式リクライニングシートが並ぶ　Tutuban　2014年6月26日

203系と同じ大型輸送船で運ばれ、マニラ港に陸揚げされたキハ59-510・511「こがね」。JR各社のジョイフルトレインとしては事実上初の海外搬出で、JR東日本時代末期の姿のまま、現状渡しで到着している　Manila Harbor 2011年9月22日

2014年6月26・27・28日に運行された南方線不通区間における、フィリピン政府関係者の視察列車。同年春に塗装変更されたキハ59「こがね」が使用され、2泊3日をかけて全線を1往復した　Calamba　2014年6月26日

を配した先頭車の展望席は人気が高く、1編成しかない"虎の子"であったが、2012年7月10日未明、踏切事故に遭遇、59-511先頭部車体がへこみ、防護網・先頭車側面の窓数枚が大破するなど損傷が大きく、運用から外れてしまう。修繕後、10月1日より「イサログ・リミテッド・エクスプレス(Isarog Limited Express)」として隔日運転ながら運用に復帰したが、10月26日に今度は台風被災により走行ルートが不通となり、再び運休を余儀なくされるという、不遇の車両であった。

その後、しばらくトゥトゥバン機関区構内に3両とも屋外留置され、一時はかなり色褪せた姿となっていたが、2014年に入り車体の再塗装が開始され、「こがね」時代のデザインのまま、外板塗装を青・白・オレンジのブロックパターンへ変更し、側面にはPNRのスローガンが大書きされた。破損した側窓や防護網も交換されて、2014年3月3日にトゥトゥバン～サンタ・ロサ(Sta.Rosa)間で、フィリピン版ホームライナーといえる「プレミア・トレイン(Premiere Train)」で運用復帰となった。同列車は朝夕1本ずつ運転され、のちにママティッドまで延長

運転されたものの、利用客がつかなかったのか、残念ながら同年末頃廃止されており、これも短期間の定期稼働に留まっている。

同年6月26-28日には、中間部の不通区間(サンタ・ロサ－シポコット間296.74km)運転再開を目的とした、DOTC(フィリピン運輸通信省)係官が添乗した試運転列車に充当されているが、2015年以降は定期運用を持たず、基本的に中間部が不通のままでは本来の長距離急行にも充当できないため、休車扱いでトゥトゥバン機関区に再び放置状態となってしまった。2017年12月、車体再修繕のため、カローカン車両工場へ入場した。関係者によれば、エンジン再整備の他、更新工事を兼ねて塗装剥離の上、新塗装になるとのこと。2019年2月の取材

状況視察のため、サン・クリストバル川橋梁手前で停車したキハ59。橋梁手前には「トロリー(人力台車)」が多数"留置"されている　Calamba　2014年6月26日

2012年7月10日、長距離急行「マヨン・リミテッド・デラックス」運用中にトラックと衝突、撮影当日は休車中だった「こがね」。手前のキハ59-511は無事だったため、ナガ機関区構内のデルタ線で方向転換し、トゥトゥバンへ戻ってきた　Tutuban機関区　2012年7月20日

再整備中のキハ59「こがね」。撮影当日は下地塗りの最中であったが、再度、活躍することを願わずにはいられない　Caloocan車両工場　2019年2月11日

時にはクリーム系、緑系の下地塗りがほぼ完成していた。今後、どのような列車に使われるのかまだ不明ではあるが、海外で活躍する元・ジョイフルトレインとして再起を期待したい。

JR東日本14系寝台車（10両）
（休車）

2010（平成22）年3月ダイヤ改正で廃止された寝台特急「北陸」用14系寝台車のうち、スハネフ14形4両（28・29・30・32）、オハネ14形3両（63・82・89）、スハネ14形3両（91・752・755）の計10両について無償譲渡を受けた。1人用B寝台個室「ソロ」2両（スハネ14 752・755）以外は、開放式B寝台車である。PNR搬入後、カローカン車両工場へ入

2012年10月の台風による路線中間部被災以来、運休中の「ビコール・エクスプレス」用14系寝台車。残念ながら復旧の見込みは立っていない　Tutuban機関区　2018年1月21日

「ビコール・エクスプレス」の看板車両だったスハネ14 752の車内。JR東日本時代は寝台特急「北陸」の「ソロ（1人用B個室）」として運用されていた車両で、部屋構造やモケットも「北陸」時代のまま。現代的な寝室に対し、洗面台は"昭和チック"な香りを残す　Tutuban機関区　2018年1月21日

場し、側面窓への防護網取付、側面帯色変更と中央部にロゴ記入、車内では旅客の目に触れる箇所への英語表記ステッカー貼付など、必要最低限の改造を行った。側面の切抜車号もそのままに、翌2011年6月29日より、長距離急行「ビコール・エクスプレス」にて晴れて運転を開始し、トゥトゥバン（Tutuban）～ナガ（Naga）間377.57km間を1日1往復、所要約10時間で結んだ。14系もPNR独自の車号を使わず、JR時代の車号のまま、カタカナ標記を外した車号でデビューしており、14系も同様の付番（例＝オハネ14 63→14 63）となった。

　紺色の車体色を始め、車体内外とも14系時代の面影をよく留め、昭和を感じさせるレトロな洗面台や2段式寝台構造、それにモケットまで「北陸」時代末期のまま。「ソロ」のインテリアも変わらず、機器調整の関係でSOSボタンは使用中止となっていたが、フィリピンの地でも個室寝台の旅が楽しめた。

　「ビコール・エクスプレス」は機関車＋14系寝台車3～4連＋12系座席車の編成で、月～木曜日が14系2～3両＋12系改造座席車1両の3～4連を基本とし、利用客が増える週末は金曜日に14系のみソロを含む最大5連程度まで増結し、月曜日に増結編成を抜く作業などを行っていた。利用客も多く、座席車として連結されていた12系も車内が改装されていたとはいえ、14系寝台車＋12系座席車という組成は、図らずも"国鉄時代末期の寝台・座席急行"のイメージを再現していたような雰囲気であったが、2012年10月、折からの台風で軌道損壊している箇所に同列車が突っ込んで脱線する事故が発生した。

この事故を契機に同列車は運休となり、路線中間部の不通が続いている現在、再開の見込みは立っておらず、事実上、本来の目的としてはわずか2年半ほどの稼働に終わっている。運休後、一時はPNRも不調が続いていたスハネフの床下サービス用電源の整備を重点的に実施しており、車体色の塗り直しと共に、折戸の窓ガラスの鉄板交換など、こまめな補修を行っていた。

　2013年10月の取材時には、脱線事故で損傷したスハネフ14 28とオハネ14 82について、車体外板の補修や床下機器類整備を重点的に行っており、整備担当者によれば、オハネ14 82・89、スハネフ14 32についても順次整備を行う予定であったという。しかしながら路線復旧の目途が立たない中、203系など毎日運用する車両整備が急務となったことから徐々に後回しとなって、2015年頃には全ての車両の再整備が中断されている。

　以来7年余りが経過したが、いずれの車両も状態はあまりよくないようで、2015年10月の取材時に整備中だったカローカン車両工場のスハネフ14 28に至っては、防護網や側面切抜車号が外され、水タンク撤去や車内への電線引き込み改造が施されて作業員休憩所のようになっており、復旧を半ば諦めたのではないかと推定される。

●トゥトゥバン（Tutuban）駅（6両）

　2019年2月の取材時には、構内奥にある保守用機械留置線にオハネ14 63＋スハネ14 755＋スハネ14 752＋スハネ14 91＋スハネフ14 30の5両が12系改造車（Car-2）と1列に組み、向かい側の機関区検修庫側線にスハネフ14 28が単独でそれぞれ留置されている。2018年1月まで、駅ホームに隣接する旧・洗浄線に長らく留置されていたが、この場所に運用落ちした203系の留置場所を確保するため、移動したようである。

　車体内外とも概ね運用当時のままで、スハネフ14 28のみ車体色を塗り替えており、車体の金帯や入線時に書かれた「BICOL EXPRESS」のロゴなどが全て消去されて紺一色となっている他は、全車が運用当時の外観を保っている。妻面の検査標記も健在だが、ルソン島は元々雨の多い地域で、7年近くも屋外留置されているためか、いずれも車体塗装の劣化やひび割れが激しくなっているのが残念である。

　「ソロ」2両（スハネ14 752・755）も特徴的な窓配置や車内についてもJR東日本当時の

カローカン車両工場のスハネフ14 28（手前）。防護網や側面切抜車号が外され、水タンク撤去や車内への電線引き込み改造が施されて作業員休憩所のようになっており、復旧を諦めたのではないかと推定される　Caloocan車両工場　2019年2月11日

なぜかスハネフ14 28は1両だけ、機関区検修庫脇の側線に留置されていた。外観は金細帯が消され、紺一色となっているのが特徴　Tutuban機関区　2019年2月11日

ままで、旅客に直接必要な部分のみ、英語標記のシールが貼られている他は、特に手を加えておらず、マットレスのカラーまで「北陸」時代と同じで懐かしさが漂う。

●カローカン(Caloocan)車両工場(4両)

かつて14系改装も手掛けた工場内に4両あり、屋外線にオハネ14 89が、工場内にスハネフ14 29・32とオハネ14 82がいずれもバラバラに留置されている。このうち屋外のオハネ14 89は側窓金網が外され、外からなぜか電線が引き込まれており、他形式(12系・203系)でも側窓金網が外されると部品供給車扱いとされていることから、稼働自体を諦め、部品供給車化したのではないかと推定される。

工場内の3両はスハネフ14の2両が紺一色に塗り直されている以外、現役当時のままであるが、冷房などのサービス用電源を供給する床下電源機器類の調子が悪く(関係者談)、復帰するならば、かなりの調整が必要なようである。また2012年5月の衝突事故により車体の一部が破損し幌枠が大破したスハネフ14 29は、運休前に一足先に戦列から外れ、以来カローカン車両工場に入場中のままであったが、取材時には紺一色化と合わせ、外観はほぼ修理が完了していた。結果的にわずかな稼働期間に留まったとはいえ、タイと並んで、日本のブルートレインが実際に旅客営業を行った数少ない事例であり、何とか再起を望みたい。

JR東日本・JR九州12・14系(現地形式＝7A-2000形、NR-01形)
(除籍車)

老朽化した在来PCの置換と列車増発及び質的改善のため、1999～2001年にJR東日本から31両、2003年にJR九州から10両

12系稼働に伴い、除籍された自国製旧型PC。屋根上の無賃乗車を防止するため改造された三角屋根が特徴であったが、改造費用は高価であったという。撮影当時は職員の休憩室代用であった　Tutuban機関区　2013年10月13日

1999・2001・2003年に合計41両が無償譲渡されたJR東日本・九州12・14系。写真は7A-2007(スハフ12 111)とその車内で、側窓に防護網が取付けられているが、12系時代の面影をよく留めており、4両が2012年10月の最終運用まで生き残った　Pasay Road　2007年11月20日

の合計41両が無償譲渡された。JR東日本車は上沼垂運転区・青森運転所・高崎運転所、JR九州車は熊本運転所(名称はいずれも当時)所属で、運用列車の電車化、気動車化で余剰となっていたもの。特に改造は行わず、現状渡しのまま前者は現地形式＝7A-2000形、後者は同NR-01形と形式を改め、現地に適合した改造を施され、12系

第2章 フィリピン　129

は2012年10月まで、14系は2004年11月まで活躍した。車号対照は表6の通り。

12系は「マニラ近郊区間」の普通列車として4～5連で組成された他、長距離夜行急行「ビコール・トレイン」の自由席車としても使われ、14系はその指定席として活躍し、2004年11月12日の事故（※6）で同列車が運休となるまで使われていた。PNRではスハフ12の組成位置や向きは考慮されずバラバラであったが、31両が全て運用を開始した2002年3月ダイヤ改正の頃が"最盛期"で、当時は「ビコール・トレイン」2往復＋COMMEX（Commuter Expressの略）と通称される普通列車が14往復設定されていた（※7）。当初は両形式とも冷房が使われていたが、整備予算が削減されていた当時のPNRでは次第に整備が回らなくなり、いつしか冷房も使用中止となって、固定窓で換気に難のある14系は一足先に戦列から外れ、運用中の12系も車体内外とも荒廃して、末期は"走るバラック"の様相を呈していた。

2009年12月にDMU1形と2012年7月の203系の本格稼働に伴い、最後まで残存していた4両（2006＋2029＋2015＋2007／順に、スハフ12 116＋オハ12 374＋オハ12 333＋スハフ12 111）が運用離脱し、PNRでの活躍に終止符を打った。

草むした軌道敷を行くビーニャン発トゥトゥバン行き402列車。一番混雑する朝の通勤列車で、カーブレールに車輪を軋ませ、のろのろやってくる　Paco　2007年9月27日

この他、2011年3月に旧オハ12 801が試験的に食堂車に改造されているが、出番はほとんどなかったようで、同列車運休後はカローカン車両工場構内に留置されたままとなっている。また、運用離脱車が相次いでいる頃、「ビコール・エクスプレス」座席車用に12系が2両、JR九州車の旧・グリーン車用座席を移植した「A」「B」号車2両（旧車番は不明）が竣工した。同列車運休後の2013年5月にカローカン車両工場で再整備されて14系寝台車と同様の紺色＋オレンジ細帯カラーに変更され、車番付与（「A」→Car-1（2代目）、「B」→Car-2）も実施されている。

引退後、大半は解体されたが、このうちの4両（※8）はトゥトゥバン機関区構内にて物置代用扱いで残った。しかし近年、それも運用落ちの203系に順次置換されており、JR東日本車で現存するのは、トゥトゥバン機関区敷地内に物置代用扱いとして残る2019（オハ12 325）と推定される1両と、カローカン車両工場脇の側線上に放置されて

※6＝2004年11月12日午前2時30分頃、ケソン州パドレ・ブルゴス（Padre Burgos）付近を走行中のレガスピ発トゥトゥバン行きNorth Bound（上り）ビコール・トレイン（8連）が脱線した。そのうち4両が峡谷へ転落し、死者13人、負傷160人以上を出した大惨事で、その後の警察とPNRの調査で原因は速度超過とされたが、レール盗難との報もあった。この事件で南方線も2005年5月2日まで約半年間運休となった

※7＝このダイヤ改正の後、2003年11月24日改正でビコール・トレイン1往復が廃止されたのを境に順次減少。2005年5月改正でCOMMEX8往復（土休日6往復）化、2006年9月の「ビコール・トレイン」運休を経て、2007年6月改正でCOMMEX6往復（土休日5往復）にまで減便されている

※8＝内訳は、2019（JR東日本オハ12 325）・2025（JR東日本オハ12 372）・NR-08（JR九州オハ12）・NR-09（JR九州オハフ13 6）で、いずれも車体はかなり荒廃していたが、機関区の物置代用として使われていた

トゥトゥバン機関区構内で物置代用として現存するNR-09。側面には「NorthRail」の標記も残る
Tutuban機関区　2019年2月11日

トゥトゥバン駅PNR本社中庭で、台車付き店舗になったNR-01形　Tutuban　2019年2月11日

いる2007（スハフ12 111）の合計2両のみとなっている。

　一方、JR九州車（現地形式＝NR-01形）は、ノースレール事業用として、車体色は白を基調としたカラーリングに変更して側面にロゴを入れるなどの整備をされたが、結局本来の目的では使われることなく、長年の屋外放置で車体の方が朽ちてしまい、後年は半ば放置状態となっていた。

　2019年2月現在、意外にもあちこちで現存しており、1両（NR-09）がトゥトゥバン機関区構内で物置代用として、4両（NR-02・03・04・07）がカローカン車両工場脇の側線上に放置状態で留置されている。その他、同車両工場内には長らくトゥトゥバン機関区で屋外放置されていた3両（06・08？・10？）と、PNR本社中庭の旧・引込線跡に2両（NR-01と、05？）が台車付き店舗として、車体のみ再利用されている。この他、カローカン車両工場検修庫には、2011年に改造された食堂車や、2013年4月にナガ機関区より回送されたCar-1形も保管されており、まるで廃車体保管エリアの様相を呈している。

　以上、フィリピンの日本型車両について解説した。2019年は、1999年にJR東日本12系の第1陣が導入されてからちょうど20年の節目を迎える。この間、車両は代替わりを重ねてきたものの、今日も現地の人々を満載して灼熱の大地を力走している。

　颯爽とデビューした203系も近年さすがに疲れが見え始め、すでに半数近くが戦列から離れている。2019年夏にはインドネシア・INKA社製の新型DCがデビューするとの報道もなされているところを見ると、そう遠くない未来に、いずれは日本型車両も後継車にバトンタッチすると思われる。その時まで元気な活躍を願わずにはいられない。

　なお、冒頭でも述べた通り、列車撮影には神経質になっている国であり、訪問の際はトラブルのないよう、十分注意をお願いしたい。

第2章 フィリピン　131

フィリピン事情コラム

個室寝台は不人気!?

　JR各社でかつて運転されていた寝台特急（ブルートレイン）で、個室A寝台（シングルデラックス）・B個室「ソロ」が連結されていた。長旅の間、プライベートな空間が確保されるため人気も値段も高く、大枚をはたいて一夜を明かした読者の皆様も多いと思われる。

　PNRには、「北陸」で使われていた「ソロ」2両（スハネ14 752・755）が運ばれ、南方線でも「エグゼクティブクラス」として使われていたが、意外にも不人気で、他の開放式B寝台車が埋まっていても、最後まで空席のまま、という日も多かったという。理由は明白。料金の高さもさることながら、フィリピンでは旅行というと家族単位（それも多人数）での利用が多く、個室構造の「ソロ」はその使い勝手の悪さから逆に敬遠されたようで、プライベート空間を楽しみたい日本人との考え方の違いに驚かされた。

車号末尾の「A」とは何ぞや？

　かつて稼働中の203系をよく見ると、側面車号末尾に「A」が付いている車両があった。203-7A、203-9Aの2両がそれで、事情を知らないファンには何とも摩訶不思議に映る。

　これはPNRの同一車号を避けるためにとられた措置なのである。検査や修繕の関係上、車号重複があってはならないのはフィリピンも同じで、JR東日本時代のモハ203-7・9は、サハにも同番号があり、現場職員はカタカナ表記が読めないため、一見すると同一車号が2両あるように見えてしまう。このため、モハの車号末尾に「A」を付けて区別していたわけであるが、車号を変えることなく、「A」だけ付けて済ませてしまうところ、いかにもおおらかなフィリピンらしい。この施策、しばらくは続いていたが、運用落ち車両が増えるにつれ、その必要が薄れたようで、紺＋オレンジの新塗装化の際、やめてしまったようだ。ちょっと残念。

JR東日本時代は寝台特急「北陸」の「ソロ（1人用B個室）」として運用されていた車両で、「ビコール・エクスプレス」の看板車両だったスハネ14 752。日本とフィリピンとの旅行の楽しみ方の違いから、意外にも不人気だった
Tutuban機関区　2018年1月21日

モハ203-7と9は、サハにも同番号があり、現地ではカタカナが読めないため、車号を区別するためにモハ203には末尾に「A」を付けた。日本なら改番するところだが、Aだけ付けて済ませるとは、おおらかなフィリピンらしい
Alabang　2013年10月13日

表1 2013年10月時点でのPNR203系　編成表（第7編成竣工時まで）

編成番号	PNR竣工日	← Tutuban			Alabang →
EMU-01	2012年7月12日	サハ203-9 01D	モハ202-7 01C	モハ203-11 01B	クハ203-107 01A
EMU-02	2013年2月13日	モハ202-12 02D	モハ203-7 02C	モハ202-11 02B	クハ202-4 02A
EMU-03	2013年3月2日	サハ203-10 03D	モハ202-9 03C	モハ203-9A 03B	クハ203-5 03A
EMU-04	2013年4月19日	サハ203-14 04D	モハ202-10 04C	モハ203-13 04B	クハ203-4 04A
EMU-05	2013年4月22日	サハ203-8 05D	モハ202-120 05C	モハ203-121 05B	クハ203-3 05A
EMU-06	2013年5月19日	サハ203-7 06D	モハ203-15 06C	モハ202-15 06B	クハ202-3 06A
EMU-07	2013年5月19日	モハ203-10 07D	モハ202-8 07C	モハ203-120 07B	クハ202-107 07A
EMU-08	2013年12月1日	改造中			

表1は、2013年10月13・14日の取材時、PNRの御厚意により、竣工した203系を現車確認し、まとめたものである。

表2 2019年2月時点でのPNR203系　編成表

編成番号	PNR竣工日	← Tutuban				Alabang →
EMU-01	2012年7月12日	54 203-12 ○	53 203-6 ○	55 202-15 ○	54 203-10 ×	67 203-107 ×
EMU-02	2013年2月13日	54 202-12 ○	53 203-5 ○	53 203-9A ○	53 202-9 ×	54 202-4 ×
EMU-03	2013年3月2日	55 203-5 （保留車）				
EMU-05	2013年4月22日	55 203-14 ×	67 203-114 ×	67 202-120 ×	67 203-121 ×	53 203-3 ×
EMU-06	2013年5月19日	53 202-8 ×	54 203-7 ×	54 203-11 ×	54 202-11 ×	53 202-3 ×
EMU-07	2013年5月19日	53 202-8 ×	53 203-8 ×	53 203-7 ×	55 202-14 × アルミ無塗装車	67 202-107 ×
EMU-08	2013年12月1日	67 202-119 ×	55 203-9 ×	55 203-13 × アルミ無塗装車	54 202-10 ○	55 202-5 ○

※1＝表2は、2019年2月、PNRの御厚意により、トットゥバン機関区・カローカン車両工場内に留置されていた車両を現車確認し、まとめたものである。
※2＝車号上の数字は、JR東日本所属時代の編成番号、下部の○×は側面窓形状（○＝一部窓ガラス残存　×＝鉄板で2枚とも改造済）を示す。

第2章 フィリピン　133

表3 PNR　キハ52形　編成表

2019年2月現在

←Tutuban　　　　　　　　　　　　　　　　　　　　　　　　　Alabang →
「キハ　オレンジ」　| キハ52　137 | キハ52　127 | キハ52　122 |　Tutuban 機関区　所属

　　　　　　　クロス 12 組原形　　クロス削減車 (※1)　　クロス削減車 (※1)

←Sipocot　　　　　　　　　　　　　　　　　　　　　　　　　Naga →
「キハ　ブルー」　| キハ52　102 | キハ52　120 | キハ52　121 |　Naga 機関区　所属
（休車中）

　　　　　　　クロス 12 組原形　　クロス削減車 (8 組)　　クロス削減車 (8 組)

※1＝キハ52　122・127はJR東日本時代末期にクロス削減工事が行われ、12 組→8 組に削減されたが、2018 年 12 月、さらにクロスとロングの境界部分 4 ヵ所が撤去され、都合 6 組にまで減少している。

表4 PNR350形 (旧関東鉄道キハ 350 形)　諸元表

PNR 編成番号	PNR車号	国鉄・JR			
		メーカー	落成日	旧番号	最終配置
①	353	帝国車輌	1966年3月22日	キハ35　183	伊勢
	354	帝国車輌	1966年3月29日	キハ35　190	亀山
②	358	帝国車輌	1965年9月13日	キハ35　113	亀山
	3511	帝国車輌	1966年3月22日	キハ35　187	伊勢
③	3518	日本車輌	1962年6月26日	キハ36　17	亀山
	3519	富士重工	1966年2月25日	キハ35　163	茅ヶ崎

PNR 編成番号	PNR車号	関東鉄道					
		関東鉄道車号	竣工年月日	機関交換	冷房化	最終車体色	最終運用
①	353	キハ353	1988年9月9日	1993年12月18日	1989年6月30日	関鉄旧塗装	2011年10月10日
	354	キハ354	1988年7月30日	1993年1月1日	〃	〃	〃
②	358	キハ358	1988年12月2日	1994年1月19日	1990年5月18日	関鉄新塗装	〃
	3511	キハ3511	1989年6月16日	1994年9月19日	1990年6月21日	〃	〃
③	3518	キハ3518	1989年2月2日	1994年4月25日	1991年5月8日	スカイブルー一色	〃
	3519	キハ3519	1993年2月20日	1994年2月10日	1993年8月2日	〃	〃

表5 PNR350形 編成表

2019年2月現在

第1編成　| 354 | 353 |　Caloocan 車両工場 (入場中)

←Naga　　　　　　　　　　Legazpi →
第2編成　| 358 | 3511 |　Naga 機関区

←Tutuban　　　　　　　　Alabang →
第3編成　| 3519 | 3518 |　Tutuban 機関区

※右は所属区名を示す。

表6　PNR12・14系 (現地形式=7A - 2000形) 車号対照表

2007年10月現在

搬入年	PNR車号	旧所属	車号	現存・解体 (2019年2月現在)	備考
1999年	7A - 2001	JR東日本	スハフ14　48	×	
	7A - 2002	〃	スハフ14　49	×	
	7A - 2003	〃	オハ14　52	×	
	7A - 2004	〃	オハ14　53	×	
	7A - 2005	〃	オハ14　204	×	
	7A - 2006	〃	スハフ12　116	×	
	7A - 2007	〃	スハフ12　111	○ (カローカン)	
	7A - 2008	〃	スハフ12　114	×	
	7A - 2009	〃	?	×	※1
	7A - 2010	〃	スハフ12　118	×	
	7A - 2011	〃	オハ12　124	×	
	7A - 2012	〃	オハ12　125	×	
	7A - 2013	〃	オハ12　231	×	
	7A - 2014	〃	オハ12　232	×	
	7A - 2015	〃	オハ12　233	×	
	7A - 2016	〃	オハ12　234	×	
	7A - 2017	〃	オハ12　278	×	
	7A - 2018	〃	オハ12　279	×	
	7A - 2019	〃	オハ12　325	○ (トゥトゥバン)	
	7A - 2020	〃	オハ12　326	×	
	7A - 2021	〃	?	×	※1
2001年	7A - 2022	〃	スハフ12　159	×	
	7A - 2023	〃	オハ12　273	×	
	7A - 2024	〃	?	×	※1
	7A - 2025	〃	オハ12　372	×	
	7A - 2026	〃	オハ12　362	×	
	7A - 2027	〃	オハ12　361	×	
	7A - 2028	〃	?	×	※1
	7A - 2029	〃	オハ12　374	×	
	7A - 2030	〃	オハ12　360	×	
	7A - 2031	〃	?	×	※1
2003年	NR - 01	JR九州	オハ12　221	○ (トゥトゥバン)	PNR本社中庭に車体のみ店舗として再利用
	NR - 02	〃	オハ12　220	○ (カローカン)	カローカン車両工場脇に留置中
	NR - 03	〃	オハ12　214	○ (カローカン)	〃
	NR - 04	〃	オハフ13　6	○ (カローカン)	〃
	NR - 05	〃	オハ12　224	○ (トゥトゥバン)	PNR本社中庭に車体のみ店舗として再利用
	NR - 06	〃	オハ12	○ (カローカン)	カローカン車両工場検修庫内に留置中
	NR - 07	〃	オハ12　213	○ (カローカン)	カローカン車両工場脇に留置中
	NR - 08	〃	スハフ12　60	○ (カローカン)	カローカン車両工場検修庫内に留置中
	NR - 09	〃	オハ12　76	○ (トゥトゥバン)	トゥトゥバン機関区に倉庫として現存
	NR - 10	〃	オハ12　75	○ (カローカン)	カローカン車両工場検修庫内に留置中

※表6は、2007年11月20日、現地訪問時にトゥトゥバン駅・機関区構内に留置されていた12・14系
の残存する銘板・車号プレート・標記類を1両ずつ調査し関係者のコメントにより補足して作成したものである。
※1=当日確認できなかった5両 (2009・2021・2024・2028・2031) はオハ12 362・365・370、スハフ
12 110・153のいずれかであると推定される。

第2章 フィリピン　135

第3章 インドネシア（ジャカルタ）

人口1000万人を抱える、首都・ジャカルタ。周辺各都市から通勤する人々が年々激増する中、日々800両もの電車が、安全・快適に利用客を運んでいる。この"立役者"が、日本の中古電車だ。他国の日本型車両が順次、縮小傾向にある中、ジャカルタだけは例外中の例外。これからも増備が見込まれ、今や"日本型電車のパラダイス"としての地位は不動のものとなっている

年々増加して約800両が現役で活躍

　日本から約6000キロ離れた赤道直下の国・インドネシア共和国。首都・ジャカルタには、周辺都市を含めた「ジャカルタ首都圏」（JABODETABEK ／※1）と呼ばれる巨大都市圏がある。そのジャカルタ首都圏の重要な交通手段として、ケレタ・コミューター・インドネシア（PT Kereta Commuter Indonesia ／略称＝KCI社／※2）が運営する鉄道線が東西南北に路線を伸ばしており、運用される車両は、日本で活躍を終えた20m4扉の通勤形電車が運用されている。

　2000年に東京都交通局三田線・6000形72両の導入で幕を開けた通勤形電車の導入は、年々混雑が激しくなるジャカルタ都市圏のさらなる輸送力増強と、従前の初期導入車置換のため、年を追うごとに増加している。過去に引退した車両を含めると、5事業者（東京都交通局・JR東日本・東京急行電鉄・東京メトロ・東葉高速鉄道）・11形式、譲渡総数は1000両を越える。現役車両に絞っても、約800両が日々ジャカルタの街を疾走している。本書ではその概要と各形式について、2018年3月現在の状況を紹介する。なお車両解説については、前身のKCJ社に導入された車両が大半を占めるため、本書では同項については「KCJ」社で

※1＝ジャカルタ（Jakarta）首都特別州と、その近郊都市であるボゴール（Bogor）・デポック（Depok）・タンゲラン（Tangerang）・ブカシ（Bekasi）の頭文字を合わせた言葉である
※2＝それまでPT.KAI（PT Kereta Api ／インドネシア鉄道公社）社が直接運営していたが、2008年9月に設立されたPT.KAI社の子会社であるKCJ社（PT Kereta Api Commuter JABODETABEK ／ジャボデタベック通勤鉄道会社）へ移管された。さらに事業拡大のため、2017年9月19日付で上下分離する形で新たに発足した電車区間運営会社として、KCI（PT Kereta Commuter Indonesia）へ社名変更した

表記し、必要の都度、現在の「KCI」社と補足する。

　インドネシアも撮影については、フィリピン・ミャンマーと同様に厳しく、駅構内の撮影はKCI社の親会社である「PT.KAI社」の事前申請が必要である（電車区敷地内への立入許可は基本的に出ないようである）。駅構内はもとより、駅間の沿線ですら、「PKD」の制服を着用したセキュリティーが常に巡回しており、カメラを構えているところが見つかると、「許可証はありますか？　なければここでは撮影できません（インドネシア語）」で注意され、退去を命じられる。注意された場合、素直に従おう。

路線概況

東南アジア最大規模を誇る車両基地

　KCI（PT Kereta Commuter Indonasia）社が運営する路線は、日本のように正式な路線名が付いているわけではないが、便宜上、日本型電車が走る運転区間を線名として紹介すると、以下の通りである（図1参照）。

①中央線＝ジャカルタ コタ（Jakarta Kota）〜マンガライ（Manggarai）間　9駅／9.9km

②ボゴール線＝マンガライ（Manggarai）〜ボゴール（Bogor）間　17駅／44.9km

③ブカシ線＝ジャティネガラ（Jatinegara）〜ブカシ（Bekasi）〜チカラン（Cikarang）間　11駅／31.5km

④セルポン線＝タナアバン（Tanah Abang）〜ランカスビトゥン（Rangkasbitung）間　19駅／72.8km

⑤環状線＝ジャティネガラ（Jatinegara）〜パサールスネン（Pasar Senen）〜ジャカル

第3章 インドネシア（ジャカルタ）　137

タコタ（Jakarta Kota）間「東線」、ジャティネガラ（Jatinegara）～タナアバン（Tanah Abang）～ドゥリ（Duri）～ジャカルタコタ（Jakarta Kota）「西線」 合計16駅／29.7km

⑥タンゲラン線＝ドゥリ（Duri）～タンゲラン（Tangerang）間 11駅／19.3km）

⑦ナンボ線＝チタヤム（Chitayam）～ナンボ（Nambo）間 3駅／13.3km

の7路線（※3）、合計221.4kmにも及ぶ。セルポン線末端区間とナンボ線を除き、全区間が複線（右側通行）で、軌間1067㎜、架線集電方式による直流1500Ｖ電化方式。本書で扱う日本から渡った中古車両としては、唯一、"電車が電車"として使われている国である。

列車種別は2011年6月30日まで、Ekspres（急行）・Ekonomi AC（冷房付き普通）・Ekonomi（非冷房普通）の3種であったが、同年7月1日より急行が廃止され、・Ekonomi ACから改称された新名称「Commuter Line」（冷房付き普通）とEkonomi（非冷房普通）の2種になった。さらに、2013年7月25日には非冷房車全廃に伴い、全列車が「Commuter Line」（冷房付き普通）1種に統一された。

電車の保守管理を担う電車区は、2008年開設のデポック電車区（※4）を筆頭に、ブキット・ドゥリ（BukitDur）・ボゴール（Bogor）の3電車区の他、全般検査から日常

※3＝この他、自国製電車が主に運用されているタンジュン・プリオク（Tanjung Priuk）線8.1kmがある
※4＝車両数が増えて手狭となったブキット・ドゥリ電車区の代替として、2008年1月に供用開始となったKCI最新・最大の車両基地。約600mの留置線が16線、検修庫6線、洗浄線2線、他に留置線が3線あり、完成時の収容能力は224両であったが、12両編成を見越した設計であるため、将来的には336両が収容可能な構造となっている

デポック駅の南・約1km地点に位置するデポック電車区。日本の資金協力によって、2008年1月に使用開始された。KCI社最新・最大の車両基地で、敷地面積は約26万㎡。電車の車両基地としては東南アジア最大規模を誇る　Depo Depok　2018年5月20日

保守までの整備を担うマンガライ整備工場（Barai Yasa Manggarai）がある。

　ブカシ（Bekasi）線とセルポン（Serpong）線については、その先へ向かう長距離客車列車（特急・普通）や貨物列車も同一線路を使用して運行され、かなりの混雑区間となっており、ブカシ線区間は複々線化も計画されている。いずれの路線もほぼ平坦区間で、勾配も緩い上に直線も多く、特に線路条件の良いボゴール線・セルポン線では最高速度100km／h前後で運転される区間もある。

様々な特徴を持つ7路線

　「中央線」起点は、ジャカルタ コタ（Jakarta Kota）で、7面11線の広い構内を持ち、同国でも有数の規模を誇る巨大ターミナルである。同駅に日本型電車ホーム有効長は、長らく8両分しかなかったが、電車の10・12連化に伴い、ホーム延伸や、構内分岐器の移設が行われている。

　「中央線」ジャカルタ コタ（Jakarta Kota）～マンガライ（Manggarai）間（9駅／9.9km）

中央線起点・ジャカルタ コタ駅。バタビアと呼ばれるジャカルタの下町に位置し、駅舎の高い天井は中世ロマネスク教会をイメージさせる荘厳な雰囲気が漂っている。構内は7面11線で、コミューター用ホームは205系の12連化に伴い、ホーム延伸と構内分岐器や信号場が移設された。このため、編成全体が見渡せなくなってしまった　Jakarta Kota　2018年5月20日

については、1993年に日本の円借款（※5）によって高架化されており、ジャヤカルタ(Jayakarta)〜チキニ(Chikini)間の中間各駅は12両分のホーム有効長で建設されているのが特徴。マンガライの手前で高架は終わるが、マンガライの中央線・ボゴール線のボゴール行きは、環状線内回り線（右回り線）と駅の南北で平面交差し、極めて複雑な配線となっている。将来、円借款による立体交差化も計画され、橋上駅舎の建設も開始されている。中央線・ボゴール線・環状線が集まるジャンクションであることから、特に朝夕ラッシュ時の混雑は大変なもので、電車が到着する度に、大量の乗り換え客が構内踏切を渡る光景は圧巻の一言である。この他、同駅は大規模な車両修繕を行っているマンガライ整備工場(Balai Yasa Manggarai)、ブキット・ドゥリ電車区(Depo BukitDuri)が隣接している。

朝7時過ぎのマンガライ駅。人口1000万人を抱えるジャカルタ近郊区間に鉄道系交通機関はKCIの各路線しかなく、電車が到着すると、大量の乗り換え客が構内踏切を横断する　Manggarai　2018年5月21日

※5＝日本の開発途上国への経済協力の柱であるODA (Offcial Development Assistance)の一つで、緩やかな条件で開発資金を円で貸しつけるもの。主に経済社会基盤の整備に充てられている

第3章 インドネシア（ジャカルタ）　139

「ボゴール線」は、マンガライ（Manggarai）〜ボゴール（Bogor）間の17駅・44.9kmを結び、ブカシ線と並んで本線格。全区間が地上・地平線区で、大半の列車が中央線または環状線へ直通運転を行っている。2面4線のデポック駅では、ボゴール寄りの駅西側で南へ約1km先にあるデポック電車区への入出庫線が分岐している他、終点・ボゴール駅は7面8線の構内を持ち、駅に隣接してボゴール電車区を併設している。

「ナンボ線」は、ボゴール線・チタヤム（Chitayam）から分岐し、ナンボ（Nambo）までの3駅・13.3kmを結ぶ支線。当初は非電化で、2002年よりDCによる運転を行っていたが、2015年4月1日に電化されて、全列車がボゴール線に乗り入れており、デポック方面へ直通する。

「ブカシ線」は、ジャティネガラ（Jatinegara）〜ブカシ（Bekasi）〜チカラン（Cikarang）間の11駅・31.5kmを結ぶ路線で、ボゴール線と共に特に利用客が多く、朝夕ラッシュ時は大変な混雑を見せる。同線も大半がジャカルタ コタへ乗り入れる他、ブカシ駅西側には6線を擁する電留線が設置されている。ブカシ〜チカラン間（16.6km）は、2017年10月に新たに電化延伸された区間で、日本型電車が走る"最新区間"となっている。

「スルポン線」は、タナ アバン（Tanah Abang）〜ランカスビトゥン（Rangkasbitung）間の19駅・72.8kmを結び、50kmを越える路線は同線が唯一。途中のマジャ（Maja）までが複線で以降は単線である。マジャ〜ランカスビトゥン間の17.1kmは、2017年4月に単線のまま電化延伸されている。

「環状線」は、ジャティネガラ（Jatinegara）〜パサール スネン（Pasar Senen）〜カンプン バンダン（Kampung Bandan）〜ジャカルタ コタ（Jakarta Kota）間を結ぶ「東線」と、ジャティネガラ（Jatinegara）〜マンガライ（Manggarai）〜タナ アバン（Tanah Abang）〜ドゥリ（Duri）〜カンプン バンダン（Kampung Bandan）〜ジャカルタ コタ（Jakarta Kota）間を結ぶ「西線」の2路線で構成され、16駅・29.7kmを結ぶ。環状運転はなく（2011年12月5日ダイヤ改正で消滅）、マンガライ〜カンプン バンダン〜パサール スネン〜ジャティネガラ間ではボゴール線から、またジャティネガラ〜マンガライ間ではブカシ線からの直通列車が運転されている。

日本と類似する乗車システム

各駅のホームは基本的に高床式で、ジャカルタ コタ・マンガライなど、低床ホームが残る駅には、近年、階段式ステップが設置されている。出改札は、2015年から導入されたJR各社のICカード（JR東日本Suicaなど）と同様のシステムによる、非接触式カード（2013年から「TypeA」と呼ばれるカードを試験的に使っていた）による自動改札が設置されており、2013年7月に紙の乗車券は廃止されている。

乗車には窓口でICカードを購入し、残額が少なくなったら券売機でチャージ（入金）して繰り返し使用できるなど、車両だけでなく、システム面でも日本と類似した施策が数多く実施されており、利用客の多い高架の中央線各駅や橋上駅では、自動改札がずらりと並ぶ光景が見られる。高架の各駅にはエスカレータが設けられ、一時は大半が壊れていて機能しなかった時期もあったが、2010年代より急速に再整備が進められ、

内装と共にリニューアルされている。

　かつて、環状線・東線パサール セネン（Pasar Senen）から西線ドゥリ（Duri）にかけて、長らく軌道敷両脇がスラム化しており、"線路市場"の様相を呈していたが、こちらも2010年代に入り整備が進められ、そのような光景も見られなくなった。また、ジャカルタ コタ、マンガライなどの主要駅構内には、都市圏のJR各駅にある「駅ナカ」と同様にテナントが数多く入っており、2000年代と比較しても、特に飲食関連の充実が図られている。

車両概要

主力車両の変遷と相互協力体制

　KCI社では、前身のKCJ社時代から日本国内の鉄道事業者から譲渡された車両を積極的に導入・運用し、その皮切りとなったのは、2000年に導入された東京都交通局6000形72両である。

　本書では「日本の鉄道事業者で用いられたのち、2000年以降にインドネシアに輸出された20m4扉の通勤形電車」を日本型電車の定義とする。

　2018年3月現在、日本国内5事業者（東京都交通局・JR東日本・東京急行電鉄・東京メトロ・東葉高速鉄道）・11形式（都営6000形、JR東日本103・203・205系、東急8000・8500系、東京メトロ5000・6000・7000・05系、東葉高速1000形）・総数合計1156両（休車・形式消滅した分を含む総計／表1）と、ASEAN（東南アジア諸国連合）各国に譲渡・搬入された日本型車両の中でも群を抜いた一大勢力で、今でもその拡大が続いている。年度による導入は以下の通り（カッコ内は導入年）。

①東京都交通局三田線／6000形72両（2000年）

②JR東日本／103系16両（2004年）

③東京急行電鉄／8000系・8500系　計88両（2005〜2009年）

④東京メトロ東西線／5000系30両（2007年）

⑤東葉高速鉄道／1000形30両（2007年）

⑥東京メトロ有楽町線／7000系40両（2010年）

⑦東京メトロ東西線／05系80両（2010〜2011年）

⑧東京メトロ千代田線／6000系250両（2011〜2013年、2016〜2017年）

⑨JR東日本／203系50両（2011年）

⑩JR東日本／205系500両（2013年〜）

　本稿では便宜的に旧・所属事業者名を形式に付けて解説する。導入当初は都営・東急車が主力で、基本的にステンレス・アルミ車（JR東日本103系を除く）・冷房車で統一し、2009年までに抵抗制御車で揃えられていた。保守の合理化が図られていた時期でもあったが、日本の鉄道事業者にKCJ社の希望に合致する形式が払底してきたことから、2010年頃よりサイリスタチョッパ車（メトロ7000系）、2016年からはVVVFインバータ制御車（メトロ6000系）についても導入を開始している。

　2000年の導入開始後、2005〜2008年頃は東急車、2011〜2013年頃は東京メトロ車の勢力拡大が著しかったが、2013年度より導入が開始されたJR東日本205系が2014〜2015年にかけて次々と竣工し、すでに476両が在籍し、稼働車の過半数を同形が占めている。2018年4月からは、武蔵野線用の5000番台も導入が開始されており、すでに

第3章 インドネシア（ジャカルタ）　141

灼熱のデポック電車区に並ぶクハ103-815・クハ8007・デハ8512。当時のKCJ社は導入形式に関わらず、前面窓防護網と下部にスカートの取付を行っていた　Depo Depok 2009年4月22日

3編成30両がデポック電車区に入線している。現地竣工にあたって主な共通改造項目は以下の通り。
①前面下部へのスカート取付（205系は旧・所属区で装着されたスカートを継続使用）
②中央2扉下部に乗降用ステップ取付（台車との干渉を避けるため両端2扉は未設置／205系では実施せず）
③前面窓に投石除け防護網取付
④側面窓にガラス飛散防止フィルム（遮光フィルム兼用）貼付

205系のスカート取付は、JR東日本時代のパーツを流用している。また、乗降用ステップ取付も行われていないまま竣工している。導入当初の東京メトロ5000・6000・7000・05系、東葉高速1000形、JR203系の5形式については、現地竣工時に変電所容量の関係や整備ピットが8連対応であったことから、中間の1ユニットを外して8連化されていた時期もあった。後年には組成替えを行って、一部が10連化されている。

導入後の一時期には、脱線事故による車体損傷（05系107F）や予期せぬ機器類の不調による運用離脱（東急8613Fなど）、あるいは踏切事故による運用編成の喪失（メトロ7121F）もあったが、近年は205系の大量竣工で運用本数にも余裕ができたため、車両故障や運用編成不足による運休はほぼゼロになっている。

2014年3月26日、JR東日本、PT.KAI社、PT.KCJ社の3社は、鉄道のオペレーション・メンテナンス・マネジメントなどの分野における相互協力を目的として、協力覚書を締結した（※6）。この覚書に基づき、人事交流などを通じて相互協力体制が構築された他、運転・技術などの人的交流、運転・整備を含めた総合的支援が始まっている。

> 東急8000系(8連×3本／24両導入)
> →稼働(8連×2本／16両)
> 東急8500系(8連×8本／64両導入)
> →稼働(8連×6本／48両)

2005年に東急東横線・大井町線で活躍した8000系2本（8003・8007F）が譲渡されたのを皮切りに、2008年頃までは東急車の譲渡が続くことになる。これは後継車の登場により、在来車が置換の時期を迎えて順次除籍となっていたからで、"放出"する東急側としても無理なく手放せる時期と重なっていたからである。

導入第1陣は2005年8月28日より運転を開

これから大型輸送船に搭載され、インドネシアに渡る東急8604F　川崎市営埠頭　2006年7月6日／撮影＝吉田正昭

※6＝2014年5月8日付のJR東日本プレスリリース「インドネシア鉄道事業者との協力覚書締結及び車両の追加譲渡について」より

始した8007Fで、2005年7月の運転終了までまとっていた伊豆観光のPR列車「伊豆のなつ」カラーのまま、現地でも濃淡青のカラーリングで3年ほど運行し、2008年12月の全般検査で緑系帯に変更された。8007Fは東急時代の前面LED表示器が撤去され、現地仕様の細長いLEDが設置されたが、2011年の全般検査で撤去され、現在はコーポレートマークを掲出している。

2014年秋に機器類不調で一時運用を離脱し、同年12月には何と「車番の振替」が行われ、8039Fの先頭車・クハ8039が状態不良によりクハ8007と車両を交換し、旧・クハ8007がクハ8039の番号を付け、オリジナルのクハ8007はクハ8039に改番の上で8039Fに組み込まれている。さらに2015年春には、デハ8107・8260・8137と休車中だった8611Fの中間車・デハ8711・8832・8735との差し替えが、車番はそのままにして実施された。この車号交換・中間車交換により、初の譲渡車両だった8007Fは、すでにオリジナル車両が3両しか残っておらず、8007Fを名乗りながら、実態は8039・8611Fから捻出した稼働車の"寄せ集め"であることが特筆される。2015年12月には全般検査も受け、PT.KAI社所属の東急車としては初のKCJ社標準色に変更され、現在も活躍中である。

2本目の導入となった2005年12月デビューの8003Fは当初、正面に赤帯を巻いただけの外観で竣工したが、翌年、赤＋黄帯カラーに変更され、前面に一時的、現地製LED表示器が装備された。2008年12月の全般検査では緑系帯に変更し、前面の表示器は再び幕式（現地の駅名フィルム内蔵）に戻ったが、2011年の検査時に撤去され、再びLEDが設置されている。当初、2015年の検査は見送りの予定であったが、不調の8039Fの代わりに全般検査を受け、2016年にKCJ社標準色に変更されて運用中。

8039Fは2008年2月20日に営業開始した8000系としては最後の導入車で、当初は2007年度導入車（8607F・8610F）共通の水色

左からクモハ103-153、東急8003F・8604F、都営6000形がブカシ駅西側にある電留線に並ぶ。東急車の帯色は当時標準色だった黄＋赤細帯で統一されている。行先表示幕は使用せず、前面にサボを掲示していた
Bekasi電留線　2007年4月18日

2008年12月の全般検査において、8007Fに次いで緑＋黄細帯に変更された8003F。現地製の前面LED表示器を外して再び幕式に戻った　Bekasi電留線　2009年4月24日

「上野」表示のクハ203-106と並ぶクハ8003（右）。8003Fは2011年に行われた2回目の全検で、青＋黄帯のカラーリングに変更され、幕式に戻っていた前面行先表示器は再びLEDになった　Depo Depok　2013年5月27日

第3章 インドネシア（ジャカルタ）　143

系帯をまとっていたが、2010年の全般検査で紺色系カラーに変更し、2012年には色調はそのままで、前面塗り分けパターンが変更されている。行先幕は現地仕様のビニール幕に交換されたが、クハ8040の表示幕巻き取り器に装備された現地製行先幕が絡んで発火する事件が発生し、事件後すぐに撤去されている。2014年12月には8007Fと車両の交換も行われたが、2015年6月に不具合が発生し、編成ごと休車となった。事実上部品取り状態のまま、2016年12月18日にチカウムへ廃車回送されている。

一方の8500系は、2006〜2009年にかけて、田園都市線で使われていた8604・8607・8608・8610・8611・8612・8613・8618Fの各編成の中間車1ユニットを抜き、10→8連化の上、最終的に8連×8本の計64両が、当時のPT.KAI社に譲渡された。

同系は登場当初、編成ごとに異なるカラー（8604F＝黄＋赤帯、8608F＝緑帯、8611F＝ピンク帯、8607・8610F＝水色系帯、8612・8618F＝緑＋黄帯、8613F＝前面赤、側面赤＋黄帯）が採用されていたが、2010年頃から青系＋黄帯を加えたPT.KAI社標準色への塗り替えが始まった。さらに2015年12月の8007Fを皮切りに、現在のKCJ社標準色（前面赤一色＋黄帯、側面赤＋黄帯）に順次、塗り替えが進められた。

2016年6月には、最後までPT.KAI社標準色で残った8618Fの変更をもって、稼働8編成のKCJ社標準色化が達成されている。8500系第1陣は3本（8604・8608・8611F）で、2006年9月に営業運転を開始した8604Fは、当初は8003Fと同じ赤＋黄細帯だったが、2009年秋にブカシ線の踏切でアンコタ（小型バス）との衝突事故が発生してデハ8504の側面が損傷し、マンガライ整備工場で全般検査を兼ねた復旧工事が行われた。衝突部分の外板貼替により、その部分のコルゲートがなくなった他、同検査時に帯色が緑系に、前面帯に刻印されていた車番が復活した。

2012年の全般検査では、青系のPT.KAI社標準色に再変更され、前面行先表示窓にはコーポレートマークが装備され、2016年3月に8500系では初のKCJ社標準色に更新されている。

8608Fは、8604Fと共に最初にジャカルタ入りした8500系で、2006年9月に営業開始した。当初、緑帯は同編成だけであったが、のちにこのカラーリングが他編成にも波及し、一時的にPT.KAI社標準色となった。2010年に青系に、2013年には前面塗り分けパターン変更を経て、2016年6月に現行のKCJ社標準色に変更されている。

2007年1月より営業開始した8611Fは、当初はピンク＋紫細帯というカラーリングで竣工して注目を集めたが、2009年3月の入場時に一般的な緑系帯に、2010年の検査時には青系に変更された。2014年に機器

2006年9月より営業開始した8608Fは当初より黄＋緑帯で、のちに他の東急車にもこのカラーリングが波及する。写真は2009年3月の全般検査出場直後の姿で、前面帯デザインが大幅に変更され、側面帯も細くなった　Jakarta Kota　2009年4月22日

05系008Fと東急8611F（右）がブカシ駅で並ぶ。8611Fは2011年3月の全検入場で、前面塗り分けパターン変更と共に、緑色ながら貫通扉に東急フォントの車号が復活した Bekasi 2013年5月26日

2008年2月に営業開始となったクハ8610。前面帯の太さは東急時代のサイズを踏襲している。行先幕・種別幕は東急時代の幕が内蔵されていた（現在は無表示）Jakarta Kota 2009年4月22日

2008年9月に営業開始となった東急8612F。2008年度導入車から、黄＋緑帯でデビューしている。東急時代のLEDはまだ残っていたが、使い方が分からないのか、無表示で運用しているケースが多かった Depo Depok 2009年4月22日

類の不調が発生し、事実上の部品取り車になった。2015年春に中間のデハ8711・8832・8735の3両を前述の8007Fに供出して正式に除籍となり、現在はデポック電車区の片隅で夏草に埋もれている。

　2007年度は8607・8610Fの2本が竣工した。同年度第1陣は、2007年7月に営業開始した8607Fで、竣工後しばらくボゴール電車区所属で、その際に日本で方向幕の検修経験のある現地スタッフにより、オリジナルの種別幕部分に日本語も併記された行先幕を作成し、掲出されていた。2012年の全般検査で現地仕様の前面行先幕を新調し、旧・種別幕部分には車号を掲出している。2016年3月には現行のKCJ社標準色化されている。

　8610Fは、2008年2月に営業開始し、2012年の全般検査の際に現地仕様のアルファベット表記の行先表示幕が装備されたが、同編成のみ現在でも東急時代の行先表示幕が残存しており、時折ごくまれに表示されることもあるという。2016年4月にKCJ社標準色化。

　2008年度は8612・8618Fの2本が竣工した。2008年9月に営業開始した8612Fは、2007年度導入の3編成とは異なり、緑系帯で竣工した。2011年の全般検査で青系に変更し、さらに2013年の検査で前面LED表示器が撤去され、他編成と同じコーポレートマークが掲出されている。8610Fと同時期にKCJ社標準色化。なお、同編成は2019年3月12日、ボゴール線で脱線事故に遭い、大破している。

　8618Fは、2008年10月より営業開始し、8612Fとほぼ同じカラーであったが、2011年1月に8612Fより一足早く検査入りして青系カラーになった。さらに2013年の検査では前面LED表示器が撤去され、8604Fと同じ処理が施されている。それと併せて編成

第3章 インドネシア（ジャカルタ）　145

2016年1月にKCJ社標準色に変更された8618F。2008年10月より営業開始した東武直通編成初の譲渡車で、2013年の全検時に前面行先・種別窓のLEDが撤去された。PT.KAIのコーポレートマークが掲出されていたが、今は無表示となっている。元々、助士側の編成札は電車区スタッフによって205系に掲示されており、現在は東急車にも波及している　Depo Depok　2018年5月20日

内で不調であったサハ8935が、休車中だった8611Fのサハ8911と差し替えられ、最後まで青系塗装を維持していたが、2016年1月にKCJ社標準色への塗り替えが行われて、本編成の完了をもって青系カラーが消滅した。

8500系最後の搬入編成となったのが、2009年導入の8613Fである。8612・8618Fと前面塗り分けパターンが異なる緑+黄細帯で2009年4月に営業開始し、前面と側面に唯一KCJ社のロゴが入っていた。5月にKCJ社の会社創立式典が開催され、その際に当時唯一のKCJ社所属車両だった同編成が記念列車として選ばれ、コーポレートカラーである赤+黒をモチーフにした特別塗装車に変身し、「JALITA」の愛称と共にデビューした。2011年6月の全般検査でKCJ社標準色に変更されている。

8000・8500系は、タンゲラン線を除く管内全線で活躍していたが、後継の205系が10連・12連を組成して営業開始されると、8連しか組めない8000・8500系は次第に運用が減少し、近年は環状線・ボゴール線での運用がメインとなっている。老朽化・機器不調による廃車も始まっており、まず2009年導入の最新車両であった8613F（前面赤一色のJALITAカラー）が2011年12月に機器類不調で運用離脱し、事実上部品取り編成のまま、2014年9月に正式に除籍となり、デハ8813を除く7両が、チカウム（※7）に移送された。後年、同所で解体され、残るデハ8813もデポック電車区の片隅の遊休地に放置されている。

この他、同年には8611Fも機器類不調で運用を外れ、2015年春に中間のデハ8711・8832・8735を8007Fへ供出して事実上の廃車となった。同年末にはその8007Fから捻出されたデハ8107・8260・8137と共に、デポック電車区敷地内の片隅に移送されて、雑草に埋もれ放置されている。

現在、8000・8500系の稼働編成は、8本全てKCI社の親会社であるPT.KAI社が保有している。KCI社では、PT.KAI社保有車両については、順次置換る方針を打ち出

唯一のKCJ社所属編成として、発足記念列車に選ばれた8613F。その後は受難続きで、2011年6月に写真のようなKCJ社標準色に変更されたものの、ほどなく機器類不調で運用離脱し、撮影時は長期休車中であった。2014年9月に正式廃車　Depo Depok　2013年5月27日

※7＝ジャカルタの東方約100kmに位置する信号所（旅客扱い休止中）で、広い構内の一部が以前よりKCI社の除籍された廃車体の留置場所となっている

146

していることから、いずれは置換が予想される。

東京メトロ5000系(8連×3本／24両竣工)
→稼働(8連×2本・10連×1本／26両)
東葉高速鉄道1000形(8連×3本／24両竣工)
→稼働(10連×1本／10両)

東西線開業時に用意された帝都高速度交通営団(現・東京メトロ)初の20m4扉車。スキンステンレス車体、抵抗制御(1C8M)、主電動機は100kW×4台／両、空気バネ台車(FS358)装備という、1960～1970年代の通勤形電車としては標準的な内容であった。1969(昭和44)年までの4次に渡り、7連×41本の計287両が増備された他、1977(昭和52)年からは7～10連化に伴い、中間車86両が新造されている。1981(昭和56)年には千代田線運用車47両の転入も加わって総計420両もの陣容になった。

1989～1994年にかけては10連×23本に冷房取付と回生ブレーキ付き添加励磁制御への改造が施工されているが、老朽化と後継の05系の導入により、1990年から非冷房車の廃車が開始された。そのうちの120両が東葉高速鉄道へ譲渡されて、冷房化・添加励磁制御化・側扉窓の大型化・前面周囲に飾り縁取付などの改造を行い、同社1000形として竣工している。

2006年に当時のPT.KAI社への譲渡が成立し、この時点で残存していたのは5000系4編成(5809・5816・5817Fとアルミ試作車1本)と1000形3編成(1060・1080・1090F)であった。結局、ステンレス車体の6本全てが譲渡されているところを見ると、譲渡関連契約がもう少し早ければ、さらに多くの車両が譲渡されていたものと推定される。

当時のPT.KAI社には、東京メトロ・東葉高速の初めての導入車として、10連×6本の60両が入線(表4参照)し、5000系は2007年7～9月に、東葉高速1000形はそれより少し早く2007年1・7月にデビューした。共通改造項目以外の5000系、1000形の改造点は以下の通り。

●主な改造項目
①中間電動車1ユニットを抜き、8連化
②車体色変更
③前面運転台上部に丸型のシンボルマークと側面1位側戸袋窓上1ヶ所に角型長方形のシンボルマーク貼付(東葉高速車は、前面丸型のシンボルマークはなし)
④乗務員室扉直上に南京錠タイプの「鍵」を設置

運用開始当初、ごくわずかな期間で試験的に10連運用されたが、当時のKCJ社各線はホーム有効長が8連対応で、また変電所容量の問題もあって営業開始時には8連(6M2T)×6本の48両が稼動車とされ、中間車12両は保留車となった。両形式とも車体は旧・事業者時代のままで、側窓外枠隅Rや戸袋窓の有無、車内形状の相違など、製造年次による細かな変更点も健在。中間車

2007年1月にデビューした東葉高速1000形1090F。東葉高速時代のカラーのまま、約5年間運用されている。写真は竣工第1陣の1091他8連　Manggarai　2009年4月24日

第3章 インドネシア(ジャカルタ)　147

(McとTc)には電車区内での入換用簡易運転台も残っている。

東京メトロ5000系は2007年の運用開始当初、ごく短期間ではあるが東西線時代に準じたカラーで運用に就いていた。しかしこれは同年秋頃までに、3編成ともスカイブルーの塗色板の上から黄緑＋黄色のカラーフィルムを貼付してデザイン（同時期の営団の東急車と同様）が変更された。さらに2010年より現在の青＋黄帯のカラーに再変更されている。ただし、コルゲートの関係で側面の太帯化は難しく、東西線時代の細帯を活用し、その上から貼付を行っている。2010年より開始された女性専用車標記は、当初は簡易なステッカーのみで、やはりコルゲートの関係でペイントによる側面表示が難しく、全車看板掲示方式であった。

5816Fは2012年6月頃にGPS及び自動放送装置・車内ディスプレイを設置し、正面右上の旧・営団・東京メトロマークが表示されていた部分に「Djoko Vision」（車両の愛称名）プレートが掲示された他、10月には日本型電車における現地新車号標記の第1号編成となっている。

5817Fのステンレス製「Divisi Jabotabek」プレートは、2008年のKCJ社発足に伴い、新ロゴマークが制定されたため、デザイン標記部分のみ剥離され、KCJ社標準色に塗り替えられた際に撤去された。行先表示幕はしばらくカラのままであったが、後年に5809Fと5817Fに、PT.KAI社の新ロゴマークがデザインされた幕が入った。

東葉高速1000形も導入当初は東葉高速時代のカラーリングのまま運用に就いていたが、1060Fは2009年6月5日にボゴール線でエコノミーと衝突事故を起こし前面を破損した。復旧に際して前面をライトグリーン化して約1ヶ月後の7月6日に出場したが、翌年の全検時に再度変更され、正面の額縁

ブカシ駅で並ぶ7022と東京メトロ5017(右)。青＋黄帯塗装は2010～2013年頃のPT.KAI社保有車の標準色で、2008年のKCJ社発足に伴い、新ロゴマークが新たに制定された。右上の楕円形「DIVISI JABOTABEK」プレートはデザイン部分のみ剥離されている　Bekasi　2013年5月26日

東急8610Fと並ぶ東京メトロ5000系5809(右)。5000系はPT.KAI社初のメトロ車で、2007年秋までに竹色に近い緑帯に黄細線が入る新塗装に変更されている。行先幕は無表示だが、前面窓上には当時のシンボルマークである「DIVISI JABOTABEK」のステンレス製プレートが誇らしげに掲示されていた　Jakarta Kota　2009年4月22日

2007年に営業開始の5809F。2013年の全検出場後、青＋黄細帯となり、行先表示は幕式のPT.KAIロゴマーク掲示に変更されている　Tebet　2013年5月28日

部分にパティック模様（※8）をあしらって出場している（現在は消滅）。

1090Fは2012年3月下旬に、1080Fは同年6月上旬に額縁部分が赤に塗られ、防護網が黒色化されている。なお、1060・1080Fの正面右上に残る東葉高速マークは、当初は存置されていたが、こちらも後年、撤去されている。編成から外された中間車12両（6ユニット）は、長らく部品取り用としてデポック電車区の片隅に放置されていたが、2014年9月～2015年11月にかけて正式に廃車となった。そのうちの4両が現在も同電車区の片隅に、台車を外された状態で背の高い雑草に埋もれて放置されている。

稼働編成はJR205系の大量竣工により、2014年9月に5816Fが、2015年12月に1060Fがそれぞれ廃車となった他、5809Fも休車状態でデポック電車区に留置されている。2017年6月に1090Fより中間車2ユニットを抜いて、それぞれ1ユニットずつ1080Fと5817Fに組み込まれて10連化されており、残る4両は保留車扱いとしてデポック電車

デポック電車区の片隅で、事実上の休車状態で放置されている5000系5009他8連。塗装こそKCJ社標準色化されているが、205系の大量竣工に伴い、近年はほとんど稼働していないようで、去就が注目される
Depo Depok　2018年5月20日

残存編成の10連化のため、中間車4両を供出した東葉高速1090F。残った4両は保留車扱いのまま、事実上の廃車として放置されている　Depo Depok　2018年5月20日

区の片隅に留置されており、稼働編成は8連2本（1090F・5809F）、10連2本（1080F・5817F）の陣容である。

> **東京メトロ7000系**（8連×4本／32両竣工）
> **→稼働**（8連×3本／24両）

有楽町線用として1974（昭和49）年から1989（平成元）年にかけて340両（10連×34本）が日車・東急・川崎・近畿で製造され、後継10000系導入に伴い、2010年度廃車分10連×13本のうち、4本がKCJ社へ譲渡された。内訳は1974（昭和49）年製の1次車5両と1983（昭和58）年製の3次車（中間車）5両で構成される7117F及び、3次車のみで構成される7121・7122・7123Fの4編成（表5参照）

東葉高速1080F。全検出場後、前面は5000系に似た青＋黄帯のカラーリングとなった。正面右上の東葉高速の社章は、同国の神鳥ガルーダに見立てたようで、当時はそのまま残っていた　Manggarai　2013年5月28日

> **※8**＝インドネシアの伝統的な布製品で、同国の文化ともいえる「ろうけつ染め」と呼ばれる細かなデザイン。鉄道車両への採用は初めての施策だったが長続きせず、2013年2月の出場時に通常の黄緑塗色に戻っている

第3章　インドネシア（ジャカルタ）　149

で、順に2010年4〜7月にKCJ社入りしている。それまで抵抗制御車ばかりだったKCJ社において、初めて登場したAVFチョッパ制御車（※9）である。2010年4月23日に第1陣となる7117Fがタンジュン・プリオク港に陸揚げされたが、この時から回送経路や手順が変更され、台車を付けたまま港からトレーラーで貨物駅に陸送し、そこで組成後に事業用DCで牽引して、改造を担うマンガライ整備工場に運ばれることになった（※10）。主な改造点は以下の通り。

●主な改造項目
①編成の10→8連化
②車内の東京メトロ時代の号車番号票などを全て撤去し、新たにKCJ社（当時）仕様の号車番号シールを貼付
③前面非常口と側面にKCJ仕様のロゴマーク貼付

2010年5月より改造が開始され、KCJ社標準色（赤＋黄帯のカラーリング）をまとったのは7000系が最初である。その塗色は強烈な印象をもって同社のイメージとなり、のちの05系・6000系・JR203系・205系へと引き継がれていく。

7117Fは2010年5月20日に出場後、10連のままボゴール線内で試運転を複数回行った。当初、KCJ社では10連運転にこだわっていたが、起点のジャカルタ コタは8連分のホーム有効長しかなく、10連で乗り入れると分岐器にかかってしまうため、同国運輸省の許可が下りなかったことから、8連化の後、2010年8月22日に正式に運用開始となっている。同編成は、側面窓の上下寸法が小さい1次車と1段下降式側窓を持つ3次車（※11）との唯一の混結編成である。内装がリニューアルされているとはいえ、現在、幅広貫通路が残存している7000系は同編成のみ。また、電車区内での入換を考慮して設置された3次車の簡易運転台車（7617など）も健在である。

その後、7121F（7月19日）と7122F（7月29日）が試運転を開始しているが、2010年8月19日には、事実上、同形式のトップ

1983（昭和58）年製の3次中間車5両のうち、電車区内での入換を考慮して簡易運転台を装備する7617　Depo Depok　2013年5月27日

2010年10月に営業開始となった7000系7123Fは、側窓が一段下降式となった1983（昭和58）年製の3次車。現時点でも8連のまま運用し、1・2次車との連結面を除き、妻面は通常の貫通路で全て構成し、冷房準備工事を施工するなど、同時期製造されていた半蔵門線用8000系に準じた車体構造になっている　Barai Yasa Manggarai　2018年5月20日

※9＝制御装置は東京メトロ6000系の電機子チョッパ制御の改良型で、電力消費量抑制を図ったAVF自動可変界磁式チョッパ制御（automatic variable field）が採用されている
※10＝これまでマンガライ整備工場へは引込線を使って回送していたが、近年は軌道状態が極度に悪化し、軌条が沈んで床下機器類が地面に接触する恐れが出てきたため、この時より経路変更が実施されている

※11＝1983（昭和58）年製造グループで、側面窓は1段下降式。1・2次車との連結面を除き、妻面は通常の貫通路で全て構成し、冷房準備工事を施工するなど、同時期製造されていた半蔵門線用8000系に準じた車体構造になっている

2013年12月9日にセルポン線内でタンクローリーと衝突し、脱線した7121。写真は現地ファンが撮影したもので、車体が大きく傾いているのがわかる　2013年12月9日／撮影＝Andi Ardiansyah

を切ってデビューした7123Fが、2013年1月にジャカルタを襲った洪水によってタナアバン駅で05系08Fと共に水没し、長らくマンガライ整備工場で修繕を受けていた。7121Fは、2013年12月9日にセルポン線・Kebayoran～Pondok Ranji間の踏切でタンクローリーとの衝突により脱線した上で炎上し、先頭の7121が全焼する大事故が発生した。現車は事故後、マンガライ整備工場に移送され、実車検分の後、しばらく留置されていたが、復旧は不可能と判断され、2014年12月に編成ごと廃車となった。被災した7121以外は他の余剰中間車と共に、チカウムに回送され後年解体され、7000系としては初の編成単位の廃車となった。現在は残る3本（7117F・7122F・7123F）については8連のまま、管内各線区で使われている。LED表示器は使われておらず、運用時には前面に横長のサボを掲示する

東京メトロ05系（8連×8本／64両竣工）→稼働（8連×7本／56両）

　東西線の輸送力増強と在来5000系置換のため、1988（昭和63）年より製造された全アルミ合金製の新形式で、2005年までに43編成430両が製造された。技術的には5000系より大幅に進歩し、制御装置に高周波分巻きチョッパを搭載（14Fを除く、01～18F）、

14Fでは、旧・営団10連車で初めてVVVF車となり、以降は19～24Fにも採用されている。車体構造は、側扉幅を500㎜広げたワイドドア編成（14～18F）、旧・5000系アルミ車をリサイクル再生アルミとして利用した24Fなど、バラエティーに富んでいる。その他、JR東日本との相互直通運転のため、運転台は回転式2ハンドル（ディスクタイプ）を採用している。

　2010～2011年に後継のワイドドア車15000系が13編成導入されると、これと同数の初期形05系13編成（1988～1991年製造分）が除籍され、このうちの8編成（102・104・105・107・108・109・110・112F）が導入されている（表6参照）。

　導入は3回に分けて実施され、2010年8月13日の102・107Fを皮切りに、2011年1月7日に108・109・110F、2011年8月30日に104・105・112Fがそれぞれ現地へ到着した。各編成は導入グループごとに同一行程で輸送・整備・試運転が共通して実施されており、この結果、デビューも第1陣は2011年2月、第2陣は同年5月、第3陣は2012年3月と、ほぼ揃っている。

　営業運転開始にあたり、8本とも中間車2両（05-400・05-500形）を外して8連化し、先発竣工車と同じく、側扉両脇に手すりと中間2扉下部に低床ホーム対応のステップ取付が実施されている。正面の黄帯部分は反射材を使用し、追設された前面防護網は向かって正面左側のみで、プラグ式非常扉を開けても干渉しないようにやや低めに設置されているのが特徴。当初の防護網カラーは銀地のままであったが、2011年11月26日に現地化改造が終了した104・105・112Fから黒色化されている。

行先表示幕・列番窓は使われていないが処理方法は編成により異なり、2013年5月の取材時には行先表示部分は蛍光灯剥き出し（105F）、現地表示幕組込（05-104）、メトロ時代の幕残存（05-004）など、バラエティーに富んでいた。当初は日本の行先表示を掲示している時期もあったが、社内の日本語表示禁止通達（2012年）より、現在は全編成無表示となった。側窓下の帯幅は東西線時代と変わらず、その上からKCJ社標準色を重ね貼りした。

車内もメトロ時代と大きな変化はなく、乗務員室との仕切り窓も塗り潰されておら

05-010の車内。座席は通気性の良い、リサイクル可能なポリエステル綿のクッション材を使用している。この110Fより座席がバケットシートとなり、側扉が複層ガラスタイプに仕様変更されている
Bekasi電留線　2013年5月26日

2011年2月に営業開始した05系110F。前面行先幕は外されており、側面表示器は白テープで塞がれている。先発竣工車と同じく、手すりの取付と中間2扉に低床ホーム対応のステップが追設されている
Bekasi電留線　2013年5月26日

2012年3月に営業開始の05112F。女性専用車標記が戸袋部掲示の看板式となり、先発竣工車と比較して、ぐっと落ち着いたスタイルになった。前面行先表示器は使用せず、その下に横長のサボを表示する
Jakarta Kota　2018年5月21日

ず、貫通路の色付きガラスも健在だが、上部にあった号車番号シールを始めとした日本語プレートは全て剥がされている。製造年時による形状の違い（109Fまで側扉単層ガラス、4次車110Fから複層ガラスで、座席はバケットシート化）も健在で、鴨居部のLED式スクロールは消灯されているが、6000系で6124Fから使用開始しているところを見ると、今後何らかの改造も予想される。KCJ社初の4象限チョッパ制御車で、利用客の多い中央・ボゴール線とブカシ線で主に使われている。

なお、第1陣デビューの107Fは、2012年10月4日朝、ボゴール線チレブット駅構内で発生した異線進入による脱線事故（※12）でホームに激突した。05-307の損傷は大きく、同編成は復旧することなく、デポック電車区で休車扱いとなっていたが、一部の中間車は後年、チカウムへ運ばれて解体さ

※12＝2012年10月4日午前6時25分頃、435レにて運用中の107Fがボゴール線チレブット駅進入時に通常使っていない転轍機上を通過中、その転轍機が何らかの拍子で切り替わり、3両目の05-307が脱線しながらホームに激突し、多数の怪我人が発生した。原因は線路施設（分岐器）の老朽化や不具合とされ、復旧までに終日かかっている

れている。

> **東京メトロ6000系**
> （第1陣・2010～2012年導入＝8連×13本／104両竣工）
> →稼働（8連×11本／88両）
> （第2陣・2016～2017年導入＝10連×12本／120両竣工）
> →稼働（10連×12本／120両）

　千代田線用として試作車が1968（昭和43）年に、量産車が1971（昭和46）年より製造された20m4扉車。量産車としては世界で初めてアルミ車体と回生ブレーキ付きサイリスタチョッパ制御装置を採用した。何よりも特徴的なのはその前面デザインで、左右非対称とし、正面貫通扉に非常用ステップ機能を持たせるなど、当時の通勤形車両としては極めて斬新な発想であった。

　車内は木目化粧板を貼った大型仕切りを採用し、車内の見通しをよくするために連結面も同じ幅広貫通路にして、5両で一室

6000系6634の車内インテリアは、千代田線時代とほとんど変らない。妻面にはインドネシア運輸省番号プレートが掲示されている　Depok　2018年5月20日

に見えるデザインも特筆すべき施策であった。しかし、走行時、風の吹き抜けを防止するため、1977年製造の3次量産車からは5・6号車の他に、3・4号車と7・8号車にも貫通扉が設置され、1981（昭和56）年製造の4次車からは各車両に貫通扉が設置された。この他、側窓が2段式から1段下降式に仕様変更され、後年には先発竣工車も順次同様のデザインへ改造されている。車庫内での入換運転を行うため、2次車からは10連を5連ずつに分割して、6500形と6600形に簡易運転台が設置されている。

　1990（平成2）年までの6次に渡り、試作車・量産車合わせて36編成353両が製造された。後継の16000系の本格増備に伴い、2010年から廃車が始まり、2011～2013年にかけて、KCI社（当時はKCJ社）へ導入が開始され、合計13編成130両（チョッパ車）が入線した。さらに2016～2017年には120両（VVVF改造車）が追加導入され、総数250両もの一大勢力となった（表7参照）。

　車両数が多い上、メトロ側の運用離脱時期と輸送船手配の関係から、導入は2010～2012年度導入の第1陣だけでも7回に分けて実施されている。KCJ社での営業運転開始は2012年8月15日の6126Fからで、8連組成の13本は、現地竣工後に6700＋6800形が外された5本（6105F・6112F・6113F・6123F・6126F）と、6800＋6900形が外された8本（6106F・6107F・6111F・6115F・6125F・6127F・6133F・6134F）に大別されるが、電動車比率など、基本的なスペックは同じである。

　現地搬入後、各種改造→試運転→同国運輸省許可申請の手順を経て、概ね3～4ヶ月ほどで竣工となった。同系も製造年次に

よる細かな差異もそのままに現地で使われており、初期車におけるキノコ型全幅貫通路も健在。行先表示は近年まで幕式・LED式共に使われておらず、運用時には前面運転台窓に横長のサボを掲示していた。後年LED表示器装備編成については、205系でROMの更新を受けて順次再整備が進められており、メトロ時代と同じオレンジ色の行先表示編成も出現している。KCI社のロゴは先頭車非常口と側面1位側窓上に掲示されている他、旧・東京メトロマークの上にも掲示されている。

6107Fは2013年5月13日にわずか7ヶ月半で終了した「女性専用列車」(※13)の運用中止に伴い、中間車のラッピングは剥がされ、現状に復旧された後、GPS搭載車両となり、中間車妻面にLCDテレビが取付られた(テレビ自体は2012年10月頃から設置されている)。

6105・6111・6113Fは当初、2013年4月ダイヤ改正時にデビューする予定であったが、台車不具合の修繕が期日までに間に合わず、結局営業開始は5月8日と1ヶ月以上もずれ込んだ。6125Fは、2013年4月に編成中の6625が同系初のラッピング車となっている。

6127Fは無地ながら、幕式行先表示と側扉原型タイプを備え、8連化されているものの、千代田線時代の面影を最もよく残している編成である。

6112Fは補助電源と制御カード不調に伴い、2013年1月に運用離脱し、2014年12月に同系初の廃車となりチカウムに回送された他、6113Fも除籍されている。

2016・2017年導入の120両(10連×12本)は、2017年4月にスルポン線と同年10月のブカシ線の電化延伸で、新たな稼働編成が必要となったことから導入された。そ

2013年7月に営業開始の6134F。後年に側扉が交換(側窓がやや大きくなった)された編成で、行先表示幕は外されている。M1車の6934は2基の菱形パンタを装備しており、これはメトロ時代と変わらない Depo Depok 2018年5月20日

※13＝2012年10月より、中央線・ボゴール線に1日4往復設定されていた列車で、男性は乗車できないという前例のない列車であった。当然男性利用客からの反発が強く、わずか7ヶ月ほどで中止となった

2012年10月に営業開始した側窓が「田の字タイプ」の2段式タイプの6107F。KCJ社では一時、世界でも例を見ない「女性専用列車」を登場させ、同編成が専用として運用された。結局、同列車はわずかな期間に終わり、終了後は中間車のラッピングが剥がされているが、わずかに痕跡が残る Depok 2013年5月27日

6122F10連。側扉窓が拡大タイプに交換された編成で、幕板部の縦長円形標識板がやや上部に取付られているDepo Depok 2018年5月20日

2016・2017年度入線の6101F・6131F。どちらもVVVFインバータ改造車で、前面LED表示器も改造の上で現地駅名を掲示しており、サービスアップになった Jakarta Kota 2018年5月21日

2013年7月に営業開始の6127F。チョッパ制御車、行先幕は白地ながら幕式、側面扉も原型の小型窓を堅持しており、8連とはいえ千代田線時代の面影を最もよく残している貴重な編成。5号車6527は広告車 Jakarta Kota 2018年5月21日

2016年11月に営業開始の6118F。ブカシ線・セルポン線の電化区間延伸に伴い、稼働本数増強が必要となり導入されたKCJ社初のVVVF車。2016年度は10連×6本の60両が導入されている Depo Depok 2018年5月20日

れまで活躍していた205系が当面廃車となる編成がなかったことから、2013年までに導入実績があり、東京メトロで廃車が進んでいた同系に白羽の矢が立てられた。全てVVVFインバータ制御編成で、内訳は6101F・6108F・6116F・6117F・6118F・6119F・6120F・6121F・6124F・6129F・6131F・6132Fの10連12本で、2016年9月から2017年10月にかけて、順次メトロ時代と同じ10連にて営業運転を開始している。

> **JR東日本203系**(8連×5本／40両竣工)
> →稼働(12連×1本・10連×2本・8連×1本／40両竣工)

　常磐緩行線・地下鉄千代田線直通の103系1000番台置換用に1982～1986年に製造された新形式車。先に登場していた201系

の事実上の改良型だが、201系1000番台での番台区分で竣工とはならずに、新形式・203系を名乗った。201系と異なり、車体はアルミ合金製で電機子チョッパ制御を採用した。地下鉄に乗り入れる関係から前面形状は貫通型とされ、左右対称のデザインである。1984年製造（1982年製造の試作車も含む）の0番台80両（10連×8本／マト51-58）と、1985～1986年製造の台車をボルスタレス台車に変更した100番台90両（10連×9本／マト61-69）の計170両が製造され、全編成が松戸電車区（のちの松戸車両センター）に在籍し、1986（昭和61）年までに103系1000番台を置換している。

後継のE233系2000番台投入に伴い、2011年9月26日に全編成が引退し、2011年春以降に廃車される分をフィリピン国鉄（PNR）と分け合う形で、マト51・52・66・68・69の5編成50両がKCJ社（当時）に搬入（※14）されることになった。同社では2011年8月3日に第1陣としてマト51・66、8月17日にマト52が、9月22日にはマト68・69もタンジュン・

クハ203-109他10連のマト69。JR東日本時代と比べ、アルミ無塗装だった車体が白に塗られている。前面行先幕は外されており、助士側にメトロ05系と同じ、横長のサボを掲出している　Depo Bukit Duri　2018年5月22日

※14＝203系はこの他、マト53・54・55・67の10連×4本がフィリピン国鉄（PNR）へ搬出されており、現地では機関車牽引のPCとして5連で運用されている（第2章参照）。その他の80両は個人売却のクハ203-103を除き、解体処分となった

プリオク港に陸揚げされている。同年11月23日にマト51・52・66の現地改造が完了し、25日にかけて試運転が開始された。12月5日のマト66のデビューを皮切りに、8連×5本の計40両が竣工した（表8参照）。

現地化改造からデビューまで異例の早さであったが、これはダイヤ改正による運用増で運用数が切迫しており、運用開始を最優先としたためである。マト66に至っては、しばらくの間、女性専用車ラッピング準備が間に合わず、両先頭車には現地帯を入れないまま側面のみオリジナル帯で1週間ほど運用されていた。この他、外された中間車2両（モハユニット）は全て休車としてデポック電車区に留置した。

先頭車前面・側面に掲示されていたJRマークは事前に剥がされており、運用開始当初は、行先表示幕はJR東日本時代の幕が内蔵されたままとなっていたが、KCJ社の日本語表示禁止方針に伴い、2012年夏頃より基本的に無表示となっている（後年、一部編成で幕撤去）。車内蛍光灯は同形引退間際、東日本大震災に伴う節電対策で一部が間引きされた状態のまま搬出されていたが、これは現地で全て復元されている。

なおKCJ社では前面の黄帯は反射材を使い、投石対策のため、側面窓、側扉窓にはやや濃い目のガラス飛散防止フィルムを貼っている他、KCJ社で初めて、足踏みデッドマン装置が搭載されている。女性専用車ラッピングは戸袋部に女性のイラストを描いた長方形の看板を貼り付ける方式に変更されており、派手なラッピングと比較すると、かなり落ち着いたイメージとなっている。

譲渡直後、編成を外された中間車10両は、

一時的な車両差替などにより、一部の編成で8→10連化されているが、これはあくまでも試験的だったようで、この時はほどなく8連に戻された。2014年12月、部品確保用として保管されていたモハユニットの中間車は結局、廃車(9両)と休車(1両)となっている。

ところが、利用客の増加による輸送力増強を図るため、2017年4月改正で、既存編成で組み換えが容易な形式を再び10連化することになった。その10連化前には、2016年12月にマト52が、事実上運用を外れた

2011年の203系の営業開始に際して塗色変更까지되었던ものの、同国運輸省の許可が下りず、編成から外されたモハユニット(モハ203-123＋モハ202-123)。これはマト68に組み込まれていたもので、長らく保管の後、結局は2014年12月に廃車となった　Depo Depok　2013年5月27日

2016年12月にマト51からモハユニット2組を組み込み、203系初の12連化となったクハ203-2他のマト52。冗長性の高い国鉄形電車ならではの組成といえる　Manggarai　2018年5月21日

※15＝2014年8〜9月にかけて相次いで運用を離脱し、休車中だったマト51の中間車4両(サハ203-2、モハ202-123、モハ203-123、サハ203-1)を活用したもの

2017年5月にマト51からクハ2両を組み込み、さらにモハユニット1組ずつを交換して10連化されたクハ203-109他10連のマト69。こちらもJR時代には見られなかった、中間クハ組み込みの5＋5組成となっているのがポイント。幕板部には赤色後部標識灯が設置されている　Manggarai 2018年5月22日

マト51の中間車4両を組み込む形(※15)で、203系で初の12連化が実施され、中間にクハを挟まない完全な貫通編成で再デビューしている。この結果が良好であったことから、2017年4月にマト66が元・マト51の中間車2両(モハ202-1＋モハ203-1←モハ202-125＋モハ203-125を電装解除)を組み込み8→10連化、続いてマト69もクハ203-1に、クハ202-1を中間に組み込む形でそれぞれ8→10連化されているが、これはマト52を12連化する際に、余剰車であったマト51先頭車2両(クハ202-1、クハ203-1)を活用したもので、マト66と同じ4M6T編成として組成されている。

現在12連1本(マト52)、10連2本(マト66・69)、8連1本(マト68)の陣容となっており、残るマト51は4連のまま予備編成とされている。

JR東日本205系(12連×17本・10連×26本・8連×3本／500両竣工)
→**稼働**(12連×16本・10連×26本・8連×3本／488両)

KCJ社への搬入は、2013〜2018年にかけて、JR東日本・埼京線・川越線・横浜線・南武線で運用されてきた合計500両が出自

第3章 インドネシア(ジャカルタ)　157

サハ204-10。ハエの10連車はボゴール寄りに6扉車・サハ204が2両連続して組み込まれているのが特徴で、中間の4扉にステップが追設された他、日本語のサハ標記が消去され、JR車号の直下に現地車号が表記されている　Depo Depok　2018年5月20日

ハエ20の4号車・モハ205-351。銀行系のBNI（Bank Negara Indonesia）によるラッピング車。広告契約期間は3～6ヶ月（6ヶ月以降もあり）で、ほとんどが中間車に実施されている　Depo Depok　2018年5月20日

元・ハエ10連車は、下り方に6扉車・サハ204が2両組み込まれており、編成上のアクセントとなっている。写真はハエ4のサハ204-34＋サハ204-14　Jakarta Kota　2018年5月21日

クハ204-92（ハエ4）　Jakarta Kota　2018年5月21日

クハ205-84の運転台と車内　Depo Bukit Duri　2018年5月22日

サハ204-125（6扉車）の車内　Depo Bukit Duri　2018年5月22日

クハ204-85他12連（H25＋H24）。8＋4連組成で、前面LEDが現地駅名を表示できるようになっている　Depo Bukit Duri　2018年5月22日

である。同系導入により、それまでの都営6000形、JR103系が置換られた。旧・所属区3区（川越・鎌倉車両センター、中原電車区）から、KCJ社搬入までは以下の通り。

①川越車両センター所属車
（10連×18本／180両）

　2013年9月～2014年3月まで実施された川越車両センター所属車は、川越→高崎→新津（J-TREC工場）の順で輸送された。高崎までは自力走行、以降は機関車牽引で、新津→新潟東港間はトレーラーによる陸送方

元・ハエ20のクハ204-128他10連。2015年8月に全般検査を受けているが、ハエの10連車は特に大きな組成替えも行っておらず埼京線時代のまま。10両貫通編成で中間にクハを連結していない、KCI社の標準的な編成　Depo Depok　2018年5月20日

インドネシア向け205系の記念すべき第1陣・ハエ15の甲種輸送。EF81 141牽引で高崎に到着したハエ15は、機関車付け替えの後、いつもは通ることのない上越線を通って中継地となる新津へ向かう　高崎　2013年9月20日

新津から新潟東港へ陸送される205系　2014年2月8日／撮影＝伊東剛

式。従前、海外搬出で一般的なルートであった藤寄経由がこの頃からなくなっているのは、おそらく費用削減のためと推定され、新津のJ-TREC工場から直接、新潟東港に陸送されている。

　第1陣30両（ハエ7・11・15）は、2013年11月3日にインドネシア側の受入れ港である、タンジュン・プリオク（Tanjung Priuk）港に到着し、その後も月1〜2回のペースで輸送が行われている。営業開始は2014年3月5日で、ハエ15がその記念すべき第一歩を踏み出した。

②鎌倉車両センター所属車
（8連×22本／176両）

　埼京線・川越線205系に続いて譲渡された第2陣で、2014年5月〜12月に実施。経路は鎌倉→新津間は機関車牽引、新津からは陸送で新潟東港まで運ばれている。KCJ社最初の運用編成は、2014年9月25日のクラH4編成であった。

新潟東港から大型輸送船に搭載される205系　新潟東港2014年7月20日／撮影＝伊東剛

③中原電車区所属車
（6連×20本／120両）

　KCJ社への2015年度輸送分は、中原電車区所属の南武線用205系で、仕様の統一を図るためか、先頭車化改造車は譲渡されず（のちに長野総合車両センターで解体）、当初より先頭車として製造された車両が譲渡されている。2015年4月〜2016年1月にかけて、中原電車区→国府津車両センター→新津のルートで実施され、国府津車両センターからは機関車牽引、さらに今回搬送分から到着地が新潟東港ではなく、新潟西港に変更されている。南武車第1陣が到着したのは2015年7月1日で、改造と整備はデポック電車区で実施されたが、特筆すべきは帯色で、竣工当初はなぜかKCJ標準色で

新潟西港で搬出を待つナハ204 10他の中原車 新潟西港
2015年5月16日／撮影＝伊東剛

「赤色後部標識灯」の一例。運行に際し、最後部となる車両は車掌がこの標識灯を使用することが内規で義務付けられており、長らく赤色縦長円板であったが、車両によっては乗務員室直上に、標識灯が点灯する新型に交換されている。クハ205-20(ナハ36)。行先幕は、前面・側面とも現地駅名フィルムに交換して使用開始
Jakarta Kota 2018年5月21日

はなく、南武色をそのまま踏襲して営業運転に投入され話題となった。後年には順次、KCJ標準色に再変更されている。KCJ社では2016年7月に12両編成化が計画されており、2本組成で編成が仕立てられる南武車に白羽の矢が立てられ、同年9月16日に、ナハ4＋ナハ2による205系初の12連運転が開始された。

●主な改造点

205系改造に際し、先発竣工車で実施されている各種改造と共に、以下の点が挙げられる。他形式も順次、同仕様化が進められている。

①KCJ社標準色への変更

竣工に際し、KCJ社のコーポレートカラーである赤＋黄帯に変更した。南武線譲渡車については一時期、南武色のまま竣工していたが、2016年に入り順次、標準色への塗り替えが開始されている。

②赤色後部標識灯取付

インドネシアでは標準装備となっている「赤色後部標識灯」が取付けられた。運行に際し、最後部となる車両は車掌がこの標識灯を使用することが内規で義務付けられており、長らく赤色縦長円板であったが、編成によっては、乗務員室直上に、標識灯が点灯するタイプに交換されている。

③日本語表記の消去と行先表示幕の使用中止

2012年より、車体内外の日本語標記（形式の「モハ」「クハ」、所属標記）、JR時代の行先表示や種別表示など、利用客の目に直接触れる部分の表示原則禁止が実施されている。

④KCJ社ロゴ入りプレート取付

先頭車前面帯中央部と、車体側面に各1カ所ずつ、掲示されている。2017年9月のKCI社設立に伴い、現在は基本的に稼働編成全てを対象に、それまでのKCJプレートから、白が基調のKCIプレートに交換されている。

⑤インドネシア運輸省車両番号の表示

譲渡前の号車番号を踏襲したまま、KCJ社独自の番号をステッカーに印字し、外観では車体中央の車号標記下部の裾部周辺に、車内では貫通路妻面右上の車内形式板の上下に掲示している。付番方式は、Kn x yy zzで、K＝Kereta（鉄道・車両）、n＝等級で、日本からの譲渡車両は「1」、x＝車両の動力で電車は「1」、yy＝インドネシアでの登場年、zz＝各車両の個別番号となる。

⑥女性専用車（Kereta Khusus Wanita）ス

日本語標記消去の一例。写真はプレートタイプが特徴の203系試作車・モハ203-1の側面車号。「モハ」が綺麗に剥がされている　Jakarta Kota　2013年5月26日

インドネシア運輸省車両番号の表示の一例。付番方法にのっとれば、「K1 1 08 22」の「K1」がKereta鉄道車両で日本からの譲渡車両、次位の「1」が電車、「08」が2008年登場の「22」番目の電車、という意味になる。写真は東急8612Fのサハ8929　Depo Depok　2013年5月27日

テッカーの貼付

　各編成の先頭車は時間帯に関わらず女性専用車として運用されているため、戸袋部分に周知ステッカーを貼り付けた。埼京線・川越線車については、車体下部に女性専用車を表すラッピングが施されている。

●組成状況

　年々増加する乗客に対応するため、KCJ社では2016年に入り、編成増結による輸送力増強計画が策定され、組成変更が頻繁に実施されている。8連は2016年6月に消滅し、念願の12両編成は、2015年9月16日より中央線・ボゴール線で開始された。一連の組成変更に伴い、一部で南武車と横浜車を組み換えた12連または10連の組成や、横浜車だけの10連など、組成パターンが複雑になっている。12連組成は、

①南武車のみ2本組成による6+6の8M4T（5本）

②南武車のみの6+6の編成中に、横浜車の組成変更とT及びT'を捻出することによって組み込んだ6M6T（5本）

③②とは逆に、横浜車に南武車MM'を組み込んだ6M6T（6本）

④川越車に横浜車MM'を組み込み、8M4Tの強力編成（1本）

　の合計17本が在籍している（この他に、2015年9月23日にジュアンダ駅で追突事故を起こし、廃車となった6M6Tが1本ある）。一方、10連については、大きく分けると川越車と、横浜車に二分されており、全てが貫通編成となっている。

　2017年3月現在の状況は表9の通りで、10連26本、12連17本が組成され、2015年から実施された編成増結に伴い、川越車に一部横浜車を組み込んで12連・10連組成されている編成も出現している。10連は全てが貫通編成で、川崎車は電動車比率も6M4Tと、大半はJR時代の組成を崩さずに運用しているのに対し、横浜車は横浜車での車両同士で組成しているが、パターンがバラバラであるのが特徴。

　12連は1編成を除き、全て編成中間にクハを2両組み込んでおり、その位置も固定化されておらず、基本的に6+6、8+4、4+8の組成で、電動車比率も6M6T、8M4Tに大別される。

　2018年秋頃から編成の組み換えが実施されており、掲載の編成表と一部相違するところがあることをご了承頂きたい。この他、2015年9月23日に中央線・ジュアンダ駅で、停車中であったハエ15（川越車）の最後尾に同じく川越車・ハエ32が追突し、ハエ15の偶数方5両とハエ32の奇数方7両が被災

する事故が発生した。現車は事故後、マンガライ整備工場に留置されていたが、モハユニット1組（モハ205-337、モハ204-337）を除く全てが除籍の上、2017年11月に解体され、KCJ205系で初の廃車となった。

●運用

10連が24運用、12連が17運用あり（2017年3月現在）、12連は17本しかないため、検査時には10連で代替対応している。各路線別では、セルポン線と、ボゴール線・環状線（ボゴール〜アンケ間）のみ10連で運用されている他は10連・12連共通である。運用本数の内訳は、中央線・ボゴール線・環状線が10連10運用、12連13運用の合計23運用、中央線・ブカシ線が10連4運用、12連4運用の計8運用が充当されている。

●行先表示器の整備

2016年まで大半の車両では、先頭車前面に掲示されたサボで行先を表示していたが、2016年末頃からJR時代のLED装置による行先表示を実施すべく、ROMの更新が行われた。川越車については、先頭車前面と側面、横浜車は先頭車前面のLEDによる行先表示を開始した。中原車は、編成中間に入った横浜車クハに装備されているLEDパーツの有効活用を図るべく、中原車先頭車に移植して行先表示を行っている。その他、方向幕装備車編成は、クラH9＋H24を皮切りに、装備されているフィルムの現地駅名印刷幕に交換して、現地行先表示を開始しており（ただし、ラインカラー別にはなっておらず、全てオレンジ）、特に旅客案内向上に大きく貢献している。

●編成番号札の取付

2016年2月頃から、ブキット・ドゥリ電車区若手社員の作製で、同区所属の205系にJR時代のデザインによく似た編成札を作成し、取付を開始した。デザインは緑字に白文字または黒文字で、右下に所属区を示す「BUD」の文字が入る。当初は205系だけであったが、2018年に入りデポック電車区所属の205系や東急車にも同デザインの編成札が下げられており、良きアクセントとなっている。

●武蔵野線用5000番台導入（2018年4月）

JR東日本は2018（平成30）年2月28日付のプレスリリースで、武蔵野線で使用している205系8連×42本の合計336両を全て、KCI社へ譲渡することを発表した。今回譲渡分はVVVF改造された205系5000番台で、第

2016年に入りJR時代の前面LED表示器内のROMを更新し、現地行先表示が実施されるようになった。特に早朝夜間にはサービスアップになっている。写真はオレンジ色のLEDが目立つクハ204-89他10連（ハエ1）
Jakarta Kota　2018年5月21日

2018年5〜6月に各種試験を行った205系5000番台M24編成。元はJR武蔵野線で運用されていたVVVFインバータ車で、クハ205-44他8連にて組成されている。行先表示は幕式で、KCIでは他形式と同じく白地のまま営業開始した　Depo Depok　2018年5月20日

1陣としてM3・15・24の3編成24両が選ばれた。2018年3月中に3編成とも京葉車両センター→新津へ回送し、新津→新潟西港は陸送で運ばれ、24両を搭載した輸送船は4月2日に出港し、4月14日にタンジュン・プリオク港へ到着している。

整備はデポック電車区で実施され、5月5日と8日に社内試験(試運転)が実施されており、インドネシア運輸省の認可が下り次第、営業運転を開始する予定である。

東京都交通局6000形(2000～2016年／72両)
(形式消滅車)

2000年8月25日より営業開始した「日本型電車」の元祖。ジャカルタ特別州と、東京都が姉妹都市であることから、無償譲渡(輸送経費・改造費用等はインドネシア側負担)されたもので、インドネシア語で「頂き物」を意味する「Hibah」と呼ばれていた。

当初は、ドア回路変更による両端2扉締切など、必要最低限の改造で竣工し、8連8本が組成され中間車8両を予備車とする体制で、Ekspres(急行)で運用開始した。だしかし、開始当初の急行運賃は普通電車の4倍と高額で、停車駅が少なかったこともあり、ジャカルタ市内とボゴールの2拠点間の速達輸送には貢献したものの、区間利用についてはほとんど考慮されていなかったことから、利用客は少なかった。

2002～2004年にかけて、稼働本数を増やすため、中間車6両(6217・6182・6177・6126、6227・6187)がそれぞれ先頭車化改造(デザインは3編成とも別の形状)され、6連8本と8連3本の陣容に変更されている。

2008・2009年に相次いで列車衝突事故が発生し、損傷した車両のうち、6252・6155が運用を離脱した。残る6151・6188はマンガライ整備工場で前面部分に流線形の運転台を接合し、2010年には4連に変更の上、「Djoko Lelono2」の愛称で復帰している。

2011年12月のダイヤ改正で、全列車が各駅停車化されると、当然ドア開閉が多くなり、後年追設改造された冷房は、出力一杯に上げてもその効きが悪くなってしまい、後継車導入で運用本数にも余裕が出てきたことから、2012年12月に6201Fが運用を離脱し、これが6000形初の事実上の除籍となる。

折しも2010年代に入ると、電車の利便性が住民にも浸透して輸送量が急増した。6

現役当時の都営6000形6158他8連。車体帯がオレンジへ順次変更されていた頃で、行先表示窓には試験的に自国製LED表示器が設置されていたが、列番表示窓には三田線時代の番号幕が残る　Jakarta Kota　2007年4月16日

"猫バス"の愛称で2015年頃まで活躍した6151F。2008・2009年に発生した事故で無事だった6151・6188を、マンガライ整備工場で流線形運転台を接合して先頭車化の上、2010年に4連組成で復帰した。写真は除籍後、放置されている現在の姿　Depo Depok　2018年5月20日

連組成車では支線区運用くらいしか出番がなく、この頃より編成の組み換えも頻繁に行われ、6→8連化して運用に充当していた。

　2014年9月にJR205系第1陣が運用を開始して12月までに22本が揃った結果、6000形はついに置換対象車となり、2014年から運用離脱(廃車)が始まった。

　2015年11月にデポック電車区所属の同形式が、東急8500形の一部編成と共に合計60両が一挙に廃車となっている。廃車体は、解体されることなく台車を外されて、同電車区の片隅に放置されている。最末期は、6181Fの8連1本のみが残り、2016年2月に6000形一族では唯一、KCJ標準色に準じた赤帯カラーに変更され、2016年9月の運用

2015年11月に東急8500形の一部と共に、合計60両が一挙に廃車となった都営6000形。廃車体は解体されることなく、デポック電車区の片隅にある遊休地に横1列に並んで放置されている　Depo Depok　2018年5月20日

デポック電車区構内で職員の教習用機材として保存されている6000形6181。これは最後まで残った6000形で、廃車直前の2016年2月に同形唯一のKCJ標準色化され、9月の引退まで活躍した。日本型電車では唯一の保存車　Depo Depok　2018年5月20日

事業用として残る6000形6217F・6217+6182。2002年に現地で正面非貫通Ω枚窓の運転台も接合し、先頭車化改造された。2016年の事業用車転用にあたり、6連から先頭車同士の2連化となった。PT.KAI社所属のためか、現在も青系塗装で残存している　Depo Depok　2018年5月20日

離脱まで活躍した。同編成の離脱をもって、約16年に渡る歴史に幕を下ろした。

　現在、デポック電車構内に最後まで活躍した6181が、職員の教習用として保存されている他、事業用として、2002年に先頭車化改造された6217+6182が2連に短縮して残存している。その他にもデポック電車区敷地内には、2015年11月除籍分の廃車体が多数現存している。

JR東日本103系(2004〜2016年／4連×4本・16両)
(形式消滅車)

　2003年に当時のPT.KAI社は、日本からの中古電車導入を計画し、JR東日本管内の中古車を希望していた。諸般の事情で一旦中止となったが、改めて調整した結果、当時廃車が進行していた103系に白羽の矢が立ち、京葉電車区(現・京葉車両センター)所属の4連4本(ケヨ20・21・22・27)が譲渡された。主にJR武蔵野線・京葉線で使われていた車両であるが、都営6000形と違い有償譲渡で、輸送費もインドネシアが負担し、購入費用は約102億ルピア(約1億3200万円)と現地報道されている。

　PT.KAI社では異色ともいえる普通鋼製

車体・抵抗制御車で、都営6000形のスキンステンレス車体・SIV搭載と比較すると技術的には後退しているが、交換用のパーツ調達や補修が、インドネシア国内でも比較的容易であることが導入理由の一つであるという。

1967〜1980年製造の低運転台・高運転台が各2本ずつという、バラエティーに富んだ編成で、当初は武蔵野線時代の朱色1号カラーのまま運用開始となった。同形は検査入場（2〜3年おき）ごとに塗装が変更されており、順に「70系新潟色」（黄色＋茶色のツートン）／2006〜2007年）→濃淡青（2008年）→「東海色（※16）（2011年）→「KCJ標準色（※17）」（2014年)と他のステンレス車

クハ103−815他4連。2006年春に黄＋茶の"新潟色"に変更されたが、側窓へのスモークフィルム貼付はまだ行われておらず、ブラインドを下げて代用していた。行先幕はJR東日本時代の幕が内蔵されていたが、撮影時は残念ながら白地で前面にサボを掲示していた　Jakarta Kota　2007年4月17日

2008年、2回目の塗色変更が実施され、それまでの暖色系から一転して濃淡青の寒色系をまとうようになった103系。写真はタンゲラン線の急行運用に充当中の、クモハ103−153他4連　Jakarta Kota　2009年4月22日

と違い、かなりの頻度で変更された。

4連のため、比較的需要の少ないタンゲラン線で都営6000形を補完する形で運用に就いていたが、2008年頃から急増する需要に対応すべく、2本組成の8連で使われることが多くなった。

2013年には機器類不調により2本（Tc815−、Mc153−）が運用を離脱し、デポック電車区に留置の後、マンガライ整備工場へ移動し、ほどなく除籍された。残る2本（Tc359−、Mc105−）は最末期、2本組成の8連で使われていたが、205系増備の進捗と床下機器類の不調に伴い、2016年以降は復帰することなく、2016年11月に全車16両がチカウムへ廃車回送され、後年こちらも解体されている。ファンに根強い人気があり、日本型電車で唯一の普通鋼製車であっただけに惜しまれる。

以上、ジャカルタで活躍する電車の概況を紹介した。他の東南アジア諸国では、徐々に日本型車両の勢力が小さくなっている国々が多いのに対し、ジャカルタは今でも増備が続いており、今や日本型電車の一大勢力拠点といっても過言ではない。今後も勢力を広げるであろう、その活躍ぶりに期待が高まる。

※16＝この車体色（東海色）は、日本のレールファンが提案し、採用された稀有な例であった
※17＝ただし、変更されたのは2014年当時、稼働していたTc359−とMc105−編成だけで、運用を離脱していた残る2本については、東海色のまま除籍されており、結局はKCJ社標準色への変更はなかった

第3章 インドネシア（ジャカルタ）　165

表1 KCJ社（KCI社）各形式導入車両一覧（導入時期順）

導入時期（西暦）	旧所有事業者	形式	導入総数	備考
2000	東京都交通局	6000	72	旅客営業から引退
2004	JR東日本	103	16	現在引退、形式消滅
2005 〜 2007	東京急行電鉄	8000	24	
2006 〜 2009	東京急行電鉄	8500	64	
2007	東京メトロ	5000	30	
2007	東葉高速鉄道	1000	30	
2010	東京メトロ	7000	40	
2010 〜 2011	東京メトロ	05	80	
2011 〜 2013、2016 〜 2017	東京メトロ	6000	250	
2011	JR東日本	203	50	
2013 〜 2018	JR東日本	205	500	
合計			1,156	

※1＝表1の一覧表は、日本型電車導入の総数を表記したものであり、稼働数ではない。
※2＝都営6000形・JR103系はすでに引退している他、各形式にも老朽廃車・事故廃車が含まれる。

表2 形式別内訳（稼働車）

2018年3月現在

旧所有事業者	形式	車両数
東京急行電鉄	8000・8500	64
東京メトロ・東葉高速鉄道	5000・1000	32
東京メトロ	6000	208
東京メトロ	7000	24
東京メトロ	05	56
JR東日本	203	40
JR東日本	205	464
合計		888

表3 東急8000・8500系 編成図

2018年3月現在

8000系	運用開始日	クハ8000	デハ8200	デハ8100	デハ8200	デハ8100	デハ8200	デハ8100	クハ8000
8003F	2005年12月15日	8003	8202	8104	8263	8142	8213	8103	8004
8007F	2005年9月20日	8007	8245	8711	8832	8735	8204	8108	8008
					8611Fより組込				
×8039F(廃車)	2008年2月20日	8039	8248	8158	8218	8164	8249	8159	8040

8500系	運用開始日	デハ8600	デハ8700	サハ8900	デハ8800	デハ8700	サハ8900	デハ8800	デハ8500
8604F	2006年7月27日	8604	8704	8904	8825	8719	8909	8804	8504
8607F	2007年7月14日	8607	8707	8948	8828	8743	8924	8807	8507
8608F	2008年8月28日	8608	8708	8949	8829	8744	8925	8808	8508
8610F	2008年1月3日	8610	8710	8951	0815	0715	8927	8810	8510
×8611F(廃車)	2007年1月15日	8611	8107	8935	8260	8137	8928	8811	8511
8612F	2008年9月8日	8612	8712	8912	0817	0717	8929	8812	8512
×8613F(廃車)	2009年5月19日	8613	8713	8913	0800	8796	8930	8813	8513
8618F	2008年10月16日	8618	8724	8911	8855	8753	8954	0811	8518

※ 8611F は Depok 電車区片隅の遊休地に放置。
※ 8613F8813 のみ、Depok 電車区片隅の遊休地に放置。

表4 東京メトロ5000系・東葉高速鉄道1000形 編成図

2018年3月現在

5000系

	運用開始日	5800 CT	5200 M1	5600 M2	5300 M1	5600 Mc2	5200 Tc	5200 M1	5000 CM2
5809F	2007年6月6日	5809	5312	5631	5314	5607	5215	5313	5009
×5816F(廃車)	2007年7月13日	5816	5245	5630	5363	5688	5905	5326	5016

2014年9月、運用離脱。

	運用開始日	5800 CT	5200 M1	5600 M2	5300 M1	5600 Mc2	5200 Tc	1002 M1	1003 M2	5200 M1	5000 CM2
5817F	2007年1月24日	5817	5246	5632	5359	5127	5927	1092	1093	5251	5017

2017年7月、東葉高速1090Fより2両組み込み

1000形

	運用開始日	1001 CT	1002 M1	1003 M2	1004 M1	1005 Mc2	1006 Tc	1009 M1	1000 CM2
×1060F(廃車)	2007年7月25日	1061	1062	1063	1064	1065	1066	1069	1070

2015年12月、運用離脱。

	運用開始日	1001 CT	1002 M1	1003 M2	1004 M1	1005 Mc2	1006 Tc	1004 M1	1005 Mc2	1009 M1	1000 CM2
1080F	2007年7月25日	1081	1082	1083	1084	1085	1086	1094	1095	1089	1080

保留車・廃車

5675	5676	5247	5248	5250	5634

1067	1068	1087	1088	1097	1098

1091	1096	1099	1090

表5 東京メトロ7000系 編成図

2018年3月現在

8両編成 <チョッパ>

	運用開始日	7100 CT	7200 T2	7300 M1	7400 M2	7500 Tc	7600 Tc	7900 M1	7000 CM
7117F	2010年8月19日	7117	7217	7317	7417	7517	7617	7917	7017
×7121F(廃車)	2010年8月19日	7121	7221	7321	7421	7521	7621	7921	7021
7122F	2010年8月21日	7122	7222	7322	7422	7522	7622	7922	7022
7123F	2010年10月19日	7123	7223	7323	7423	7523	7623	7923	7023

※7121Fは2013年12月10日、事故廃車。

保留車・廃車

7700 M1	7800 M2
7717	7817
7721	7821
7722	7822
7723	7823

表6 東京メトロ05系 編成図

2018年3月現在

8両編成

	運用開始日	05100 CT	05200 M1	05300 M2	05600 T	05700 T	05800 M1	05900 M2	05000 CT
05102F	2011年2月18日	05102	05202	05302	05602	05702	05802	05902	05002
05104F	2012年12月28日	05104	05204	05304	05604	05704	05804	05904	05004
05105F	2012年2月23日	05105	05205	05305	05605	05705	05805	05905	05005
×05107F(廃車)	2011年2月17日	05107	05207	05307	05607	05707	05807	05907	05007
05108F	2012年5月24日	05108	05208	05308	05608	05708	05808	05908	05008
05109F	2012年5月23日	05109	05209	05309	05609	05709	05809	05909	05009
05110F	2011年7月1日	05110	05210	05310	05610	05710	05810	05910	05010
05112F	2012年2月22日	05112	05212	05312	05612	05712	05812	05912	05012

※ 05107F は 2012年10月4日、事故廃車

保留車・廃車

05400 M1	05500 M2
05402	05502
05404	05504
05405	05505
05407	05507
05408	05508
05409	05509
05410	05510
05412	05512

表7 東京メトロ6000形 編成図

2018年3月現在

10両編成

<VVVF>	運用開始日	6100 CM1	6200 M2	6700 T1	6600 T2	6300 M1	6400 M2	6500 T1	6800 T2	6900 M1	6000 CM2
6101F	2016年9月15日	6101	6201	6701	6601	6301	6401	6501	6801	6901	6001

8両編成

<チョッパ>	運用開始日	6100 CT1	6200 T2	6300 M1	6400 M2	6500 Tc	6600 Tc´	6700または6900M1	6000 CM2
6105F	2013年5月11日	6105	6205	6305 (旧6705)	6405	6505	6605	6905	6005
6106F	2013年5月24日	6106	6206	6306	6406	6506 (旧6507)	6606	6706	6006
6107F	2012年10月1日	6107	6207	6307	6407	6507 (旧6506)	6607	6707	6007
6111F	2013年5月7日	6111	6211	6311	6411	6511	6611	6711	6011
×6112F(廃車)	2012年5月24日	6112	6212	6312	6412	6512	6612	6912	6012
×6113F(廃車)	2013年5月7日	6113	6213	6313 (旧6315)	6413	6513 (旧6515)	6613	6913	6013
6115F	2011年9月22日	6115	6215	6315 (旧6313)	6415	6515 (旧6513)	6615	6715	6015
6123F	2012年12月13日	6123	6223	6323	6423	6523	6623	6923	6023
6125F	2012年11月23日	6125	6225	6325	6425	6525	6625	6725	6025
6126F	2011年8月16日	6126	6226	6326	6426	6526	6626	6926	6026
6127F	2013年7月6日	6127	6227	6327	6427	6527	6627	6927	6027
6133F	2013年7月24日	6133	6233	6333	6433	6533	6633	6933	6033

※ 6112F は 2013年1月、運用離脱／6113F は 2013年5月、運用離脱。

8両編成

<チョッパ>	運用開始日	6100 CT1	6300 M1	6400 M2	6500 Tc	6600 Tc´	6200 T2	6900 M1	6000 CM2
6134F	2013年7月10日	6134	6334	6434	6534	6634	6234	6934	6034

10両編成

<VVVF>	運用開始日	6100 CT1	6300 M1	6400 M2	6500 Tc	6700 M1	6800 M2	6600 Tc´	6200 T2	6900 M1	6000 CM2
6108F	2016年9月15日	6108	6308	6408	6508	6708	6808	6608	6208	6908	6008
6116F	2016年11月18日	6116	6316	6416	6516	6716	6816	6616	6216	6916	6016
6117F	2016年9月15日	6117	6317	6417	6517	6717	6817	6617	6217	6917	6017
6118F	2016年11月20日	6118	6318	6418	6518	6718	6818	6618	6218	6918	6018

10両編成

<VVVF>	運用開始日	6100 CT1	6300 M1	6400 M2	6500 Tc	6700 M1	6800 M2	6600 Tc´	6200 T2	6900 M1	6000 CM2
6119F	2017年5月30日	6119	6319	6419	6519	6719	6819	6619	6219	6919	6019
6120F	2017年10月4日	6120	6320	6420	6520	6720	6820	6620	6220	6920	6020
6121F	2017年7月10日	6121	6321	6421	6521	6721	6821	6621	6221	6921	6021

10両編成

<VVVF>	運用開始日	6100 CT1	6200 T2	6300 M1	6400 M2	6500 Tc	6600 Tc´	6700 M1	6800 M2	6900 M1	6000 CM2
6124F	2017年7月10日	6124	6224	6324	6424	6524	6624	6724	6824	6924	6024
6129F	2017年10月9日	6129	6229	6329	6429	6529	6629	6729	6829	6929	6029
6131F	2017年1月17日	6131	6231	6331	6431	6531	6631	6731	6831	6931	6031
6132F	2017年5月30日	6132	6232	6332	6432	6532	6632	6732	6832	6932	6032

保留車・廃車

6700 M1	6800 M2	6900 M1
6705	6805	
	6806	6906
	6807	6907
	6811	6911
6712	6812	
6713	6813	
	6815	6915
6723	6823	
	6825	6925
6726	6826	
6727	6827	
6733	6833	
6734	6834	

第3章 インドネシア（ジャカルタ）　169

表8 JR203系 編成表

2018年3月現在

マト52 運用開始日 2013年9月11日

クハ 202	モハ 202	モハ 203	モハ 202	モハ 203	モハ 202	モハ 203	サハ 203	サハ 203	モハ 202	モハ 203	クハ 203
2	3	3	117	117	6	6	4	3	4	4	2

マト51より組み込み

マト66 運用開始日 2011年12月5日

クハ 202	サハ 203	モハ 202	モハ 203	モハ 202	モハ 203	モハ 202	モハ 203	サハ 203	クハ 203
106	112	118	118	1 (旧125)	1 (旧125)	116	116	111	106

マト51より組み込み

マト68 運用開始日 2012年4月3日

クハ 202	モハ 202	モハ 203	サハ 203	サハ 203	モハ 202	モハ 203	クハ 203
108	124	124	116	115	122	122	108

マト69 運用開始日 2012年4月3日

クハ 202	モハ 202	モハ 203	サハ 203	クハ 203	クハ 202	サハ 203	モハ 202	モハ 203	クハ 203
109	127	127	118	1 (旧1)	1 (旧1)	117	125	125	109

マト51より組み込み　　マト51より組み込み

保留車・廃車

サハ 203	モハ 202	モハ 203	サハ 203
2	2	2	1
	5	5	
	123	123	
	126	126	

表9 JR205系 編成表

2017年3月現在（5000番台は2018年5月現在）

太字は広告車

※205系は、2018年秋頃より、組成が大幅に変更されており、相違が発生していること、ご了承下さい。

12両編成

クハ 205 Tc	モハ 205 M	モハ 204 M'	モハ 205 M	モハ 204 M'	モハ 205 M	モハ 204 M'	モハ 205 M	モハ 204 M'	サハ 204 T'	サハ 204 T'	クハ 204 Tc'	備考
譲渡前編成番号												
ハエ24＋クラH4　143	388	386	387	387	277	277	188	188	41	47	143	前面・側面LED（モハ205-188、モハ204-188を除く）グレーはH4から組み込み

12両編成

クハ 205 Tc	モハ 205 M	モハ 204 M'	モハ 205 M	モハ 204 M'	クハ 204 Tc'	クハ 205 Tc	モハ 205 M	モハ 204 M'	モハ 205 M	モハ 204 M'	クハ 204 Tc'	備考
譲渡前編成番号												
ナハ40+41　24	70	70	72	72	24	25	73	73	75	75	25	
ナハ8+7　129	353	353	**354**	354	129	102	274	274	**275**	**275**	102	
ナハ4+2　88	235	**235**	**21**	**21**	88	86	13	13	15	15	86	前面LED
ナハ36+3　20	58	**58**	**60**	**60**	20	87	**233**	233	234	234	87	
ナハ38+43　22	64	64	**66**	**66**	22	27	79	**79**	81	**81**	27	前面LED

12両編成

クハ 205 Tc	モハ 205 M	モハ 204 M'	サハ 205 T	モハ 205 M	モハ 204 M'	サハ 204 T'	クハ 204 Tc'	クハ 205 Tc	モハ 205 M	モハ 204 M'	クハ 204 Tc'	備考
譲渡前編成番号												
クラH8＋6＋ナハ12　68	195	195	128	196	196	108	68	66	361	361	66	前面LED、グレーはナハ12から組み込み
クラH14＋27＋ナハ10　74	207	207	134	208	208	114	74	30	357	357	30	前面LED、グレーはナハ10から組み込み

12両編成

クハ205 Tc	モハ205 M	モハ204 M'	モハ205 M	モハ204 M'	クハ204 Tc'	クハ205 Tc	サハ205 T	サハ204 T'	モハ205 M	モハ204 M'	クハ204 Tc'	
18	52	52	54	54	18	23	**144**	124	69	69	23	グレーは H24 から組み込み
132	**359**	359	360	360	132	133	126	106	362	**362**	133	前面 LED
134	363	**363**	364	364	134	131	59	30	358	358	131	
26	76	76	78	**78**	26	21	135	115	63	**63**	21	グレーは H15 から組み込み
28	82	82	84	84	28	19	141	121	57	57	19	前面 LED

譲渡前編成番号:
- ナハ34＋39＋クラH24
- ナハ11＋12＋クラH6
- ナハ13＋10＋クラH27
- ナハ42＋37＋クラH15
- ナハ44＋35＋クラH21

12両編成

クハ205 Tc	モハ205 M	モハ204 M'	クハ204 Tc'	クハ205 Tc	モハ205 M	モハ204 M'	サハ205 T	モハ205 M	モハ204 M'	サハ204 T'	クハ204 Tc'	
75	**61**	61	75	77	213	213	137	214	214	117	77	前面 LED、グレーはナハ37から組み込み
64	227	227	64	83	225	225	143	226	226	123	83	前面 LED、グレーは H24 から組み込み
81	55	55	81	82	223	223	142	224	224	122	82	前面 LED、グレーはナハ35から組み込み

譲渡前編成番号:
- クラH15＋17＋ナハ37
- クラH4＋23＋24
- クラH21＋22＋ナハ35

12両編成

クハ205 Tc	モハ205 M	モハ204 M'	クハ204 Tc'	クハ205 Tc	モハ205 M	モハ204 M'	サハ205 T	モハ205 M	モハ204 M'	サハ204 T'	クハ204 Tc'	
84	67	67	84	85	229	229	**145**	230	230	125	85	前面 LED、グレーはナハ39から組み込み

譲渡前編成番号: クラH24＋25＋ナハ39

※モハ205-67・229・230のパンタは PS21

10両編成

クハ205 Tc	モハ205 M	モハ204 M'	モハ205 M	モハ204 M'	モハ205 M	モハ204 M'	サハ204 T'	サハ204 T'	クハ204 Tc'	
121	329	329	330	330	331	**331**	26	27	121	前面・側面LED
122	332	332	**333**	333	334	334	28	29	122	前面・側面LED
126	344	344	345	345	346	346	11	48	126	前面・側面LED
128	**350**	350	**351**	351	**352**	352	**5**	10	128	前面・側面LED
143	388	388	387	387	277	277	41	47	143	前面・側面LED
144	**389**	389	**390**	390	**391**	391	13	49	144	前面・側面LED
89	**237**	237	**238**	238	239	**239**	1	2	89	前面・側面LED
92	246	246	247	247	248	248	14	**34**	92	前面・側面LED
95	255	255	256	256	257	257	38	39	95	前面・側面LED
99	267	267	268	268	269	269	20	21	99	前面・側面LED
120	**326**	326	**327**	327	**328**	328	24	25	120	前面・側面LED
141	**380**	380	**381**	381	**382**	382	37	45	141	前面・側面LED
142	**383**	383	**384**	384	**385**	385	**12**	40	142	前面・側面LED

譲渡前編成番号:
- ハエ13
- ハエ14
- ハエ18
- ハエ20
- ハエ24
- ハエ25
- ハエ1
- ハエ4
- ハエ7
- ハエ11
- ハエ12
- ハエ22
- ハエ23

10両編成

クハ205 Tc	モハ205 M	モハ204 M'	モハ205 M	モハ204 M'	モハ205 M	モハ204 M'	サハ204 T'	サハ204 T'	クハ204 Tc'	
17	49	49	50	50	51	51	22	23	17	前面・側面LED、グレーはハエ30から組み込み
	旧204-124	旧204-124	旧205-125	旧204-125	旧205-126	旧204-126				

譲渡前編成番号: ハエ31

※モハ205-50のパンタはPS33E

第3章 インドネシア（ジャカルタ）　171

10両編成

	クハ205 Tc	モハ205 M	モハ204 M'	モハ205 M	モハ204 M'	モハ205 M	モハ204 M'	サハ205 T	サハ204 T'	クハ204 Tc'	
譲渡前編成番号				◇		◇		◇			
ハエ15+32+クラH4	123	335	335	336	336	162	162	124	104	54	前面・側面LED(サハ205-124は除く)、グレーはH4から組み込み

10両編成

譲渡前編成番号	クハ205 Tc	モハ205 M	モハ204 M'	モハ205 M	モハ204 M'	サハ205 T	モハ205 M	モハ204 M'	サハ204 T'	クハ204 Tc'	
		<		<			<				
クラH12+27	72	88	88	203	203	132	204	204	112	72	前面LED
クラH13+15	73	205	205	209	209	133	206	206	113	73	前面LED
クラH18+21	78	215	215	222	222	138	216	216	118	78	前面LED
クラH19+21	79	217	217	221	221	139	218	218	119	79	前面LED

10両編成

譲渡前編成番号	クハ205 Tc	モハ205 M	モハ204 M'	モハ205 M	モハ204 M'	サハ205 T	モハ205 M	モハ204 M'	サハ204 T'	クハ204 Tc'	
		◇		◇			◇				
クラH7+15	67	210	210	193	193	127	194	194	107	67	モハ205-210・193・194のパンタはPS21 グレーはH15から組み込み

10両編成

譲渡前編成番号	クハ205 Tc	モハ205 M	モハ204 M'	サハ205 T	モハ205 M	モハ204 M'	サハ205 T	モハ205 M	モハ204 M'	クハ204 Tc'	
		<			<			<			
ハエ26	137	370	370	148	371	371	149	372	372	137	前面・側面LED
クラH28+4	15	43	43	29	45	45	30	187	187	15	前面LED、モハ205-43・45・187のパンタはPS33E
ハエ30	42	124 旧205-49	124 旧204-49	83	125 旧205-50	125 旧204-50	84	126 旧205-51	126 旧204-51	42	前面・側面LED グレーはハエ31から組み込み1

10両編成

譲渡前編成番号	クハ205 Tc	モハ205 M	モハ204 M'	サハ205 T	モハ205 M	モハ204 M'	サハ205 T	モハ205 M	モハ204 M'	クハ204 Tc'	
		<			<			<			
クラH2+6	62	183	183	122	184	184	191	191	102	62	前面LED
クラH11+27	71	201	201	131	202	202	90	90	111	71	前面LED
クラH1+6	61	181	181	121	182	182	192	192	101	61	前面LED
クラH9+24	69	197	197	129	228	228	198	198	109	69	前面LED(側面は方向幕)

事故車
(2015年9月23日追突事故)

譲渡前編成番号	クハ205 Tc	モハ205 M	モハ204 M'	サハ205 T	モハ205 M	モハ204 M'	サハ204 T'	モハ205 M	モハ204 M'	サハ205 T	サハ204 T'	クハ204 Tc'	
		<			<			<					
ハエ32	54	160	160	146	161	161	147	337	337	8	46	123	下線は2017年11月、解体済

8両編成

譲渡前編成番号	クハ205 Tc	モハ205 M	モハ204 M'	サハ205 T	サハ205 T	モハ205 M	モハ204 M'	クハ204 Tc'
		◇			◇			
M3	44	5005	5005	87	88	5006	5006	44
M15	29	5029	5029	153	208	5030	5030	29
M24	33	5047	5047	65	66	5048	5048	33

※1=M車のパンタグラフ形状は以下の通り　◇=菱形　<=シングルアーム

表10	**205系　ジャカルタまでの動き**		

1. 川越車両センター所属車（埼京線・川越線）

編成番号	車両番号（奇数方先頭車）	新津到着日	ジャカルタ到着日
ハエ15	Tc123-	2013年9月20日	2013年11月3日
ハエ7	Tc95-	2013年9月26日	〃
ハエ11	Tc99-	2013年10月4日	〃
ハエ25	Tc144-	2013年10月11日	2013年11月16日
ハエ14	Tc122-	2013年10月18日	〃
ハエ13	Tc121-	2013年10月24日	2013年12月3日
ハエ24	Tc143-	2013年11月1日	〃
ハエ4	Tc92-	2013年11月7日	2013年12月15日
ハエ26	Tc137-	2013年11月15日	〃
ハエ23	Tc142-	2013年11月21日	〃
ハエ20	Tc128-	2013年11月29日	2014年1月10日
ハエ1	Tc89-	2013年12月6日	〃
ハエ31	Tc17-	2013年12月13日	〃
ハエ12	Tc120-	2013年12月20日	2014年2月23日
ハエ30	Tc42-	2014年1月30日	〃
ハエ18	Tc126-	2014年2月7日	2014年3月16日
ハエ22	Tc141-	2014年2月14日	〃
ハエ32	Tc54-	2014年2月21日	〃

2. 鎌倉車両センター（横浜線）

編成番号	車両番号（奇数方先頭車）	新津到着日	ジャカルタ到着日
クラH6	Tc66-	2014年5月23日	2014年7月12日
クラH4	Tc64-	2014年5月30日	〃
クラH24	Tc84-	2014年6月6日	〃
クラH21	Tc81-	2014年6月13日	〃
クラH7	Tc67-	2014年6月20日	2014年8月3日
クラH9	Tc69-	2014年6月27日	〃
クラH12	Tc72-	2014年7月4日	〃
クラH15	Tc75-	2014年7月11日	2014年8月21日
クラH13	Tc73-	2014年7月18日	〃
クラH25	Tc85-	2014年7月25日	2014年9月19日
クラH23	Tc83-	2014年8月1日	〃
クラH14	Tc74-	2014年8月8日	〃
クラH18	Tc78-	2014年8月22日	〃
クラH11	Tc71-	2014年8月29日	2014年10月15日
クラH28	Tc15-	2014年9月5日	〃
クラH19	Tc79-	2014年9月12日	〃
クラH22	Tc82-	2014年9月19日	〃
クラH2	Tc62-	2014年9月26日	2014年11月10日
クラH17	Tc77-	2014年10月3日	〃
クラH8	Tc68-	2014年10月10日	〃
クラH1	Tc61-	2014年10月17日	2014年12月4日
クラH27	Tc30-	2014年10月24日	〃

3. 中原電車区（南武線）

編成番号	車両番号（奇数方先頭車）	新津到着日	ジャカルタ到着日
ナハ35	Tc19-	2015年4月24日	2015年7月1日
ナハ4	Tc88-	2015年5月15日	〃
ナハ8	Tc129-	2015年5月22日	〃
ナハ44	Tc28-	2015年5月29日	〃
ナハ2	Tc86-	2015年6月5日	〃
ナハ40	Tc24-	2015年6月19日	2015年8月5日
ナハ41	Tc25-	2015年6月26日	〃
ナハ7	Tc102-	2015年7月3日	〃
ナハ11	Tc132-	2015年7月17日	〃
ナハ10	Tc131-	2015年7月31日	2015年9月27日
ナハ42	Tc26-	2015年8月21日	〃
ナハ13	Tc134-	2015年8月28日	〃
ナハ37	Tc21-	2015年9月11日	〃
ナハ38	Tc22-	2015年10月2日	2015年11月27日
ナハ43	Tc27-	2015年10月9日	〃
ナハ36	Tc20-	2015年10月30日	〃
ナハ3	Tc87-	2015年11月6日	〃
ナハ12	Tc133-	2015年11月20日	2016年1月5日
ナハ34	Tc18-	2015年12月4日	〃
ナハ39	Tc23-	2015年12月11日	〃

第3章 インドネシア（ジャカルタ）

第4章 マレーシア

かつて、マレー半島の寝台列車とボルネオ島の急行列車に定期運用を持っていた、JR14系と名鉄キハ8500形。様々な事情が絡み、残念ながら本来の目的で使われなくなってしまったが、その残滓は今でもわずかに光輝いている

東南アジアにおいて5番目に導入

　マレー半島と南シナ海を挟んで、ボルネオ島にも領土を広げるマレーシア。面積は日本の約9割に相当する約33万㎢、人口は約3200万人(2016年度)、マレー系、中国系、インド系の3民族が混在する立憲君主制国家である。マレー半島にはマレーシア鉄道公社(KTMB)、ボルネオ島にはサバ州立鉄道(JKNS)があり、それぞれ独立して運営されているが、マレー鉄道公社には2011年12月から、サバ州立鉄道には2016年10月から一時期、日本型車両が運転されていた。

　マレーシア鉄道公社(KTMB)には、JR西日本・JR九州からそれぞれ14系座席車・24系寝台車14両が導入され、第1陣として7両が2012年2月より定期営業運転を開始した。日本型車両が活躍するASEAN（東南アジア諸国連合）各国としては、タイ・フィリピン・ミャンマー・インドネシアに次ぐ5番目(※1)の"現地デビュー"である。もう一方のサバ州立鉄道(JKNS)には、旧・名鉄「北アルプス」で使われていたキハ8500形2両(→日本時代の現役最終期には会津鉄道キハ8500形)があったが、車両故障や乗車率不振により、それぞれわずか1年足らずの定期運転に終わっている。

　マレーシア鉄道公社の旧・14・24系のうち、竣工していた7両は2015年5月に普通列車として運転再開しており、区間や使用列車が変わっているものの、現在も使われている。サバ州立鉄道の旧・キハ8500形は、残念ながら定期稼働はなくなってしまった

> ※1=本書の定義と異なるが、1977年2月に国鉄鷹取工場からベトナム国鉄にDD11 2の1両が搬出されており、これを加えるとすれば6番目となる

が、1両（8503）が現在、団体専用車となっていてエンジンも定期的に整備されて稼働状態にあるのは嬉しい。本稿では、この両形式について、現役時代を中心に解説する。

　なお、ボルネオ島でも車両基地敷地内での撮影は、事前にKTMB・JKNSの許可が必要。本書掲載の敷地内撮影カットは全て、敷地内立入申請を含め、事前に当局と折衝の上で撮影許可申請を行い、日本語ガイド同行のもと、現場職員の指示されたエリア内で撮影したものである。また、マレーシア鉄道公社(KTMB)も外国人向けの車両基地内での敷地内撮影は許可されていない。

マレーシア鉄道公社(KTMB) 14・24系(14両)

導入までの経緯

　日本型PC導入の背景には、マレーシア政府の効率的な輸送手段としての鉄道利用促進を目的とした、国家経済開発プラン第9次マレーシア計画（鉄道輸送改善プロジェクト）が基になっている。これは元々慢性的な車両不足に悩んでいた東海岸線への導入を目的としているもので、主要線区の複線電化や増発などの施策で手一杯であるKTMBでは、資金面で余裕がなかったようで、2009年に同国運輸省を通じて日本政府に要請があり、JR西日本・JR九州はこれに応える形で無償譲渡が実現したものである。

　JICA（国際協力機構）の仲介により、余剰となっていたJR西日本14系座席車7両とオハネフ25形1両の計8両、JR九州14系15形寝台車6両の計14両に白羽の矢が立った。前者は2010（平成22）年9月に宮原車両所で、後者は2011（平成23）年3月に熊本運転所（当時）でそれぞれ廃車となっていたもの。

第4章 マレーシア　175

車両は航送にてスランゴール州クラン港に到着し、これと並行してJICAが日本人の専門家を同国へ派遣して技術的なノウハウを伝授した。その他、KTMB職員8名も来日し、JR北海道で3週間かけて、現役の寝台列車の運行・保守技術を学ぶなどの支援を実施している。

改造を終えた第1陣7両は、2011年10月25日にクランタン州ワカバル駅でプレ開幕式典が行われ、メディアと来賓客向けにジョホール バル セントラル（Johor Bahru Sentral、現名称は「JBセントラル」）までのデモンストレーション試乗会も開催され、同年12月19日より週3往復、2012年2月1日改正で隔日運転となった。

JICAによれば、車両提供をする日本側は、1両あたり500～800万円ほどかかる解体費用が寄贈によって抑制されてメリットがあること、マレーシア側についても1両1億円程度かかる車両新造費用が車両譲渡により、輸送費と改造費で済むことなど、大幅に少ない予算で全体的な底上げができることを強調している。併せてKTMBでは、車齢は約35～40年とやや古いものの、頑丈で状態も良好なことから、当初予想では今後10年程度使用可能であると思われていた。「マラヤン・タイガー・トレイン」の運行により、18万5000人の増客が見込まれ（東海岸線利用客は年間約30万人程度）、約5％の収益を上乗せし、計画通りにいけば今後5年間で投資額の回収する予定であったという。

運用

列車名は、同国に生息するマレー虎に因んで、「マラヤン・タイガー・トレイン Malayan Tiger Train（MTT）」と命名された。座席車3両＋寝台車4両（内1両がソロ）の7両編成で組成され、ソロが1等寝台、開放式B寝台車が2等寝台扱いとされた。

運転区間はタイとの国境に近い北部クランタン州トゥンパット（Tumpat）から、東海岸線経由で同国最南端の街・ジョホール州ジョホールバル（JBセントラル）までの全長722.2km。乗車所要時間も約15時間と格段に長く、ルートの関係で首都・クアラルンプールは通らない。1編成しか整備されていなかったため隔日運転で、運賃は、1等寝台（ソロ）が126リンギット（約3150円／レートは1リンギット≒25円／2012年5月当時の為替レートによる）、2等寝台（開放式B寝台）が54リンギット（約1350円）であった。

車両

14両の内訳は、JR西日本車8両（スハフ14 11・202・204、オハ14 185・257、オハフ15 23・42、オハネフ25 47）、JR九州車6両（スハネフ14 6・スハネフ15 2・オロネ15 3001・オハネ15 1102・1246・2004）で、このうちスハフ14 11・オハフ15 23・オハ14 257及び、スハネフ14 6・オハネ15 1102・1246・2004の計7両が、2011年10月までに以下の改造が実施されている（表1参照）。

●主な改造項目

①車体色一部変更（紺色＋白細帯はそのままに、車端部のみオレンジへ）

②輪軸改軌（台車改造／1067㎜→1000㎜へ）

③同国仕様に合わせたブレーキシステム変更

④側扉はエアを抜き、手動化（ソロのデッキ部ガラス張りドアも手動化）

⑤トイレに現地様式のトイレシャワーを取付

⑥現地旅客に必要な車内標記類の一部マ

レー語化

⑦貫通路デッキ上部に現地車号プレート（アクリル製）を取付

　編成は、以下の通り組成されていた（表2参照／カッコ内はJR車号）。

7号車・BSC 2002（スハフ14 11）＋6号車・BSC 2003（オハフ15 23）＋5号車・BSC 2005（オハ14 257）＋4号車・BDNF 1102（オハネ15 2004）＋3号車・BDNS 2702（オハネ15 1246）＋2号車・BDNS 2701（オハネ15 1102）＋1号車・BDNS 2705（スハネフ14 6）。

　MTTの特徴は、JR時代のイメージを極力再現したことで、車号表記もJR時代の形式が残存し、形式書体も流用している。スハフ14 11とオハフ15 23以外は現地で記入しているため、若干書体が異なっていたが、概ねJR時代の雰囲気を留めていた。またオハネ15 1246はなぜか「スハネフ15」と表記されており、現地での表記ミスと推定される。

　運転中止に伴い、改造途中であった残りの7両は、工事そのものが中止され、車庫のあるトゥンパで荒廃している。

各車概況

● 7号車・BSC 2002（スハフ14 11）
● 6号車・BSC 2003（オハフ15 23）
● 5号車・BSC 2005（オハ14 257）

　JR西日本14系座席車で、スハフ1411（7号車）は1972（昭和47）年11月の日本車輌製、オハフ1523（6号車）は1974（昭和49）年1月の新潟鐵工製である。違いは床下発電機搭載の有無に起因し、それ以外は基本的に同様である。

　現地形式のBSCとはBlue Second Class Coach（2等座席車）に由来し、外観は車端部のオレンジ色変更程度で、ブルトレ時代

機関車と7号車・BSC 2002（スハフ14 11）の連結部。連結器の高さも揃えられており、ブレーキホースやジャンパ栓類もJR時代と同様に接続されている　Kluang　2012年4月13日

6号車・BSC 2003（オハフ15 23）。編成端部に出ないため、妻面の白帯が省略されているのが外観上の識別点となる。幕板部にはKTMのロゴシールが貼られている　Kluang 2012年4月13日

国鉄時代の簡易リクライニングシートが並ぶ6号車・BSC 2003（オハフ15 23）の車内　Kluang　2012年4月13日

6号車・BSC 2003（オハフ15 23）のトイレは和式のまま。トイレシャワーは、左の手洗器の吐水口にホースを接続し、蛇口も設置されている　Kluang　2012年4月13日

第4章 マレーシア

の面影を色濃く残している。その他、車体色そのものが列車名を意味するためか、マレー語行先表示は特に標記されていない。

オハ15 23・オハ14 257は側面行先表示幕がJR仕様のままで、車体番号はスハフ14 11がステンレス切り抜き文字、オハフ15 23・オハ14 257が白文字標記となっている。

5号車・BSC 2005（オハ14 257）の車端部には、シュプール＆リゾート号への改装時に荷物置き場が設置された。予備のリネン類置き場として有効活用されている　Kluang 2012年4月13日

5号車・BSC 2005（オハ14 257）の車内。同車は、シュプール＆リゾート号改装時に、リクライニング角が深いR55形座席に交換された。枕カバーは設置されていない Kluang　2012年4月13日

5号車・BSC 2005（オハ14 257）は、トイレシャワーの取付にあたり、同車のみシュプール＆リゾート号改装時に更新されたため、洗面台下部の送水管を改造して設置している　Kluang　2012年4月13日

なお、妻面貫通路の愛称表示器は白幕のままで、車内インテリアや座席も変わらず、車内標記類（座席番号プレート・車号銘板・くずもの入れ標記など）でさえ日本語が残存し、現地利用者向けのマレー語標記が目立たないようにシールで貼ってあった。座席の枕カバーは取付られていない。

トイレは現地の慣習に合わせ、手洗部の吐水口下部を2段式に改造し、上部を手回し式の蛇口にして、下部にシャワーホースを取付て使用後にレバーを押すと水が出る「トイレシャワー」を追設した。現地版のウォシュレットである。また7両全ての床下部に汚物循環処理装置が存置され、垂れ流し式にはなっていない。

スハフ14 11の床下に搭載しているサービス用ディーゼル発電機（DMF15HZ-GとDM93を組み合わせたもので、容量は210kVA）も存置され、運用時に編成全体のサービス電源を供給しているところも変わらないが、自車を含めた6両分の給電しか供給できないため、端部のスハネフ14 6の電源装置も稼働させて余裕を持たせている。JBセントラル方の先頭車はスハフ14 11と決められ、編成替えを行わない。そのため、先頭に出ることのないオハフ15 23は車端部白帯が省略されている。

BSC 2005（オハ14 257）はJR西日本の臨時列車（「シュプール＆リゾート号」など）用アコモ改造車として、旧・オハ14 85（1974年1月の新潟鐵工所製）を種車に、1989（平成元）年12月、幡生車両所で改造したもの。8両改造された250番台車の海外搬出例としては唯一の存在で、JR西日本時代にリゾート色（赤と白のツートン）となっていたため、他車とカラーを揃えるため、14系カラー（青

＋白帯）に戻し、さらに車端部のオレンジ化という全面的な塗り直し作業を行っている。

　車内は、交換された座席（背面テーブル付きの大型リクライニングシート、R55形）、車端部のスキー置き場、窓1個分を潰して設置された2位側車端部の大型荷物置き場と更衣室も健在である。2012年4月の取材当時は、クルアンで折り返し運転を行っており、JBセントラルでリネン類の交換ができないためか、荷物置き場スペースが、交換用リネン類置き場として有効活用されていた。また、トイレシャワーの取付に際しては、更新された洗面台形状から吐水口での改造ができず、手押しハンドル下部の給水管を改造して一方にホースを接続するなど、苦心の改造が窺える。

4号車・BDNF 1102（オハネ15 004）
3号車・BDNS 2702（オハネ15 1246）
2号車・BDNS 2701（オハネ15 1102）
1号車・BDNS 2705（スハネフ14 6）

　寝台車は全てJR九州車で、個室寝台という構造上、編成中唯一、1等寝台車扱いで運用されているのがBDNF 1102。形式のBDNFは、Blue Day Night Firstの頭文字に由来したもので、1101は当時整備予定であったオロネ15 3001（A個室）が充当される可能性があった（のちに改造工事中止）ため、1102から始まっている。いずれも編成中央の4号車が定位置。

　同車は1999（平成11）年に小倉工場にて車種改造（24系→14系化）により生じた番台で、種車はオハネ25 1004。2009（平成21）年3月改正で廃止された寝台特急「富士・はやぶさ」のソロとして使われていた車両で、JR九州仕様の派手なモケットも健在。わ

ずかにリネン類が現地仕様に変更されている程度で、枕や敷布団、それにソロは毛布（KTMBのロゴ入り）が常備されているが浴衣やハンガーはなかった。洗面所には冷却飲料水タンクが使用不可のまま残存し、側廊下両端部にあったドアはエアが抜かれ作

5号車・BSC 2005（オハ14 257）＋4号車・BDNF 1102（オハネ15 2004）の連結部。JR時代の行先幕がそのまま残存しており、「佐世保」を表示している。隣接のBDNF 1102（オハネ15 2004）は、デッキ上の「B寝台・ソロ」標記までも健在であったが、投石により早くも破損している　Kluang　2012年4月13日

4号車・BDNF 1102（オハネ15 2004）の妻面に残る、JR九州時代の銘板と製造銘板　Kluang　2012年4月13日

4号車・BDNF 1102（オハネ15 2004）の上段。構造はJR九州時代のままでリネン類も常備されているが、終夜灯が取付られており、豪華なイメージ　Kluang　2012年4月13日

動しないため、開いた状態のまま使われていた。

開放式B寝台車3両は2等寝台車扱いで、

3号車・BDNS 2702(オハネ15 1246)の寝台部。茶系統の化粧板はJR九州時代に施工されていたもので、枕やシーツはあるが、1等寝台と差を付けるためか毛布はない
Kluang　2012年4月13日

2号車・BDNS 2701(オハネ15 1102)　Kluang 2012年4月13日

1号車・BDNS 2705(スハネフ14 6)。運用上、車掌室をJBセントラル方に揃える必要があり、営業開始前に方転されている　Kluang　2012年4月13日

形式のBDNSは、Blue Day Night Secondに由来。リネン類も1等寝台とほぼ同様であるが、枕と敷き布団はあるものの、毛布は付いていない。改造メニューは座席車と変わらず、基本的な構造は原形を保ち、最後部のスハネフ14 6は車掌室をJBセントラル方に揃えるため、運用開始にあたって方転を実施していた。

関係者によれば、致命的な故障が発生し、修理ができなかったことが直接の原因となり、2012年10月25日より運休となり、当初の雄大な目的とは裏腹に、わずか1年足らずの運転に終わっている。

普通列車への転用

「マラヤン・タイガー・トレイン」の休止後、保留車となっていた7両のうち、ソロ以外は2015年5月に普通列車へ転用されることになった。東海岸線と西海岸線の分岐点であるグマス（Gumas）〜ウッドランズ Woodlands CIQ）間197.5km区間にて約2年半ぶりに運転を再開した。運用は座席車のみで、寝台車は本来の目的では使われず（ただし、車内立入りは可能であった）、電源車代用としての再起であったが、1編成しかない"異端車"のためか、運用がその後もなかなか定着せず、以下の経歴を辿る。

①2016年5月19日のダイヤ改正で、一旦運用離脱

②2016年7月にグマス（Gumas）〜JBセントラル（JB Sentral)間195.4kmに運転区間を短縮して再度運転再開

③2016年9月にプラウ セバン／タンピン（Pulau Sebang/Tanmpin）〜JBセントラル（JB Sentral間）247.9kmを結ぶ普通列車（Shuttle40／41列車)に転用

④2017年2月1日より、運転区間が再びグマ

ス（Gumas）～JBセントラル（JB Sentral）間195.4kmに運転区間が短縮（Shuttle44／45列車）

現在は、JBセントラル～プラウ セバン／タンピン間のES44／45列車に充当されており、歴史的には③に戻った形となっている。時刻は以下の通りであるが、1編成しかないため、床下機器類などの故障があると、他編成が代走する体制である。

ES 44＝JBセントラル 22：30→プラウ セバン／タンピン 3：21

ES 45＝プラウ セバン／タンピン 3：50→JBセントラル 8：44

サバ州立鉄道 キハ8500形（2両）

サバ州立鉄道の概況

インドネシアやブルネイと国境を接し、「東マレーシア」とも通称されるボルネオ島サバ州には、州都・コタ キナバル（Kota Kinabalu、KK）から内陸部へ向かう、サバ州鉄道部が運営するサバ州立鉄道（JABATAN KERETAPI NEGERI SABAH／略称「JKNS」／英語標記ではSabah State Railway Department）が運行している。

サバ州自治政府（※2）が運営するボルネオ島唯一の鉄道で、マレー鉄道（KTMB）からも独立した存在である。コタキナバル市内のタンジュン アル（Tanjung Aru）（※3）から内陸部のボーフォート（Beaufort）まで

※2＝かつてマレーシアは連邦国家だった関係で、ボルネオ島の2州（サバ州・サラワク州）は独立国のような強い自治権が現在も残されている。外交・軍事・警察・通貨以外は独自の政策を実施できるため、「自治政府」と呼称されている。マレーシアでは国内線で移動する場合でも、ボルネオ島（前述の2州）に入る場合、国際線の入出国審査と同様の「入境審査」があるのはそのためで、パスポートに入国スタンプに追加して入境スタンプを押印している
※3＝コタキナバル空港滑走路に隣接している拠点駅で、JKNS本社もここにある

走る区間と、タンジュン アルからコタ キナバル中心地に近いスンブラン（Sembulan）間約2km区間で構成される本線（90.5km）と、ボー フォートからコーヒーの産地として著名なテノム（Tenom）までのジョージ線（49km）の2路線で構成される。

駅数は起終点を含め15駅で軌間1000mmの全区間単線非電化。その歴史は100年以上を誇り、ゴム園やコーヒー農園から収穫した作物を運ぶために、最初の開通区間は1896年に敷設された。近年は道路交通の発達で減便が進み、現行ダイヤでは本線が1日2往復、ジョージ線においては土曜日を含めた平日では1日4往復、日曜日は3往復の運用で、併走する道路を走るバス会社などに影響を及ぼさないよう、最低限の本数に絞っている政策的なものと推定される。列車はほぼ定刻運転だが、時折、車両運用の都合で運休も発生している。

列車はかつて、機関車牽引のPCと共に、区間運転用のイギリス製レールバス（※4）が主力として活躍してきたが、1970年代より日本製DLやPCが複数輸出され、一部は現役。近年は中国南車製の箱型DLやプッシュブル列車、それにインド製DCも幅を利かせている。

在籍上の車両は多数存在するものの、運用数が少ないことから、かなりの車両が休車扱いで、定期的な稼働車は本線用DL2・PC3（この他にプッシュプル4）、ジョージ線用DL2・PC6（FC2含む）までに縮小されている。なお、2007～2011年の4年間で、本線運行を休止して軌道強化、道床増厚、駅設

※4＝サバ州はかつてイギリスの保護領であったことから、独立後も同国製のレールバス・DCが主力として活躍していた。現在も休車状態で数両在籍している

第4章 マレーシア　181

備改修といった改良工事が実施され面目を一新している。

2000年より運行されている「北ボルネオ鉄道」とは、サバ州立鉄道のタンジュン アルから途中のパパールPaparまで38．5kmを走る、週2回（水・土曜日）運行の、"ＳＬ観光列車のネーミング"であり、正式路線名ではない。

導入までの背景

2016年7月の地元紙（※5）報道を要約すると、車両更新について、

①ジョージ線（ボー フォート～テノム間49km）用旧型DC（3100形）置換用に新型DC1両を2016年11月に導入し、2017年1月より稼働

②マレーシア連邦政府も2018年初頭頃に3両の新型DCを導入

③本線（タンジュン アル～ボーフォート間）用に整備済レールバスを既に調達している

との3点で、この中の、③の「整備済レールバス」が、RB8500形（旧・名鉄→会津キハ8500形）を指すものと推定される。

キハ8500形とは、名古屋鉄道がJR高山本線直通特急「北アルプス」で使われてきたキハ8000系の後継車として、1991（平成3）年に日本車輌で製造された特急用DC。全長21.4m、自重41.6ｔ、定員は60名、車端部に便洗面所を備え、エンジンはカミンズNTA－855－R1形を2基装備し、先頭車4両（8501～8504）と中間車1両（8555）の計5両が新造され、同年3月16日ダイヤ改正時からデビューした。

キハ8502は高山方先頭車としてJR東海

キハ85系と併結され、風光明媚な高山本線を往来していたが、利用減少に伴い、2001（平成13）年9月に「北アルプス」が廃止された。そこで会津鉄道が保留車となっていた同車を引き取り、快速「AIZUマウントエクスプレス」として、翌2002（平成14）年3月23日ダイヤ改正より名鉄カラーのまま、再デビューとなった。

2005（平成15）年3月からは野岩鉄道を介して、東武鬼怒川線（鬼怒川温泉まで）との直通運転も実施され、シーズン中は喜多方まで、東武～野岩～会津～JRと4社線直通運転も行っていた。しかし、高速走行用のDCを停車駅の多いローカル線の快速運用に使うという、本来の目的とはやや異なる使い方が災いして床下機器類の老朽化が急速に進行し、残念ながら2010（平成22）年5月30日の運用を最後に4両（※6）とも除籍され、名鉄時代を含めて19年の歴史に幕を閉じた。

廃車後、会津下郷に留置してあったキハ8502・8503は、2012（平成24）年4月より、購入した個人が福島県会津若松市内の観光施設で静態保存していたが、2014（平成26）年夏に施設側から設置の契約解除を通告され、一転解体の危機に瀕してしまう。このことを知った国内の商社が現車を調査した結果、まだ使えることが判明し、折しも新たな車両を探していたサバ州立鉄道への導入について本格的な折衝が開始された。数次に渡る折衝の結果、ボルネオ島に移籍されることになったのである。

キハ8500形2両は2015年8月に陸送にて搬出され、9月にクアラルンプール港経由で

※5＝2016年7月10日付のDailyExpress紙「New DMU Train by January」及び、2016年7月11日付のStar紙「Metro News」より

※6＝中間車のキハ8555は、一足早く2007（平成19）年3月に廃車となっている

コタキナバル港に到着後、直ちに整備を担うキナルート（Kinarut）車両基地に入場し、まずはキハ8502より改造工事が開始された。検修スタッフにとって初めて接する日本型DCであり、図面はあったもののしばらくは構造調査など、手探りの状況であったという。

●主な改造項目
①輪軸改軌（台車改造／1067㎜→1000㎜へ）
②車体の「名鉄色」を剥離し改めて再塗装、前面は青＋白、側面はライトブルー＋グレーのツートンカラーに変更
③名鉄時代のローマン書体の切抜車号を撤去、側面JKNS仕様の車号に新たにカッティングシートで掲示
④前面幌枠と踏板撤去
⑤車内妻面のLED表示器を使用中止し、「NO SMOKING」シール貼付
⑥前面貫通扉下部にJKNSロゴを、側面にサバ州の州旗とJKNSロゴを掲示

　関係者によれば、入場後にまず手を付けたのはエンジンで、5年以上も屋外で静態保存されていたため、当初はそもそも復旧できるのかどうかも危ぶまれ、走行用機関として復旧できない場合、車内灯や冷房稼働程度の出力とし、PCとして使用することも視野に入れていたようだ。

　検査の結果、幸い機器類に大きな損傷はなく、検修陣による地道な修復が続けられた結果、2016年2月にエンジン復旧と車体改装が完了した。日本からの専門家による最終点検をクリアしてJKNSに正式に引き渡され、3月16日に初の試運転を実施した。

　会津鉄道での運用終了以来、実に6年ぶりの本線復帰であった。JKNSではエンジンと共にブレーキが正常に作動することに重点を置いたそうであるが、大きなトラブルもなく結果は良好と判断し、営業運転に問題ないことが立証された。5月には前面・側面にJKNSのロゴを掲示し晴れて竣工した。現地車号については、名鉄時代の車号をそのまま呼称することになり「8502」と付

RB8502の先頭部。車体下半分と排障器、それに屋根が白で塗装された他、幌枠と踏板が撤去されている。RB8503と貫通扉の高さが微妙に違うこともわかる。右はキナルート車両基地スタッフ　Kinarut　2017年6月16日

LED装置は使用中止となり、禁煙、禁止事項シールが貼られている　Depo Kinarut　2017年6月16日

RB8502の側面。RB8503と共に、側面左右計4ヶ所に、サバ州立鉄道紋章とサバ州の州旗が貼り付けられた。「JKNS」とはサバ州立鉄道マレー語表記（JABATAN KERETAPI NEGERI SABAH）の頭文字から取ったもの。マレー語と英語標記が掲示された他、紋章はサバ州の霊峰・キナバル山をイメージしたデザインが描かれている。ボルスタレスND-719形台車は軌間改修の上、そのまま使われている　Depo Kinarut　2017年6月16日

第4章 マレーシア　183

番されている。

　現車の外観は、イメージを一新した塗装以外は特に大きな改造個所はなく、車体形状、Rの大きい側面窓、幅800mmの折戸など、名鉄時代の面影が十分に残っており、幕は抜かれているものの2段式の側面行先表示器も健在である。

　車内はLED表示器が使用中止となっている他は大きな変化はないが、特筆すべきは車内座席で、汚損防止のため、シート全体を黒革製カバーで覆って重厚な雰囲気となったが、このため背面テーブルは使用できなくなっている。大きくイメージチェンジした客室内とは対照的に、デッキ部とトイレ・洗面所は改造の対象外で、トイレは

2010年5月に会津鉄道での除籍以来、実に7年ぶりに組成されたRB8502＋RB8503連結の瞬間。床下の水タンクや外幌も名鉄時代のままだが、現地で使用予定のない行先表示器は中の幕が外されている。また、端部にあったローマン書体の切抜車号は残念ながら撤去されている　Depo Kinarut　2017年6月16日

8502の竣工に続き、2016年5月より本格的な修繕が開始された8503。灼熱の国だけに、作業員の安全確保のため車体全体をカバーで覆い、ロープを台車にくくりつけている。日陰を確保した上で実施し、取材当日は外板塗装剥離と錆落とし作業の最中であった　Depo Kinarut　2016年5月20日

和式タイプのまま、デッキ部の広告脇には会津鉄道時代の広告も残存している。

　一緒に導入された8503は、搬入当初はカバーをかけられたまま敷地片隅に留置されたままだったが、8502の整備完了を受け、2016年5月より本格的な改造作業が開始しされた。側面塗装部剥離と錆落とし、エンジン整備等の本格的な改造の後、2017年6月に現地竣工している（表3参照）。

　当初の計画では、単行のままで本線運転を開始させ、終着駅ではターンテーブルを使って方転させる運用で、これと併行して8503の修繕を行い、2017年初頭の竣工後は2連運行を予定していた。形式は「Rail Bus」の頭文字を採って「RB」、車号は名鉄時代のまま8500形を踏襲し、「RB8500形（8502・8503）」と命名された。ただ車号標

汚損防止のため、黒革でシート全体を包み込んで重厚な装いとなったRB8503の車内。このため背面テーブルは使用できなくなっている。電球色蛍光灯はJKNSでもそのままで、高級感が漂う　Depo Kinarut　2017年6月16日

記は数字のみで、書類上のみの扱いと推定される。

運転開始から定期運用終了まで

2016年10月17日にまずRB8502が、本線にて1日1往復の「Kelas Pertama（マレー語でファーストクラスの意）」で営業運転（単行）を開始した。片運転台のDCを単行運用という、日本では考えられない使い方で、終着駅では計画の通り、始発のタンジュン アル駅で構内外れのSL運転用ターンテーブルを使い、終着・ボー フォートでは構内のデルタ線を使って方向転換するという、手のかかりようであった。

当初、途中のパパールのみ停車する快速運転であったが、普通列車と比較して高い運賃であること、道路事情が良好な地域でもあったことから利用客が付かず、対応策として、2017年4月のダイヤ改正により各駅停車に改められている。

ボルネオ島初の日本型DCとして華々しくデビューしたRB8500形であったが、このRB8502は受難続きだった。2017年2月28日に踏切横断中のクルマと衝突し、整備のため2ヶ月ほど運休。復帰後の6月16日には新たに整備されたRB8503との2連併結試運転

2016年6月に実施された、RB8502単行の試運転。営業開始時もこのまま単行で投入され、終着駅ではターンテーブルまたはデルタ線で方向転換していたが、利用客がつかず、わずかな期間の定期運行に留まったのが惜しまれるDepo Kinarut　2016年6月27日

も行われ、名鉄時代を彷彿とさせる2連組成が実現したが、6月22日の単行運転に復帰直後、今度はエンジントラブルが発生して再び運用を外れてしまい、翌6月23日よりRB8503がなし崩し的に単行のまま、代走運転を開始していた。しかしながら利用率低迷は挽回できず、残念ながら2017年8月、ついに運行自体が休止される。

「マラヤン・タイガートレイン」（実際は、KTMBの14系・24系はプラウ セバン/タンピン～JBセントラル間の列車に充当中だが）と同様、わずかな期間の運用にとどまったRB8502は、オーバーホールが必要な状態で、キナルート車両基地にて入場中のままであるが、定期運用休止に伴い、メンテナンスも中断しているようである。

これに対しRB8503は、現在、キナルート車両基地内で保管されているものの、時折、ファンや旅行会社ツアーの団体列車として使われており、不定期とはいえ稼働状態にある。

1990年代製造とはいえ、5年以上も屋外で静態保存されていたDCを現役に復旧させて本線運用に供する日本型車両は、もちろんASEAN諸国では初の事例で、裏を返せばそれだけ日本製車両の信頼性とJKNS検修陣の技術力の高さを実証する好例ともいえた。同車が先駆けとなって、南シナ海やキナバル山を望みながら走る日本型DCを願ってやまなかったが、残念ながらわずかの定期稼働に留まってしまったことは残念でならない。

表1　KTMB社　日本型PC車号対照表

2012 年 4 月現在

	運用(※1)	KTMB社車号	号車	JR車号	JR所属会社	備考
1	×	BDNF 1101	—	オロネ15　3001	九州	
2	○	BDNF 1102	—	オハネ15　2004	〃	旧「ソロ」・運用は、1等寝台車扱い
3	○	BDNS 2701	②	オハネ15　1102	〃	車体標記はスハネフ15 (おそらく誤記)
4	○	BDNS 2702	③	オハネ15　1246	〃	
5	×	BDNS 2703	—	(※2)	—	
6	×	BDNS 2704	—	(※2)	—	
7	○	BDNS 2705	①	スハネフ14　6	九州	方転・車掌室側が、ジョホールバル方
8	×	BDNS 2706	—	(※2)	—	
9	×	BSC 2001	—	(※2)	西日本	
10	○	BSC 2002	⑦	スハフ14　11	〃	
11	○	BSC 2003	⑥	オハフ15　23	〃	妻面白帯なし
12	×	BSC 2004	—	(※2)	〃	
13	○	BSC 2005	⑤	オハ14　257	〃	
14	×	BSC 2006	—	(※2)	〃	

※表1は、2012 年 4 月 13 日、クルアン駅留置中の「マラヤン・タイガー・トレイン」編成を調査し、関係者のより聞き取りを行ったものである。
※1＝○→現地にて改造竣工し、かつて運用についていた車両　×→改造工事が途中で中止された車両。
※2…2012 年当時整備中で、スハフ14 202・204、オハ14 185、オハフ15 42、オハネフ25 47、スハネフ15 2)のいずれかに付番される予定であった (のちに改造工事中止)。

表2　「マラヤン・タイガー・トレイン」編成表

2012 年4月、営業運転当時

←JBセントラル　　　　　　　　　　　　　　　　　　　　　　　　　　　　トゥンパ →

KTT車号	BSC 2002	BSC 2003	BSC 2005	BDNF 1102	BDNS 2702	BDNS 2701	BDNS 2705
JR車号	スハフ 14　11	オハフ 15　23	オハ 14　257	オハネ 15　2004	オハネ 15　1246	オハネ 15　1102	スハネフ 14　6

※表2編成表は、2012 年 4 月、クルアン駅に到着した「マラヤン・タイガー・トレイン」の編成表を記録したものである。
※「マラヤン・タイガー・トレイン」は同年 10 月に運転休止となり、現在は運転されていない。

表3　サバ州立鉄道　日本型DC車号対照表

2017 年 7 月現在

	運用(※1)	州立鉄道車号	名鉄・会津車号	備考
1	×	RB8502	キハ8502	入場中
2	▲	RB8503	キハ8503	2017年8月定期運用中止

※1＝▲→現地竣工、稼働状態にある車両　×→入場中 (稼働不可)。
※運用列車の休止に伴い、現在は2両とも定期運用はない。

186

第5章

ミャンマー・フィリピン・インドネシア訪問ガイド
日本型車両探訪のために

日本型車両に逢う前に、その国の文化や慣習を
知っておくのは大事なこと。日本のレールファン代表として、
今旅立つあなたのために、
知っておくと便利な情報を一挙大公開!!

第5章 日本型車両探訪のために　187

本書をご覧になって、"是非、彼の地へ行ってみよう！"と、渡航を検討して頂ければ、これほど筆者冥利に尽きることはない。でも待てよ、相手は言葉も通じない海外。チケットは？　両替は？　ホテルは？そして治安は？、一体どんな感じなのだろう……、などと考えだしたらきりがない。

　近年はネットの発達で、実際に渡航された方々のブログがそれこそ星の数ほどあるし、「テツ」に特化したサイトも多いから、それに目を通すだけでも、大まかなイメージを捉えることも可能であるが、"百聞は一見に如かず"、是非とも自分の足で歩き、自分の目で確かめて頂きたい。

　2000年代後半まで"海外の鉄道＝ICE・イギリスの保存SL・台湾の鉄道"と一括りにされ、東南アジアの日本型車両なんておよそ興味の対象とはされなかった時代と比較しても、その敷居が低くなってきたのは筆者としても嬉しい限りである。ここでは、ミャンマー・フィリピン・インドネシア訪問で知っておくと便利な情報を紹介する。

　なお、海外旅行に関する基本的な手続きなどについては、市販のガイドブックを参照されたい。

ミャンマー編

アクセス

　入国は、空路でヤンゴン入りがほぼ唯一の方法となる。国境を接するタイや中国などの隣国から陸路で入国する方法（近年、タイからミヤワディ経由のように制約なく行動できる入国地点もできた）もあるにはあるが、初心者は"入国の王道"である空路入りをお勧めする。2019年4月現在、直行便は、ANAが成田〜ヤンゴン間で1日1往復運行しており、往路は成田午前出発→現地夕方着。復路は現地深夜発→成田早朝着という、日系航空会社だけに、日本人が利用するのに使い勝手の良い、ビジネスや旅行に適したダイヤとなっている。

　フルサービスキャリアだから近年流行のLCCとは違い、機内食も出るし、喉が乾けば好きな時にドリンクオーダーもできる。毛布も映画鑑賞も運賃に入っているから、LCCに慣れると逆に嬉しいサービスばかりである。何といっても、滞在最終日に時間ギリギリまで撮影できるのも魅力。

　これ以外は、コストや乗り継ぎのタイミ

2012年より、ANAが1日1便、成田〜ヤンゴン間直行便を運航している。もちろん、機内食やエンターテイメントも充実している（機材はイメージ）

ング、近隣諸国で最低一度は乗り継ぐ経由便から考えると、タイ国際航空（羽田または成田→バンコク→ヤンゴン）が最も便利。こちらも毎日運航で、羽田の場合、深夜発のバンコク・スワンナプーム国際空港早朝着で、2〜3時間ほどの乗り継ぎで当日午前9時前後にはヤンゴン到着が可能である。乗り継ぎを含め、所要約10時間。便によってはバンコク・エアウェイズとのコードシェア便の時もある。帰路は夕方の便でバンコクへ飛び、到着後しばらく空港内で待って深夜便で早朝、羽田または成田に到着するパターンで、眠気さえ我慢すれば、そのまま会社へ出勤も可能である。乗り継ぎ便であるバンコク〜ヤンゴン便は、所要50分程のフライトだが、この短距離でも国際線なので、ボックスミールと呼ばれる軽食が付く。日本との時差はマイナス2時間30分で、日本の正午がヤンゴンの午前9：30となる。

バンコク乗り継ぎのタイ国際航空なら、朝9時前後にはヤンゴンに到着できる

タイ国際航空・バンコク〜ヤンゴン便は所要50分とはいえ国際線なので、「ボックスミール」と呼ばれる軽食が提供される

ビザ（査証）

　従前、ミャンマーは短期の観光旅行でもビザ（観光ビザ）が必要であったが、2018年10月1日入国分より、日本国一般旅券（パスポート）所持者に対し、観光ビザ免除制度が開始された。免除要件（無査証滞在の要件）は、以下の通り。

①旅券の有効期限残存期間が入国時「6ヶ月以上」あること
②未使用査証欄が、「見開き2ページ以上」あること
③1ヶ月以内に出国するための有効な航空券（帰りの航空券）を所持していること
④観光目的で30日以内の滞在であること（パッケージツアー、個人旅行いずれでも可）
⑤入国はヤンゴン・マンダレー・ネピドー国際空港（この他、特に定めたタイとの陸路国境地点及び、ヤンゴン港）
⑥ミャンマー政府が定める旅行制限区域（外国人立入禁止区域）への訪問は不可
⑦ミャンマー政府が定める法律・規則・命

第5章 日本型車両探訪のために　189

令・指示を厳格に守ること

　要は、飛行機で往復し、短期の観光旅行や滞在ならばまず問題ないわけで、思い立ったらすぐにでも訪問できることになったのが嬉しい。なお、同時に入国カードも廃止されており、イミグレーションでの手続きは実に簡素になった。この制度は2018年10月1日から2019年9月30日入国分まで1年間の試行制度とされているが、末永く継続されることに期待したい。

ベストシーズン

　同国は雨季（5月下旬～10月中旬）・乾季（10月下旬～2月）・暑季（3～5月）と明確に分かれており、単純に天気の良い時期を選ぶのならば、乾季・暑季がオススメ。熱帯の同国はとにかく暑いので、日射病にならないよう帽子をかぶり、細目な水分補給を。1年の半分を占める雨季は日本の梅雨のようにしとしと雨が降るのではなく、大抵はどんより曇で1日に1～2時間程度、スコールと呼ばれる"土砂降り"がある。この時は撮影どころか移動もままならず、雨天での撮影が嫌な方にはオススメできない。

空港

　2016年3月、ヤンゴン国際空港に新ターミナルビルが完成し、以前の薄暗い建物とは桁違いに広く明るく快適になった。国際線（第1・2ビル）と国内線（第3ビル）の間

広く明るく綺麗になったヤンゴン国際空港。保安区域内には外国資本のテナントも数多く入っており、"食"の選択肢は大きく広がった

は、シャトルバス（約20分間隔）が連絡している。飛行機を降りたらまずは入国審査（イミグレーション）。到着便が重なると結構な混雑を見せるが、どんなに混雑していても係員の処理は至ってマイペース。でも入国審査で時間がかかっても、荷物受け取りのターンテーブルもすぐには稼働しないので、慌てることはない。

荷物受け取り→税関検査が終われば、晴れてミャンマーに入国だ。到着出口は出迎えの人々でごった返しており、早くも東南アジアの躍動感を味わえる。ロビーにはタクシー案内所と共に両替所が並んでおり、近隣諸国に比べ、空港と市内の両替所の間のレートの差はそれほど大きくないので、短期滞在ならばここで両替しておくのがベスト。ただし、基本的に米ドルからの両替となるので、円からチャットへの両替ならば、ダウンタウンに点在する両替所を利用しよう。なお、日本国内ではチャットへの両替はできない。

帰路は、搭乗便のターミナルにタクシーで向かい、搭乗手続き・手荷物預け→出国審査を終えれば、搭乗口付近で待つだけである。新ターミナルは免税店などの品揃えや付帯施設など、タイ・バンコクのスワンナプーム国際空港とはまだまだ比較にならないが、それでも数年前と比べるとかなり改善されて充実し、食事ができるテナントも随分と増えた。

ANAの夜行便は離陸直後には簡単なおつまみと水程度で、食事が提供されないため、この時点で夕食を取っていない方はここで食事ができる。軽食程度で、という方ならバーガーキングなど、外国資本のファストフードのテナントも入っている。

2018年6月下旬から運行開始した、ヤンゴン国際空港～ヤンゴン中央駅北口間を結ぶエアポートバス。側面にはミャンマー語・英語で経由地も表示され、主要なショッピングモールも網羅しているので利用価値は高い

空港↔市内間のアクセス

到着出口には、たくさんの出迎えの人々でごった返している。ガイド手配でホテルまでの送迎を付けている方ならば、運転手かガイドが名前を書いた紙を掲げているので、それを見つければいいので簡単だが、そうでない方は、交通機関を使って市中心部に向かうことになる。

タクシーは、タクシーカウンターで行先を申告して料金を提示してもらう。ダウンタウンまで、Ks.8000～1万（約1000円）前後である。

クルマは概ね、日本の中古車（カローラが多い）で、ドアのところに「CITY TAXI」

第5章 日本型車両探訪のために　191

ヤンゴンのランドマーク的存在である市中心部のスーレー・パゴダ。市内に向かうバスは大抵、ここが終点となる

と許可番号が書かれた黒いステッカーが貼られている。タクシーの状態は日本と比較すると酷い場合が多いが、これでも数年前と比較すればだいぶ良くなっている。

近年、クルマの激増で市内の主要道路は大渋滞が日常茶飯事となってしまい、所要時間は市内中心部（スーレーパゴダ周辺）まで少なくとも約1時間はかかる。帰路は宿泊しているホテルフロントでオーダーすれば、流しか近くで客待ちしているタクシーを呼んでくれる。荷物が多ければ、この方法が一番ベスト。市内までの交通機関はこれまでタクシーしかなかったが、2018年6月下旬より、空港～市内(スーレー・パゴダ～ヤンゴン中央駅北口)間を結ぶ路線バスの運行が開始された。

路線バスは、早朝5時台から21時台まで約5分間隔で運行されており、運賃はKs.500（約50円）、所要時間は道路状況にもよるが1時間半前後を見込んでおけば良い。ヤンゴン空港のバス停は、国際線到着ロビーを出て、客待ちのタクシーが並ぶ車寄せを左手に200mほど出発ロビー方向に歩いた先の右手にある。乗車途中、ヤンゴン一のオシャレスポット・ジャンクションスクエアや、シティーモールも経由するので利用価値は高いが、バス自体は一般の路線バスと同様の車体なので、スーツケースを置くスペースがないのが痛い。

ホテル

民主化直後の一時期に観光客が激増した

ヤンゴンはまだまだホテルが高い。ゲストハウスも選択肢だが、寝る時くらいはゆっくりしたいという方は、リーズナブルなホテルでもいい

ため、中級クラスのホテルは部屋が足らなくなり、市中心部から離れている古いホテルでも1泊100USドルという強気の設定が散見されたが、市内でホテルの新築ラッシュが続き、現在は供給過多になりつつあり、ようやく価格が落ち着いてきた。とはいえ、以前よりはまだ高いものの、中級クラスのホテルで、概ね60〜80USドル前後である。最近では地方都市でも、予約はネットからでもできるようになったが、現地旅行会社を経由して申し込むとさらに安くなるケースも多い。

中級以上のホテルであれば、部屋のインテリアやスタッフのサービスも欧米諸国とそう変わらないし、ランクが上がれば、英語もよく通じるし、片言の日本語を話せる

ネピドーのホテルは、需要の割にホテルの数が多く、しかも建物も部屋もハンパなく大きい。これで料金はヤンゴンの安ホテル並み

第5章 日本型車両探訪のために　193

ホテルマンもいる。なお、中級以下のホテルでは「シャワー」の表示に注意。東南アジア諸国ではシャワーというと、水が出てくるもの。だから日本で一般的な、お湯が出るシャワーは「ホットシャワー」と呼ぶ。予約の際に「ホットシャワー」であるかを確認しないと、南国とはいえ寒い日もあるから、その夜などは地獄になる(笑)。

なお、電圧・プラグ形状も日本と異なるので、変換プラグと変圧器も必携アイテム。同国の電力事情は改善が進んでいるとはいえ、かつて日本でもあった「計画停電」などとは比較にならないほど劣悪で、時折、予告なしでバスッ、と電気が落ちる。ただ中級以上のホテルは必ず自家発電装置を備えているので、しばらくすれば復旧するが、念のために懐中電灯を用意しておくと安心だ。筆者の経験では、市内の某ホテルで洗髪中にいきなり停電を食らい、真っ暗のユニットバスの中で大慌てした、苦い経験がある(笑)。

通貨と両替

信じられないかもしれないが、ミャンマーではホテル料金の支払いなど、場所によってはUSドル(アメリカドル)紙幣がそのまま使える(硬貨はダメ)。同国の通貨はチャット(「Ks」と表記)といい、Ks.1＝約0.1円なので、チャット額の「0」を一つ取れば、おおよその日本円の額となる。両替もかつては市内でドル札をチャットに「ヤミ両替」するしかなかったのだが、空港をはじめ、ヤンゴン市内の両替所では日本円から直接チャットに両替できるところが徐々に増えてきた。

USドル・日本円ともに額面の小さい札は、若干レートが悪くなる。カネなんてみな同じじゃないか、と思われそうだが、東南アジア諸国では「額面が大きい札の方が好レート」というのは半ば常識となっている。その上、綺麗な紙幣でないと両替拒否される。落書きや折り目がついている紙幣もまずダメ。街中のレストランでも受け取ってくれないから、綺麗なお札を準備しよう。2018年11月現在、USドル1≒1300Ks前後。チャット札の紙質は実にヤワなつくりで、しかもなぜかUSドルと違い、どんなに汚れていても通用できる。

長らくドル払いであったMRも、2014年4月1日より、全てチャット払いに変更となっており、ヤンゴン環状線では、それまで1周1USドル(約110円)であったのがKs.200(約20円)と"大幅値下げ"になっている。

日本語ガイド

学生時代に海外を渡り歩いたバックパッカー経験者レベルの猛者なら、"何も高いカネ払ってマンツーマンのようなガイドを雇わなくても"と思われるかもしれない。しかし、建前はまだ撮影禁止となっている異国の地で、カメラを構えて撮影していたら、事情を知らずに飛んできた警備の警察官や軍人に、あなたはちゃんと事情を説明できるだろうか？　もちろん、筆談ではなく、日常会話程度のミャンマー語ができるのならば問題はないが、そうでない方はズバリ、半日でもいいからガイドを付けることをオススメする。海外旅行で最大の"難関"ともいえる言葉の心配がなく、しかもどのあたりならば問題なく撮影できるか、ベストポイントも教えてくれるから"安心料"と考えればいい。

ガイドの手配は現地旅行会社で受け付けているので、日本語でやり取りできる会社を探し、HP内の問い合わせフォームから送信して相談するのが一般的。料金は市内で概ね1日（8時間前後）60〜70ドル前後が相場で、道中のガイドの交通費・食事代・チップなど、全ての費用は料金とは別に、旅行者が負担する（これはどこの国でも同じ）。日本人レールファンの渡航増加に伴い、RBEにやたらと詳しいガイドもいるので、問い合わせの際にリクエストしてみるといい。料金以上の『安心感』が得られること間違いなく、撮影はもとより、食事やトイレ、両替からタクシー料金の交渉、はては路線バスの乗車まで、心強い味方になってくれる。もちろん食事時のオススメレストランや、帰りの土産物選びも相手してくれる。

食事

　ヤンゴン市内には高級レストランから路上喫茶店まで「食」ならどこにでもある。市内の一般的なミャンマー料理レストランでは、1品注文すると頼みもしないのに付け合わせの野菜やら何やら一杯運ばれてくるが、それに驚かないでほしい。これは手を付けた分だけ後で精算する、というミャンマー独特のシステムで、手を付けない分の皿はしばらくすると係員が来て次の人に運ばれる。だから全部の皿に箸を付けると、全部の料金を請求されるので注意！

　路上喫茶店とは、民家の軒先などにテーブルを出し、銭湯で見られるような低い椅子が用意された簡易店で、屋台に近い存在。コーヒーと菓子パンなど、軽食がメインとなっている。コーヒーはコンデンスミルクが大量に入った激甘が主流（現地ではその方が高級）で、口直しの中国茶がポットに入ってテーブルに置いてあり、コーヒーがなくなって中国茶で粘っていても文句は言われないから、列車待ちや撮影の合間に是非利用したい。

　地方では、テーブルクロスがかかって冷房が利いているレストランは、中国料理

中国料理店の定番メニュー・タミンジョ（チャーハン）。日本人の口にも合うし、大抵は目玉焼きがのっている

店であることが多い。そこではタミンジョ（チャーハン）が定番で、大抵はそこに目玉焼きがのっているが、他の国と比較して油っこいので注意。

またモヒンガー（ミャンマー版そうめん）やワッタードットゥッ（串に刺した肉やモツを油で揚げて食べる）など、特定のメニューだけの路上簡易店（これも屋台の一種）も多く、人が集まるようなところには必ず何かしらの露店がある。ただ衛生状態にかなり問題があるので、利用するかどうかは全て自己責任で、特に胃腸が弱い人はオススメできない。

予防策として正露丸などの胃腸薬を事前に服用しておくのもいい。ビジネス・観光客の増加に伴い、ヤンゴン市内は日本料理店が次々に新規オープンしているが、他都市と同様に撤退も多く、久しぶりに訪問すると前と比べて随分と様相が違う、なんてことも珍しくない。

2017年3月にヤンゴン・スーレー・シャングリラホテル隣接のモール「スーレー・スクエア」地下にオープンした「東京ダイニング」は、同国で初めての本格的な日本料理のフードコート。個人の好みではあるが、味付けは日本とそれほど変わらない。ただ値段が高いので、在留邦人には敬遠される噂もちらほらと耳に入るが、どうしても脂っこいミャンマー料理に馴染めない方には朗報かもしれない。

撮影時の移動

他の東南アジア諸国と同様、移動手段は何種類もある。以下はその代表的な乗り物で、一度は試してみる価値大。

①タクシー

流しで走っているクルマを拾うのが最も便利。日本から輸入された中古車を使っているが、クーラーは外されているか、壊れているかのどちらかで、車両状態も酷いのが多い。メータータクシーはほとんどなく、料金は交渉制なので事前にホテルカウンターで目的地までの相場を聞いておくといい。ホテル前に待機しているタクシーは、総じて高い額を吹っかけてくるので、通りに出て拾うのがベスト。

②路線バス

2017年1月にそれまで多数あったヤンゴンのバス会社は官民連携の事業8社が運行会社となるYBS（Yangon Bus Service）に統合され、路線数も約300→60にまでまと

ミャンマーの国民食といえる「モヒンガー」。ミャンマー版そうめんで、ゆでた麺に魚の出汁をかけて食べる

2017年3月に「スーレー・スクエア」地下にオープンした「東京ダイニング」は、同国で初めての本格的な日本料理のフードコート

2017年1月にヤンゴンのバス会社が統合されて発足したYBS（Yangon Bus Service）。再編にあたり、中国製の黄色いバスにほぼ統一されている

トラックの荷台に座席を付けた「トラックバス」。ヤンゴン中心部ではあまり見かけなくなったが、地方では現在でも一般的な乗り物

められた（その後、路線追加もあり、現在97番まで存在）。車両数は8社合計で約3700台だが、再編にあたり、中国の車両メーカー2社（安凱客車・宇通客車）から黄色塗装のバス約1000台と、この他にも赤塗装バス（福田汽車）も導入しており、老朽車（主に日本の路線バスで使っていた右ハンドル車）は段階的に走行禁止処置がとられ、今やヤンゴン市内中心部では中国製の新車と韓国製の中古車が席捲し、日本製バスを見ることができるのは、長距離や地方の路線バスくらいになっている。

運賃はKs.100～300（約10～30円）で、極めて安価に移動でき、荷物が少ないならば是非利用したい。「39BitePu」「Yangon Bus Service Official」といった現地のバスアプリも複数あるが、基本的にミャンマー語表示なので、使い勝手は良くない。

③トラックバス

トラックの荷台に屋根を付け、板の座席

第5章 日本型車両探訪のために 197

を付けた乗り物。これも広義にはバスの一種で、地元の人でいつも満員。走れば涼しそうだが、後部デッキに"ハコ乗り"は危険なので車内奥まで入ろう。なお、突然の雨には、ビニールシートを垂らすくらいの対応なので、容赦なく雨粒が入ってくるのが難点。運悪く、ビニールシートすらない場合、もう諦めて"ずぶ濡れ"となるしかなく、雨季の利用には向かない。

④サイカー

自転車の横に2人分の座席を背中合わせに取付けた"自転車タクシー"で、大抵は人出の多い場所に設置されたサイカースタンドで客待ちしている。人力だけにそんなに長距離は走れないので、駅から国道沿いのバス停辺りまで、といった近距離利用が適している。もちろん料金は交渉制。日中はスーレーパゴダ付近の主要道路は入れず、利用するにしても夕方から夜間となり、距離の割に高い。なお、ヤンゴン市内中心部はオートバイの使用が禁止されているので、他のアジア都市で一般的なバイクタクシーの類は見かけない。

トイレ

予防策としてはあまり水分を摂らない、事前にホテルで済ますといった自衛策を講じよう。だが、年中暑いミャンマーで水分摂取しないと脱水症状になってしまうから、列車の待ち時間に駅周辺を散歩して、大きな店舗やショッピングセンター、ホテルの位置を把握しておき、そこのトイレを使うといい。

また主要駅には大抵、構内にトイレがあるが、これは有料である。正面に座っている管理人にいくばくかの心付け(Ks.100＝約

10円)を渡してから使うことになる。どうしても我慢できない場合は事情を話して、駅事務室や駅前の喫茶店、あるいは途中の民家のトイレを借りるという方法もある。もし喫茶店で用を済ましたのなら、飲み物を注文して、心付け代わりに。

同国の一般的なトイレの形状は、和式の変形タイプともいえる形状をしており、大抵は横に大きなコンクリート製水槽(またはドラム缶)がある。これは使用後、備え付けの柄杓で水をすくって汚物を流すために水をためておくもので、形がよく似ているが浴槽ではない。だから安ホテルなどで似たような形状の水槽に出会っても、水風呂だと勘違いしてつからないように。そして、紙はトイレに設置されてないので事前に自分で用意しておこう。使用後の紙は日本と同じように流してはダメ。日本と比べ、管が細いので詰まってしまうのだ。トイレの横に箱が置いてあるので、その中に入れよう。

その他の注意点

●訪問時は何でもいいから簡単な手土産&心付けを。こういった配慮が現地の方々の警戒心をほぐす効果もある。土産物で喜ばれるのは、大人ならタバコ(同国では喫煙者も多いが、タバコは1本売りがある位、高価な嗜好品)、子供ならガムやアメがいい。

●僧侶は大変に敬われている。路線バスでは前2席が僧侶優先席。子供の坊さんでも乗ってきたら譲ること。

●子供の頭に触れてはいけない。聖霊の宿る場所とされているため。

●一般の人々と屋外で政治の話はしない

（どこで誰が聞いているか分からず、相手が困る）。

●パゴダの構内は土足厳禁で完全に裸足にならないとダメ（靴下も×）。だから夏季の午後は地面が熱すぎてとても参拝には向かないので、参拝するなら早朝が夕方以降にしよう。またミャンマーの人々にとって神聖な場所なので、ランニングシャツに短パン、というラフな格好も控えた方がよい。

列車の乗車

①きっぷ購入

同行ガイドがいれば頼んでもいいし、紙に英語で行先を書いて出札窓口係員に示せば、大抵通じる。MR最大のターミナルであるヤンゴン中央駅の場合、正面にいくつもの窓口があるが、これはミャンマー人専用である。外国人は環状線が発着するホーム中央付近にある乗車券売り場で購入する。2014年4月より、外国人運賃が廃止され、すべてチャット払いとなったため、大幅な"値下げ"となった（それ以前はUSドル払いで、なおかつ高価な外国人料金が適用されていた）。

乗車券は外国人専用の様式で、近年はハンコ押印などミャンマー人と同じタイプも増えているが、時折、カーボン紙に挟んで手書きで作成するという、今時珍しいアナログタイプのケースもあり、この場合は縦9.5cm×横19cmの軟券となる。乗車券にパスポートナンバーを記載するため、パスポートの提示は必須なので常に携帯を。なお、

環状線列車が発着するヤンゴン中央駅6・7番線には外国人向けの出札小屋がある（写真左側）。近年、両脇に駅名表示の看板も設置された

朝ラッシュ時のヤンゴン中央駅。発車時刻になると乗降の途中であろうとなかろうと列車はゆっくり動き出すので、特にデッキぶら下がりには注意。ステップの横はすぐ台車なので、足が機器類に挟まれたり巻き込まれたりする危険がある

窓口が一つしかないような中間小駅では、たくさんのミャンマー人と共に同じ窓口で購入することになる。

②列車が到着

日本のように整列乗車しているわけではないから、ラッシュ時の乗降は、それこそ押し合いへしあい。主要駅以外の各駅での停車時間は非常に短く、運転士は乗降の途中であろうとなかろうと、発車時刻になればゆっくり動き出す。手慣れているミャンマー人は列車と共に走りながら飛び乗っているが、危険なので真似しないように。ヤンゴン中央駅は低床ホームどころか、ほぼ地面と変わらない高さからの乗車なので、デッキにしがみつくと、足の位置が丁度ステップか、台車の上となってしまい、機器に接触する危険がある。

③車内の様子

速度はあまり出ないので沿線の光景をゆっくり眺められるが、道床が薄く、路盤も軟弱なので上下左右によく揺れる。不安な人は事前に酔い止め薬の服用は必須。JR北海道キハ40・48形、JR東日本キハ38形、JR東海キハ11・40形は一時期、冷房が使われていたが、短期間で使用中止となっており、現時点では全て非冷房車となっている。

かつて自動ドアだったRBEも、MRに来てからはエアを抜いて"手動扉"化されているので、暑い同国では前面貫通扉と共に大抵開けっ放しとなっている。もちろん、デッキで涼んでいても車掌は何も言わないが、かなり揺れるので、カーブやポイントを渡る時の振動で振り落とされないようにしよう。特にリノリウムの床は、雨季には想像

以上に滑る。

列車には車掌の他、最後部の乗務員室に警察官が大抵複数名乗務している。前面貫通扉脇にプラスチック製の椅子を持ち込んで座っているケースが多いが、彼らの撮影はNG。

④撮影

建前上は今でもMRは撮影禁止であるが、民主化の進展に伴い、近年は国賓来緬などで警備が強化されるような特別なケースでもない限り、駅撮影程度ならば撮影許可証は事実上不要となっており、これはファンにとって嬉しいことである。

ただ、長玉レンズなど、大型機材は警備の警察官や軍人の目に留まりやすく、勧められない。使うならば事前に十分周囲に配慮をしよう。三脚の使用も不可。あくまでも外国人には大目に見ている、との認識であるから彼らに"ここでは撮影禁止です"と注意されたら素直に従おう。駅撮りが事実上開放されたのとは対照的に、2016年2月より機関区・車両工場での「撮影許可証」は、観光目的の外国人には基本的に発給不可となっている。入場は無理と考えよう。

列車最後部には大抵、警備の警察官が乗務している。そもそも建前として列車撮影は禁止なので、彼らの撮影は厳禁。十分注意しよう

第5章 日本型車両探訪のために 201

フィリピン

アクセス

日本とフィリピンは、経済面と観光面双方での結びつきが強い関係から、成田～マニラ間を結ぶ直行便を日本航空 (JL) とフィリピン航空 (PR)、デルタ航空 (DL)、全日本空輸 (NH) が運航しており、所要約4時間前後。中部・関空・福岡からも直行便がある。また、格安航空会社のセブパシフィック航空 (5J) やジェットスター・ジャパン (GK) も日本の各都市とマニラを結んでいるので、金銭的に余裕がない場合は利用したいところである。

この他、時間はかかるものの、運賃が安い第3国を経由する便もあり、ソウルで乗り継ぐ大韓航空 (KE)・アシアナ航空 (OZ)、台北で乗り継ぐチャイナエアライン (CI)、香港で乗り継ぐキャセイパシフィック (CX) などがある。

ビコール地方のナガ地区でもキハ350が活躍しているので、時間があればマニラ訪問のついでに訪れたいところだが、日本の各都市からナガへの直行便はないので、マニラから飛行機か、バスを利用することになる。所要時間は飛行機が約1時間、バスが約9時間。

日本とフィリピンの時差はマイナス1時間。日本の正午がマニラの午前11時となる。

ベストシーズン

同国は年間を通じて、気温・湿温が高い熱帯モンスーン気候（ケッペンの気候区分でAmに属する）で、メトロ・マニラを擁するルソン島は雨季（5月～10月）・乾季（11月～4月）の2つの気候に明確に分かれており、単純に天気の良い時期を選ぶのならば、乾季がいい。

1年の半分を占める雨季は、日本の梅雨のようにしとしと雨が降るのではなく、大抵は空がどんより曇に覆われ、1日に1～2時間程度のスコールがあり、道路は水たまりのようになる。また低緯度にあることから台風の勢力が強く、かつ速度が遅いため、台風襲来時の屋外での行動は十分注意が必要。雨天での旅行・撮影が嫌な方には雨季はオススメできない。

空港

マニラ空港の正式名はニノイ・アキノ国際空港（Ninoy Aquino International Airport）と呼ばれ、市中心部（エルミタ・マラテエリア）から南に約10km離れた位置に存在する。ターミナルビルは3つに分かれ、ターミナル1が主に外航、2が主にフィリピン航空が使っている。到着・出発旅客を始め、空港関係者や警備陣、それに出口付近は送迎のクルマやタクシーの呼び込みなどの人々で終日喧騒がやむことはなく、人口

マニラ～ナガ間は、フィリピン航空国内線で約1時間。プロペラ機・DHC-8が運航し、ナガ空港では飛行機とターミナルの間は歩いて移動となる

の多さを実感できる。

　入国審査はフィリピン人用と、外国人用に分かれており、到着便が重ならなければどこかでかなり待たされるのは他の東南アジア諸国と変わらない。

　各ターミナル到着出口付近には両替所もあるが、ここは市内レートの9割程度であり、少なくとも、市内ホテルや両替所で確実にこれより良いレートで両替できるので、ここでは当座に必要な金額だけ両替し、残りは市内の両替所で換金するのがベスト。

　ターミナルビルは1・2・3に分かれているので、特に帰国の際、自分が乗る飛行機がどのターミナルから出発するのか、予め確認しておく必要がある。タクシーなどで空港へ向かう場合は、運転手に確実に「ターミナル○、プリーズ」という具合にはっきりターミナルナンバーを伝え、メーターを使ってもらうこと。平日の朝夕を中心にマニラ市内はかなりの渋滞となるから、時間に余裕をもって空港へ向うことをオススメする。

空港↔市内間のアクセス

　基本はタクシー。空港近くにLRT1号線のバククラン駅があるが、そこまでタクシーかジープニー（後述）で行かなければならない。LRT1号線は路面電車規格のため、大きなスーツケースやバックパックなどを携帯していると、車内持込規定（フィリピンでは駅に入る前に航空機搭乗と同じく手荷物検査がある）により、駅入口のセキュリティーが、駅への入場を拒否する可能性が大きい。

　タクシーは、エリアごとに指定された料金をドライバーに支払う「クーポンタクシー」が最も便利で、空港内のカウンターでチケットをもらい、降車時にドライバーに料金を支払う。所要は市中心部まで約30

フィリピンの玄関口であるニノイ・アキノ国際空港。空港からして人の多さを実感できる

〜40分、料金は300〜400ペソ前後で、高速料金は別払いとなる。なお、タクシーに乗ったらすぐにドアロックを。これは信号待ちをしている際、ごく稀に強盗が乗り込んでくる場合もあるため、特に深夜便で到着した場合は要注意。

この他、各ターミナルから市内のマカティや、マラテ・エルミタ方面には、UBE Expressが運行されており、運賃は300ペソとタクシーと比べると安いが、運転間隔はバラバラで、運行時間も早朝深夜はルートによっては運転されておらず、利用の場合は必ず空港職員または各ターミナルのDOT（フィリピン観光省）で確認のこと。

また、ナガ空港の場合はナガの中心地までは所要約30分、距離にして約10km離れており、タクシーか空港近くの国道にジープニーが走っているので、それを利用することになる。

ホテル

メトロ・マニラ市内には、外国人向け宿泊施設が過剰気味なほどたくさんある。特に市中心部のエルミタ・マラテ、オフィスビルの林立するマカティ地区はホテルが林立しており、年間を通して、どこも満室で部屋が取れない、という事態にはまずならないので、その点は苦労しない。

宿泊はセキュリティーがしっかりしている中級以上のホテル（1泊2000〜3000ペソ前後）がオススメ。夜間のマニラ市内は、残念ながら治安面で良好とは言い難く、時折、日本人を狙った強盗・殺人事件も発生しているので、夜間到着の際は周囲に十分気を配ろう。

電源は、プラグ形状が日本と異なる場合があり、その際は変換プラグが必携。日本と同じ形状（A形）だと差し込めるが、電圧は220Vであることから、日本の100Vと異なっているので、機器類を傷める可能性があるため、各製品ごとに電圧の許容範囲を確認する必要がある。

PNR起点のトゥトゥバン駅は、市中心部からやや外れたトンド地区にある。ここは庶民の街として活気に溢れているが、中級以上の外国人向けホテルはほとんどない。高価なカメラ機材を持参するには治安面で少し問題があり、多少高くても市の中心部である繁華街のホテルに予約を取り、タクシーでPNR各駅に向かう方法が最も安全。

マニラ中心部にはリーズナブルな値段でグレードの高いホテルが多い。写真はアトリウムホテルで、窓からはマニラ市内が一望できる

PNR起点のトゥトゥバンはショッピングセンターが多く、終日大混雑している

PNR沿線は、マニラの下町。狭い路地裏では、たくさんの子供たちが元気いっぱいに遊んでいる

第5章 日本型車両探訪のために 205

余談ながらフィリピンでは、多くの人々が日本人と同様に恥を好まない国民性で、日本人を含め、外国人にしつこく付きまとうということはまずないが、混んだバスや電車内でのスリや路上の街角にいる"ポン引き"などには十分な注意が必要。

また、ナガはビコール地方で最大の都市であり、ホテルは多く立地しているので心配するほどのことはないが、毎年9月第3週に実施される聖母マリア像を祭るPeñafrancia Festivalの時期だけはホテルが満室になるので注意が必要。

通貨と両替

通貨単位はペソ(「P」と表記)で、2019年2月現在、¥1≒P0.5前後。大まかな目安として、ペソの金額を倍にした数値が日本円と考えればよい(例＝P100≒¥200)。

円→ペソへの両替は、市内の銀行、両替商、大きなショッピングセンター内の両替所、ホテルカウンターなどで可能。交換レートが一番いいのは両替商、悪いのはホテルである。空港もレートは良くないので、市内の両替商を活用しよう。市中心部のエルミタ・マカティ地区にたくさんあるが、治安面からもできるだけ日中に両替することをオススメする。

高級ホテルではクレジットカードが使えるが、円建てのトラベラーズチェックでは、支払いはおろか両替もできないのが普通。このためマニラだけの滞在ならば、中級以上のホテルやレストランで使えるクレジットカードや、日本の貯金を現地で現地通貨で引き出せる「国際キャッシュカード」(シティバンク・三井住友銀行・みずほ銀行などで発行している)を作っておくのも一つの方法である。

撮影・日本語ガイド

PNRの駅(構内踏切も含む)・車庫・工場などの敷地内での撮影には、PNR本社への正式な事前申請による撮影許可証取得が必要で、2018年頃からさらに厳格になった。これは中間の小さな駅でも徹底されており、各駅に数名配置されているセキュリティーが絶えず構内を巡回し、カバンからカメラを取り出すだけでも近寄ってきて英語かタガログ語で「許可証はありますか？」と聞いてくる。このような状況なので、駅構内での無許可撮影はまず無理で、許可証なしの場合、沿線走行か駅をまたぐ陸橋上からの撮影に限られる。

駅構内で撮影したい場合は、おおよそ2週間前までにパスポート番号・氏名・希望訪問場所(これは詳細に記載)・日時などを、現地旅行会社経由でPNR宛に事前申請を行い、撮影許可証を発給してもらうのが唯一の方法だ。ただし、訪問希望日の状況によっては、必ずしも許可が出るとは限らないし、許可証を確認するため、当日待たされる時も多い。許可証に記載がない駅だとセキュ

3万円を両替しただけで、こんなに多くのペソ紙幣が渡される。現金管理には十分注意を

リティーが"当駅の記載がないからダメだ"と断られる意地悪なケースもある。なお、個人でPNRにメールしてもまず返事は来ない。

晴れて撮影が許可されて早速撮影開始となっても、監視されているのか、後ろにセキュリティーがぴったりと付く。ルールさえ守っていれば何も言われることはないので、気にしないで撮影しよう。なお、セキュリティーは持ち場が決まっているようで、違うエリアに行くと、前もって無線で当該担当のセキュリティーに伝達されている。

列車内には車掌の他、黄色いシャツを着た「Rail Marshal」(直訳すると列車司令官)が添乗して周囲に目を光らせており、利用客の少ない北方線では、日本人は否が応にも目立つのでこちらも"見張られている"可能性が大きい。

また当日、許可証を持っている旨をセキュリティーに説明するためにも、日常会話程度の英語・タガログ語ができなければ、同行する日本語ガイドと訪問するのが望ましい。許可証所持の旨をガイドが説明してくれるから、"安心料"と考えればいい。海外は日本ほど写真に寛容ではないことを心得よう。

日本ガイドの手配は、現地旅行社なら大抵行っており、ホテル予約と同様、HP内の問い合わせフォームからメールなどで申し込める。メールでのやり取りが主体となるので、手配先はこちらからの日本語送信でも相手が理解できる、現地在住の日本人が経営している現地の旅行会社ならなおベスト。料金は1日(8時間程度)で5000ペソ(約1万円)前後が相場で、ガイド中の交通費や食事代などは全て旅行者が負担する。

言語

フィリピンはスペイン植民地時代(1565年〜1898年)を経て、1898年から1946年までの約50年間をアメリカに植民地支配されていたことから英語教育が実施された。アジアの国々の中では、シンガポールなどともに英語が通用するので、簡単なコミュニケーションにおいては問題がないかと思われる。また、もう1つの公用語であるフィリピン語(タガログ語)はマレー系の言語であり、文字はアルファベットを使用するので、読み方、発音などにおいては他の言語に比べると学習する上では簡単な部類である。

庶民的なフィリピン人は英語よりもフィリピン語で話す方が日常的であり、日本人を含めて外国人がフィリピン語を話すと場の雰囲気が一気に和むので、挨拶や感謝の言葉ぐらいは覚えておいた方が良いと思われる。

この他、スペインに植民地支配されていたことからもフィリピン語の中には多くのスペイン語が借用されており、スペイン語がわかる方にはコミュニケーションにおいて少々役立つものと思われる。

食事

マニラ中心部は「食」のレベルが高く、高級レストランからファストフード、果ては屋台料理まで多彩である。伝統的なフィリピン料理、そして世界各国の料理まで、何でも揃っている。だがPNR沿線は、低所得者が多く住んでいるエリアが大半ということもあり、日本人の衛生レベルに合った飲食店は意外に少ない。駅撮影の後はジープニーやタクシーで国道沿いの繁華街へ出

第5章 日本型車両探訪のために　207

るのが一般的。大きなビルの中には飲食店がテナントで入っているし、クーラーも効いている。ハンバーガーなどファストフードで手早く済ませるのなら、ジョリビー（Jollibee）やチョーキン（Chowking）などのチェーン店がどこにでもある。

もちろん、日本料理店も市内に多数あり、店内の雰囲気や値段も日本とあまり変わらず、日本食が恋しくなった時には利用できる。大抵、片言の日本語が話せるスタッフが勤務している場合が多い。

また、ナガはホテルの項目でも述べたようにビコール地方最大の都市であるので、ファストフードは至るところにあるが、ちょっと辛めなローカルフードのビコール料理を楽しめるレストランも立地しているので、撮影や乗り鉄と共に是非堪能して頂きたい。

撮影時の移動

他の東南アジア諸国と同様に移動手段は揃っている。以下はその代表的な乗り物。

①タクシー

ホテルで呼んでもらうか、流しで走っているタクシーを拾う。メトロ・マニラのタクシーは全てメーター制であるが、道路混雑がある区域を通る場合や時間帯によっては交渉制になる。また、メーターを使用しても壊れていたり、異常に早く回るメーターもあるので、乗車の際には注意が必要。地理に不案内な場合はタクシーによってはわざと大回りするドライバーもいるが、メトロ・マニラ周辺では一方通行やUターン禁止、乗り降り禁止などの交通規制を受ける区間が多く存在し、初めてマニラを訪問する者にとっては理解できないので、ドラ

イバーに常に質問し、怪しいと感じたら降りてしまうことが得策である。

この他に、幹線道路を走る「メガタクシー（Mega Taxi）」またはFXと呼ばれる、10人前後が乗れる”乗り合いタクシー”もあるが、こちらはフロントガラスに行先が書いてあり、特定のルートしか走らない。乗車方法ともども、ジープニーに近い存在であるが、出発地で乗客を定員分乗せて、途中、乗客をピックアップしないので、路上で手を上げても停まってくれない。

②ジープニー（Jeepney）

フィリピン名物ともいえるバスとタクシーの中間的な乗り物で、フロントや車体側面に行先や経由地が書かれており、決まったルートを走る。15人くらい乗れる乗り物で、どこでも走っている。乗り降り禁止区域以外、好きなところで手を挙げれば乗れて、好きなところで降りられるので（→降りる時は天井を叩く、あるいは「パーラ（停めて）！」と叫べばOK）、慣れれば実に便利な乗り物だ。運賃は距離にもよるが、最低9ペソからで、支払いは「バーヤッド（料金）」と言って前の人にお金を渡せば順番に運転手に回してくれる（お釣りがある場合も同様）。

ただし、座席はいつもぎゅうぎゅう詰めで座るのが普通の状態なので、大荷物がある場合はとても向かないし、乗車の際に地理に不案内であれば行先や経由地を一瞬で判断することはほぼ不可能。乗る前に必ず周囲の人に尋ねることをオススメするが、道路混雑がある場合は通常のルートを通らない場合もあるので、乗車中においておかしいと感じたら、隣の乗客かドライバーに聞いてみることにしよう。

フィリピンの名物・ジープニー。バスとタクシーの中間的な乗り物で、どこでも走っている庶民の乗り物

③バス

これもメトロ・マニラならどこでも運行している。ワンマン運転ではなく、車掌が乗務しており、乗車してから目的地を申告し、運賃を払う。ジープニーと同様、安く移動できる。

④トライシクル(Tricycle)

オートバイにサイドカーを付けた乗り物で、いわゆる"バイクタクシー"。日本の感覚ではサイドカー部分に2人、運転手後部に1人程度のイメージだが、地元の人々は4〜6人、時にはそれ以上で乗っていることが多い。

これに対し、自転車にサイドカーを付けた人力三輪車は「ペディキャブ(Pedi Cab)」と呼ばれる。こちらは人力だけに短距離用の意味合いが強い。運賃はだいたい決まっているが、日本人だとわかると、まず"ぼられる"ことが多いので、あらかじめ乗る前にホテルのフロントで相場を聞いておくのが賢明。運賃は一般的には距離によるが、大きな荷物があって2人分を占有している場合はその運賃も請求され、営業範囲外やスペシャル（乗合でなく、個人で貸し切る）の場合は交渉制になる。

⑤LRT・MRT

高架鉄道のことで、路面電車タイプの1号線（LRT）・3号線（MRT）と、鉄道車両フルサイズの2号線（LRT）がある。1号線には日本製の電車も活躍しており、主要エリアを縦貫しているから利用価値は高い。

電車は朝夕ラッシュ時に約5分間、デー

タイムに約10分間隔での運行だが、駅に時刻表はないので、多少待つことは覚悟しよう。いずれの線区も終電が早く、21：30〜22：00頃には1日の営業が終わる。便利なだけに終日大混雑で、"世界一混雑する路面電車"と評されるほど。特に平日7：00〜10：00、16：00〜20：00は乗り切れないほどの大混雑となる。1号線・3号線（現地ではLine1、Line3と呼ばれている）は時間帯によっては駅に入場規制がかかり、乗るまでに1時間以上かかる時もある。また日本のように、降りる人優先なんて考えはないから、ラッシュ時に途中駅で降りる時はあらかじめドア前に移動しておく必要がある。

駅の大半は相対式2面2線だが注意したいのは跨線橋がないこと。つまり行きたい方向の改札を通らなければならない。間違えて反対方向の改札に入ってしまうと、乗車券の取消処理をした上、階段を下りて通りを横切り、反対側のホームへ改めて階段を登らなければならない。

運賃は距離制で設定され、バスと同じぐらい。また、LRTとLRTが接続する駅やLRTとMRTの接続する駅では通し運賃の制度がないため、いちいち路線ごとに運賃を支払う必要があるが、2015年からは日本

マニラの繁華街・エドゥサを行くLRT1号線。2連接車体を3〜4本繋いでいる

の鉄道各社のICカードと同じ「Beep Card（ビープカード）」が発売されている。100ペソから購入でき、内20ペソが発行手数料で、残りが使える形。改札にタッチし、下車駅の改札にタッチするところも日本の鉄道各社のICカードと同じで、金額が少なくなったら専用の機械でチャージできる（窓口でも可能）。LRTのチケット購入は窓口のみで、しかも混雑時は購入だけでも30分以上かかることもザラにあるので、時間短縮の効果は大きい。

フィリピンでは残念ながら日本のように効率よく物事は進まないから、こちらで"自衛"するしかなく、チケット購入だけで時間をかけるくらいなら絶対に1枚持っていた方がいい。なお自動改札はバーを自分で押して進む方式で、日本のように羽がパタッ、と開くタイプではない。

2000年に起きたテロ事件を契機に、撮影そのものがいずれの路線も厳禁で、LRT各駅での撮影禁止措置もPNRと同じく異常なほど徹底しており、駅構内でカメラを出した途端、監視カメラで見ているのか、セキュリティーから「ノーカメラ！　ノーカメラ！」と注意される。

PNRへのアクセスにも使えるが、Vito CruzとEDSAはLRTとPNRに同名の駅が存在し、かつ双方はかなり離れており、ホテルから駅まで行く時やタクシーに乗車する場合など、必ず「PNRの○○駅」と伝えないと、運転手は間違いなくLRT駅に連れて行くので注意。

トゥトゥバンは他線区の乗り換えはない単独駅なので、アクセスにLRTを使いたいのならば、LRT1号線でブルメントリット（Blumentritt）まで行き、眼下に見える

LRT・MRTは全て自動改札で、ICカード対応機器に更新されている

第5章 日本型車両探訪のために　211

PNRのブルメントリット駅に乗り換えるのがベスト。PNRはLRTとの相互の乗り換えが極めて悪い中で、唯一まともな乗り換えができ、LRT路線図にも乗り換え案内が記載されている。

トイレ

　フィリピンではトイレのことを「CR」（Comfort Room）と呼ぶ。出先でトイレが見つからなかった場合、周囲の人に「Where is CR？」と聞いてみよう。ほぼ間違いなく通じるし、聞く人によっては英語のトイレというより伝わりやすい。

　トゥトゥバン駅なら駅舎内にトイレがある（ドアに大きく「CR」と紙が貼っている）が、その他の中間各駅は小さな窓口にホームだけという構造が多くトイレはないので、駅付近の大きなショッピングセンターや、ホテルなどに入るしかなく、周辺の店舗を把握しておくと良い。

　PNRの駅周辺は大きな店舗はあまりないので、少し離れた大通りまで歩くとファストフード店が結構点在している。また、アクセスに使えるLRT各駅にはコンコースにトイレがあるので、ここで事前に用を足すのが一番。繰り返すが、思うように物事が進まないお国柄ゆえ、何事も自衛策が大事である。

乗車・撮影

①乗車券の購入

　中間各駅はホーム端に係員が机を出して乗車券を販売しており、購入後、隣りに待機しているガードマンによって簡単なセキュリティーチェックを受けてからホームに向かう（その逆の場合もある）。

　PNRの乗車券は全て窓口販売で、自動改札もないのでBeep Cardは使えない。トゥトゥバン駅はビルの1階が駅舎と待合室となっており、入る前にガードマンによるセキュリティーチェックを受け、「TICKET BOOTH」と表示された窓口で行きたい場所までの駅名を紙片に記して提示すれば良い。

　中間各駅でも購入方法は同じで窓口で購入するが、注意したいのは金銭のやり取り。フィリピンの交通機関は基本的に安いので、小額紙幣（20・50ペソ札）を出さないと断られるケースも多い。500ペソ札など論外で、長崎電軌に1万円札で乗るようなもの。小銭の準備は必須である。

　また購入時、財布や小銭入れを窓口前で絶対に出さず、あらかじめ小額紙幣を用意し、お釣りはポケットにすぐ入れる。どこで誰が見ているかわからない不特定多数の前で財布見せるなんて、後で強盗に襲ってください、といっているようなものである。

②始発駅でも座れない!?

　トゥトゥバン駅では、航空機の搭乗と同じような優先乗車がある。お年寄り・妊婦・子供連れ・体の不自由な方の待合エリアは一般客とは分離されており、搭乗開始ならぬ乗車開始時には、まず優先乗車の方々が先にホームに入り、この人たちが座ってから一般客の乗車開始となる。だから座れたら儲けもの、くらいに考えておいた方がいい。なお時間帯に関わらず、進行方向先頭車は女性専用車である。

③暗くなったらすぐに撤収

　起点のトゥトゥバンはメトロ・マニラの中でも治安があまり良くないトンド地区にあり（かつて存在した「スモーキーマウンテ

トゥトゥバン駅では航空機の搭乗と同じような「優先搭乗」がある。手前の一般客は優先乗客の後に乗車となる

ン」もこのトンド地区にあった)、現地フィリピンの人々でさえ、夜間はあまり近づかないエリアもあり、暗くなる前に必ず撤収した方が良い。高価な一眼レフを携えて沿線で夜間撮影などもってのほかで、身の危険をわざわざ誘発させることになりかねず、万一被害に遭っても、この国の警察はあまりアテにならない。

なお、勇気のある方や冒険心の強い方であれば、撮影に不向きな夜は「乗り鉄」に徹することもできなくはないが、マニラ首都圏南部の交通拠点であるAlabangまでであれば、帰りの列車がなくなったとしても、マニラ中心部に戻るバスは多いので、挑戦してみる価値はあるが、正直勧められない。

④ 6人掛けのクロスシート!?

現在、唯一のクロスシート車であるキハ52は、金網付きながらも"汽車旅"が楽しめる唯一の存在だが、クロスシートは、あのサイズで何と6人掛け。ジープニーのギュウギュウ詰めに慣れているフィリピン人はたとえ10cm位の隙間でさえ、お尻をグイグイ入れて座席を確保する。だから混雑時、あるいは運悪く隣に座った人が恰幅のいい方の場合、息苦しいのを覚悟すべし。

⑤ 形式により乗車制限がかかる

203系は現在、稼働編成が4本しかなく、運用によってはキハ52形3連やキハ350形2連が充当される。この関係で2017年夏頃より、203系以外の車種が運用に出る場合、各駅で乗車制限がかかっており、始発駅・主要駅で120人(3連)・100人(2連)、中間駅で50人(3連)・30人(2連)のみ乗車できる(終点に近い駅では乗車制限なし)。乗車制限がかかる場合、あらかじめ運転指令より各駅にどの形式が運用されるか一斉伝達を行

い、乗車券販売も制限されるが、乗車率は日中でも150〜200%前後と人混雑で、列車遅延も日常的となっている。その他、編成の都合がつかない時には予告なしの運休も発生している。データイムは60分間隔（臨時列車運行の場合は30分間隔）の運行であるため、目的の列車に乗れない、ということはかなりのリスクを伴う。スケジュールには余裕をもって行動しよう。

インドネシア

アクセス

日本とインドネシアの間には、日本航空（JL）・ガルーダ・インドネシア航空（GA）・全日本空輸（NH）が、東京〜ジャカルタ間を運航している。この他、時間はかかるが第3国を経由する経由便もあり、何といっても安いのが魅力。一般的な経由便としては、クアラルンプールで乗り継ぐマレーシア航空（MH）が有名だが、中にはマニラで乗り継ぐフィリピン航空（PR）や広州で乗り継ぐ中国南方航空（CZ）もあり、各々の区間で機内食が提供されるのも魅力である。

旅の始まりは空港から。羽田からのANAジャカルタ行きは、便によって沖止め駐機で、タラップを使って搭乗するケースもある

また、エアアジア系列での直行便やクアラルンプール乗り継ぎも金銭的には安く、一例として、羽田発クアラルンプール行きを利用し、さらにクアラルンプールからジャカルタ行きを利用できる格安航空会社（LCC）のエア・アジア系列Xがお得である。所要時間は直行便で約7.5時間、経由便で10〜13時間前後。日本とジャカルタの時差はマイナス2時間で、日本の正午がジャカルタの午前10時となる。

ベストシーズン

ジャカルタは熱帯モンスーン気候のため、乾季（5〜10月）と、雨季（11月〜4月）の2つの気候に明確に分かれており、撮影なら湿度があまり高くならない乾季がいい。雨季は午後に1〜2時間程度のスコールがあるが、最近は朝晩にも日本の梅雨のようにしとしと降る日もある。

乾季は撮影向きだが、ジャカルタは南緯約6度なので、特に線路敷は照り返しが物凄く、屋外のレールは暑さで高温になっており、日射病対策には万全を。特に主要駅ではお目当ての電車が次々にやってくるので撮影に熱くなり過ぎないように、こまめに水分摂取を心掛けよう。

意外なことに、インドネシアは世界最大のイスラム教徒の国。ラマダンと呼ばれるイスラム教の断食期間は、イスラム教徒は夕方まで食事ができず、水も飲めない。もちろん、同行ガイドが敬虔なイスラム教徒だったとしても、あなたがイスラム教徒でない限り、断食に付き合うことはないので、その点はご安心を。そのため、この期間は18時頃までなら市内のカフェやレストランを始め、駅舎内テナントとして入っ

ている飲食店舗がガラガラで、落ち着いて食事ができる。

空港

市の中心部から西に約35km離れた「スカルノ・ハッタ国際空港（Bandar Udara Internasional Soekarno-Hatta）」がジャカルタ訪問の玄関口。国際線・国内線が頻繁に発着する同国一の巨大空港で、免税品などの売店も深夜まで営業しており、特に帰国便（深夜発が多い）の出発前にはありがたい。

到着ロビー出口付近には両替所が何軒もある。マニラ同様に、レートは市内の両替商と比べると空港のレートは悪いので、ジャカルタ中心地までの必要な交通費とプラスαぐらいは空港で両替し、後はジャカルタの中心地の両替商で両替することをオススメする。空港の両替所だが、未だに換金額を誤魔化したりするケースがあるので、受け取ったその場で、すぐに金額を必ず確認すること。

市内までのアクセス

空港鉄道・タクシー・エアポートバスの3通りある。

①空港鉄道

2017年12月26日に開業した最新の鉄道系交通機関。正式名称は「スカルノ・ハッタ空港鉄道（ARS Soekarno-Hatta）」で、スカルノ・ハッタ国際空港～マンガライ（Manggarai）間36.4kmの路線を運行する。運営は「レールリンクPT.Railink（インドネシア国鉄、PT.KAI社傘下の企業）」が行う。全区間複線で直流1500V、今回の開業ではマンガライ～BNIシティ（2017年12月にスディルマン・バルから急遽ネーミングライツ採用）間約3kmは、現時点では未開業扱いで回送列車として運転している。営業上の始発・終着は全てKCI環状線のスディルマン駅西側に新設されたBNIシティとなっており、一部列車はブカシ線・ブカシまで延長運転も開始された。

途中駅はドゥリ（Duri）、バトゥ・チェペル（Batu Ceper）の2駅。36.4kmのうち、新線区間はスカルノ・ハッタ国際空港～バトゥ・チェペル間12.1kmのみで、残りはKCIタンゲラン線・環状線に乗り入れて運行している。走行ルートの関係で、途中のドゥリでスイッチバックする。

日本なら成田スカイアクセス線を走る京

吊り下げられた光球が近未来的な雰囲気を醸し出す、ARSスカルノ・ハッタ空港駅

成スカイライナー（スイッチバックはないが）と似ている。車両は国営車両メーカー・INKA社製の特急形電車6連×10本を導入し、定員は270人、1日35往復運行し、運転最高速度は80km/h、所要46分で結ぶ。運賃は片道7万ルピア（約600円）で、同国の物価と比較して高額であることから、残念ながら利用が低迷している。

スカルノ・ハッタ国際空港駅は、いずれのターミナルからも1km前後離れており、各ターミナルとレールリンク駅との間は、「スカイトレイン」と呼ばれる無料の新交通システムで結ばれている。しかし、乗り換えの手間がかかる上、運転本数もそれほど多くないので、渋滞がなければ市中心部まで1時間もかからないタクシーとは、現時点で利便性では勝負にならない状況だが、時間が比較的正確なのは安心感がある。

②タクシー

チケット制の定額タクシーとメータータクシーがある。前者は到着ロビー出口付近にタクシーカウンターがあり、そこでエリア別の料金を確認し、チケットを購入する。小型車またはMPV車で、料金は市内中心部まで約20〜25万ルピア（2000〜2500円）前後。同国では「ブルーバードグループタクシー」が最も安心安全である。

後者はターミナルの建物出口付近にメータータクシー乗り場があり、市内まで15〜20万ルピア前後。空港乗り入れ料として、5000ルピアが加算される。なお、途中の高速道路利用の際は、E-Tollカードの有無に

ジャカルタ市内の主要道路は"世界一酷い渋滞"とも評され、特に帰路は空港までの利用は注意

注意。高速料金の現金支払いができず、必ずE-Tollカード支払いとなるからで、基本的に運転手は持っているが、運悪く持っていなかった運転手に当たったり、Habis（残高がありません）と言われた場合は、後ろの車に頼んでカードを借りるしかなくなるので、乗車前に必ず確認を。またチップの必要はないが、端数を切り上げると喜んでもらえる。

なお、ジャカルタの道路は"世界一最悪"と評されるほど、渋滞が酷い。特に帰りの利用は余裕時間を多く取らないと大変なことになる。

③エアポートバス

空港と、市中心部の「ガンビル駅西口」（モナス側）やその他近郊の各都市とを結ぶ、ダムリDamri社の「エアポートバス」が早朝から15-30分おきに運転。運賃はガンビル駅まで4万ルピア（約400円）と破格の安さだが、バスを降りてから注意。治安面で多少問題がある。

ホテル

ジャカルタ市内には、高級ホテルは市中心部のジャラン・タムリン通り沿いに、中級クラスのホテルは市内各所に、そして安宿はジャラン・ジャクサエリアに集中している。高級ホテルからゲストハウスまで予算に合わせて選べるが、セキュリティーがしっかりしている中級以上のホテル（1泊50万ルピア前後）がベスト。なおプラグ形状も日本と異なるので、変換プラグは必携。

通貨と両替

通貨単位はルピア（「Rp.」と表記）で、¥1≒Rp120前後。日本円からルピアへの両替

3万円両替しただけでこの枚数。現金管理は貴重品と共にしっかりと

は、市内の銀行、両替商、ホテルカウンター、大きなデパートなどで可能。交換レートは場所によりまちまちであるが、やはり一番いいのは両替商。計算する時は大まかな目安として、ルピアの額の下2桁の「0」を取った額が日本円（例＝30万ルピア→3000円という具合）に考えるといい。

言語

インドネシアはオランダによって300年以上にも及ぶ植民地時代を経ているが、オランダはインドネシアの一般庶民に対してオランダ語教育をほとんど実施していなかったため、マレー系の言語の1つであるインドネシア語が公用語として話されている。また、英語教育も熱心な国の1つであるので、上流階級や富裕層を中心に英語を話せる方が多いが、特に地方部などは場合によって意思疎通が図れない場合もあるので、単独で行動する場合はインドネシア語が必須である。

趣味の程度にもよるが、インドネシア語は他の言語に比べて初級レベルの習得が比較的容易なので、インドネシアに初めて1人で訪問する場合でも、1ヶ月程度頑張っ

て勉強すれば簡単な会話であれば理解できるようになる。あとはよく使う単語(特に鉄道用語)や、ありがちなシチュエーションの文章をインドネシア語で言えるようしておき、万が一のためにインドネシア語〜日本語、もしくは英語のポケット辞書やスマホ用翻訳アプリを持っていると便利。

食事

インドネシアも「食」のレベルは高く、高級レストランからファストフードまで、何でも揃っている。少々高くてもまともなレストランで食事を、ということならば市中心部のジャラン・タムリン通り沿いのサリナデパートから、スディルマン通りを南西に向かったスチヤン・エリアキでのビルやショッピング・モールにテナントとして入っている店をオススメしたい。もちろん日本料理店もいくつかある。

また近年は、ジャカルタ・コタやマンガライなど、主要駅の駅舎内に日本の「駅ナカ」と同様、飲食店が多数テナントとして入っており、軽食程度ならば、列車待ちの合間にも気軽に利用できる。

撮影

KCIでは駅構内の無許可撮影は禁止されている。駅ホームにはPKDのロゴ入りヘル

KCIのターミナル・ジャカルタコタ駅。下町に位置し、駅前は終日賑わいを見せる

KCIの主要駅では近年、"駅ナカ"が充実しており、列車の撮影待ちで軽食が気軽に利用できる

メットを被った複数の警備員が駅構内はもとより、沿線も巡回しており、カメラを構えたファンを見ると、駅・沿線に関わらず英語かインドネシア語で「許可証はありますか？ 持ってなければここで撮影はできません」と声をかけてくる。

せっかくジャカルタまで来たのに撮影できないなんて……、と憤りを覚える方もいるだろうが、彼らも仕事だし、ケンカしたところで勝てない。建前として撮影はできないのだから、制止されたら素直に諦め、他の場所に移動するなどの対策をとろう。

中央線チキニ駅高架下にKCJ本社がある

KCI各駅ではPKDと呼ばれる警備員が巡回しており、撮影禁止です、と注意されたら素直に従おう

第5章 日本型車両探訪のために　219

駅構内の撮影は、チキニ駅高架下のKCJ（KCIは上下分離の通勤電車運行会社で、施設などはそれまでのKCJが引き続き保有している）事務所で、許可証を取得する必要がある。事務方なので、申請するにしても受付は平日の日中だけになる。その上、必ずしも許可が出るとは限らず、どうしても、という方には、スケジュールに余裕を持ち、事情を先方に説明して発給手続きに行ってもらう日本語ガイドの同行がベスト。

撮影時の移動

他の東南アジア諸国と同様、市内の移動手段は多彩で、以下はその代表的な乗り物。

①タクシー

流しで走っているタクシーを拾うのが最も便利。数あるタクシー会社の中では「ブルーバード・グループ」が最も安全で安心して利用できる。メーター制で明朗会計、さらにエアコン付きなので年中暑いジャカルタではありがたい存在。

②トランス・ジャカルタ

KCIの鉄道路線を補完する形で運行されている、一般道とは縁石で仕切った専用車線（一部路線は、一般車線）を走る快適なエアコンバス。BRTの一種で、13路線が設定され、各路線は「コリドー Koridor○」と通称されている。施設はLRTの駅に近い構造で、バスは混雑してくると車掌が乗車を制限するため車内はさほどの混雑にはならない。運賃は全区間Rp.3500均一（早朝は割引）。一部路線は深夜まで運行している。

独立記念塔（モナス）や国立中央博物館などといった観光施設、サリナデパートなどの大きなショッピングセンター、さらにブロックMをほぼ網羅しているので、撮影の合間、あるいは撮影終了後、観光や食事にも使える。

乗車は窓口で「TapCard」を購入し、改札にタッチして乗車する。「TapCard」はJR東日本のSuicaなどと同様のチャージ式なので、残額が減ってきたらチャージして繰り返し使え（高速道路の料金所でも使用可）、1回のチャージごとにRp.2000が手数料として差し引かれる。なお、乗り換え駅では改札を出なければ次の路線でも別途運賃を支払う必要がない。

渋滞もあまり影響を受けないので、是非とも試乗をお勧めしたい。ただ余りの便利さゆえ、1号線に至っては終日、始発のコタ駅、ブロックM駅ですら、何台か見送らないと座れないくらい混雑しており、途中駅からでは座れない時の方が多い。また、前方部ドアより前は女性専用スペースとなっているケースが多いので注意。

③アンコタ

ワゴンタイプのミニバスのことで、その名称はAngkutan（乗り物）kota（都市）から採られている。この乗り物はどの街にも見られ、通常は運転手隣の助手席も含めて10人程度が乗車し、運賃は最低Rp.3000程度からで、「kiri（左）」と言うと停まるので、降りる時に運転手に運賃を渡す。もちろん初めて乗車する際には、運賃も降りる場所もよくわからないので、乗車する際に運転手や呼び込みの人に確認すると良い。また、乗車や降りる際には、天井が低く、よく頭をぶつけるので注意が必要である。

この他、メトロミニ（MetroMini）・コパジャ（Kopaja）といった小型バスもあるが、冷房はなく、特に夜間は治安面で問題あるので、あまり見かけなくなった。

縁石で仕切られた専用道路を走り、冷房付き連接車を使用するトランスジャカルタ。主要な観光地を網羅しており、利用価値は高い

ワゴンタイプのミニバス・アンコタ（左）。こちらも利便性に勝るトランスジャカルタに押され気味

トランスジャカルタに押され、影が薄くなっているメトロミニ。小型バスを使用する

第5章 日本型車両探訪のために　221

④バジャイ

タイのトゥクトゥクに似た3輪タクシー。料金は交渉制で、あまり遠くへは行ってくれないが、小回りが利くし、渋滞もスルスル抜けるので、駅から離れた沿線での撮影など、細かい希望がある時に便利。

乗車の際は、手を斜め下に向けて振ると止まってくれる。料金は概ね、10分前後で行ける場所でRp.2500が相場だが、運転手が料金を決めるので、交渉次第となる。

バジャイに乗るコツは、
① 料金は乗る前に決めると安心
② 行先は知名度の高い場所を指定
③ 降りる時は「Kiri（キリー）」と言う

の3点。

⑤オジェック（バイクタクシー）

その名の通り、バイク後部にまたがって乗、これも料金は交渉制。通勤時間帯は市内の道路交通はマヒ状態になるから、特に急いでいる時に利用価値大だが、転倒事故も多いので、利用は全てが自己責任。荷物は運転手足元に置けるが、小さなザック程度は背中に担ぐといい。

トイレ

大半の駅に設置されている。もちろん、大きなデパートやレストランに入って使う方法もある。

インドネシアの3輪タクシー・バジャイ。タイのトゥクトゥクと同じで、基本的に近距離用であまり遠くへは行ってくれない

終章

各国紹介では掲載しきれなかった撮影の記録

4ヶ国の情景

以上、東南アジア4ヶ国で活躍する日本型車両について解説した。ここまでお付き合い頂いた皆様に感謝申し上げると共に、今回取り上げた国々で、今も黙々と"お役目"を果たしている、そんな彼らの横顔をページの許す限り紹介して結びとしたい

終章 4ヶ国の情景　223

ミャンマー

濃霧のヤンゴン中央駅で出発を待つRBE.2529＋RBT×2＋RBE.2530（三陸36-301・401）。2007年4月の運用開始当初は、2本とも、コンピューター大学支線専用で使われていた　Yangon　2009年7月13日

RBE.25201（キハ183-103）他5連の、ネピドー発マンダレー行きの「マンダレー急行」。キハ183系特急用DCが実際に整備され、運用に就いた唯一の事例であったが、運転期間は1年足らず、それも民主化によるネピドー開放前夜に運転を終了したこともあって、"幻の急行列車"に終わっている　NayPyiTaw　2012年1月27日

終点・コンピュータ大学駅で並ぶRBE.5008（キハ52 152）と、RBE.5019（キハ58 1514）。当時のヤンゴン界隈は、JR東日本・盛岡車両センター所属車が丸ごと移籍したような陣容であったが、経済制裁中のため十分な整備ができず、この両車も比較的短期間の稼働に留まった　Computer Univrsity　2012年1月28日

ヤンゴン車両工場屋外線に並ぶ日本型DC群。左より、いすみ207・名鉄キハ31、MRオリジナルDLを挟んで、JR北海道キハ48 301・松浦MR－109で、当時の工場内は"日本型DC博物館"の様相を呈していた　Yangon車両工場　2013年1月13日

終章 4ヶ国の情景　225

整備が完了し、所属のマラゴン機関区で営業開始を待つRBEP.5029(キハ181-27)。JR西日本DC特急色に準じたカラーに塗られ、2013年9月より晴れて営業開始したが、JR西日本でも整備に手を焼いていた形式ゆえ、2年足らずの稼働に留まっている
MaHlwaGon機関区　2013年1月13日

許可を得て、"首なし"となったキハ183-2の屋根上へ。冷房や高運転台が外されたまま放置されていた同車が、もし計画通りに竣工していたら、一体どんな姿になっていたのだろうか。今や、全て夢の跡となった　Myitnge車両工場　2015年9月18日

JR北海道時代のままの、RBE.5048（キハ142－11）の運転台。ミャンマーは年中暑いイメージがあるが、首都・ネピドーは標高が高く、冬季の朝晩はかなり冷え込むため、運転士は完全防寒スタイル　NayPyiTaw　2014年1月24日

環状線・ダニンゴン駅は、MRの"線路市場駅"。育てた農作物を持ちよった農民が露店を開き、終日喧騒がやむことはない。その露店を掻き分けて、酷寒冷地仕様のJR北海道キハ48 301（RBE.2588）がゆっくりと到着する　Danyingon　2014年1月23日

終章 4ヶ国の情景　227

特徴的な弧を描くカニ24 501。同車は屋根を一部取り外した段階で工事が中断し、すでに荒廃が始まっている
Myitnge車両工場　2015年9月18日

入場中のRBE.25118（キハ48 1511）。出場後も「東北色」を維持するようである。同車は2015年8月の入線時、25113として竣工したが、2017年10月になぜか初代25118（キハ48 1547）と車番の振替が行われており（理由は不明）、正確には同車は2代目25118　Yangon車両工場　2018年11月25日

タイ式の駅名標が建ち、構内に喫茶店が"店開き"しているのがMR中間駅の定番スタイル。のんびりとした時間が流れる　Lewe　2018年3月20日

MRでは近年、団体観光客向けに、VIP車を使った貸切列車が時折運転されるようになった。突然現れた見慣れぬ車両に、乗客も珍しそうに眺め、そしていつもの目的地へ足早に通り過ぎていく
Yangon　2019年3月24日

終章 4ヶ国の情景　229

フィリピン

旧駅時代のアラバンで折り返しを待つ917号DL＋12系4連。手前はPNRのレールを勝手に使って営業している「トロリー」と呼ばれる人力台車　Alabang　2007年9月26日

2012年3月に最初の電源車として竣工したクハ203-107（→のちのEMU-01）。非運転台側の車内3分の1を機器室に充て、電源装置を設置した。妻面からの排煙ができないため、側面窓を1枚、ルーバー付きに改造し、排煙口としていたのが特徴であった　Tutuban機関区　2012年7月21日

キハ59の運転台。軌道整備の未改良区間とあって、運転士は慎重に進めていく。時速は20km/hに満たない 2014年6月26日

頭端式ホーム構造のトゥトゥバンでは、203系が到着すると後部に続行で機関車を走らせて停車後すぐに連結。それまでの本務機関車は到着と同時に解結の上、続行で機関庫に戻るという機関車の"機織り運用"を行っている Tutuban 2014年6月27日

終章 4ヶ国の情景 231

インドネシア（ジャカルタ）

ブカシ駅で発車を待つクハ103-597他4連。103系は2007年当時、終日3本使用で併結運転はなく、4連単独で運用されていた。
今や12連でも満員のブカシ線を、データイムとはいえ4連が走っていたことに隔世の感を覚える　Bekasi　2007年4月18日

KCI社で最大の車両工場であるバライ・ヤサ・マンガライ。
巨大な検修庫ではJR205系中間車が台車を外して整備中
Barai Yasa Manggarai　2018年5月20日

ジャカルタ・コタで離合するJR205系と東京メトロ6000形。塗装こそ現地仕様に変更されているが、東京と変わらない長編成の電車が行き来する光景は圧巻の一言に尽きる　Jakarta Kota　2018年5月21日

2012年5月営業開始の05-009。行先表示器は使用せず、女性専用車標記は側窓下部に全面ラッピングという派手なタイプ　Jatinegara　2018年5月21日

終章 4ヶ国の情景　233

KCI205系は、南武車・横浜車を中心に、中間にクハ205＋クハ204が向き合う編成が多く見られる　Manggarai−Tebet　2018年5月22日

中央・ボゴール線と、環状線が交差するマンガライ駅。朝夕ラッシュ時の混雑ぶりは日本と変わらないかそれ以上で、比較的すいているはずの女性専用車ですら、ラッシュ時はこの状況　Manggarai　2018年5月21日

マレーシア

見慣れない車両がいきなり現われて驚いたのか、沿線の子供たちも目を丸くして、手を振ってくれた
Kinarut　2017年6月16日

見慣れない車両が珍しいのは大人だって同じ。試運転列車発車前は、関係者による"撮影会"状態となった　Kinarut　2017年6月16日

真新しい検修庫で中国製DL（左）と並ぶRB8503　Depo Kinarut　2017年6月16日

試運転を担当したSarin機関士。彼によると、エンジンの立ち上がりやブレーキの効き具合も良好とのことであった　Putatan～Kinarut　2017年6月16日

RB8500形試運転を前に、運転士・車掌・整備士など、関係者と共に記念撮影。ついつい繰り返し訪問してしまうのも、鉄道職員の温厚な笑顔によるところが大きい　Kinarut　2017年6月16日

試運転前のRB8500形をバックに、キナルート車両基地のスタッフと。実直な彼らのメンテナンスを受けて、これからも日本型車両は走り続ける　Depo Kinarut　2016年6月27日

終章 4ヶ国の情景　237

おわりに

本書は2011年に上梓した「東南アジアを走る日本の廃車両」の事実上の続編であるが、当時とは車両も、運用も、そして何よりそれを動かす人々とその意識も大きく変わっている。

鉄道に限らず、東南アジアは今、急速な変化の真っ只中にある。"10年ひと昔"というが、こと東南アジア諸国では5年どころか3年でもひと昔状態といえる。ついこの間まで軍政国家であったミャンマーは、当時、街中の通信手段といえば、机と何台もの電話を通りに出していた電話屋を利用するしかなかったのが、今や固定電話を飛び越して、いきなりスマホである。

だから翌年に再訪問すると、たった1年の間に、それまで主力だった車両が車庫の片隅で夏草に埋もれ、その脇を新型中古（？）車が颯爽と通り抜け、お世話になったベテランの職員氏に代わって、その心意気を引き継いだ若手に交代している、という光景も珍しくなくなった。

それは彼の地でも、着々と"世代交代"が進んでいる何よりの証であるが、後を引き継いだ車両とて、第2の活躍場所で重責を担い、今日も力走している光景は変わらない。そして何より嬉しいのは、レールファンを含め、日本国内でも海外で活躍する日本型車両の存在が徐々に知れ渡るようになったことだ。10年程前と比較しても、明らかに現地の鉄道撮影と乗車を目的とする日本人が散見されるようになり、とかく内向的と批評される日本のレールファンが、鉄道を通して、日本を外側から見るいい機会ではないか、と感じている。

日本型車両を追い求めて何度なく訪問していくうちに、各国の車両工場・車両基地・電車区の方々とは顔馴染みとなり、本書作成に際しては、特に撮影面で並々ならぬご配慮を頂いた。時として無理なお願いも聞いて頂き、勤務終了後に誘われた食事の席では、とても活字にはできないナイショ話がポンポン飛び出して驚いた時もある。

撮影や資料収集に際して、各国の車両工場・機関区・電車区のスタッフ諸氏に、ひとかたならぬご配慮を頂いたのも、概して温厚な方が多い彼らの御厚意によるところが大きい。もちろん、東南アジアの人々は、彼らの穏やかな生活環境がそうさせるのか、初めての出会いでも概して親切であり、駅で、沿線で、機関区や工場で、心ばかりのもてなしを頂いたのも、1ヶ所2ヶ所だけではない。こういった人々から整備を受けて今日も走り続け、そして何より、これらの地で活躍する日本型車両の将来に幸あれ、と願う。

本書を出版するにあたり、古賀俊行・杉田亨・杉林桂介・平野聡・吉田正昭（順不同）の諸氏には細かいところまで厳しく御指導を頂き、併せて貴重なカットを数多くご提供頂いた。

また、今回の企画にお声掛け頂き、筆者の無理なお願いを聞いて頂いた、株式会社かや書房編集部の飯嶋章浩様には大変なご配慮を頂き、感謝の念に堪えない。紙面を借りて、厚く御礼申し上げる次第であると共に、灼熱の大地で、今日も力走を続ける日本型車両の末長い活躍を祈念して本書の結びとしたい。

2019年4月　　斎藤 幹雄

参考文献

【ミャンマー】

「第三セクター・私鉄向け軽快気動車の系譜」・高嶋修一(電気車研究会「鉄道ピクトリアル」1998年9月号／通巻658号)／「キハ40系気動車のあゆみ(1)」・平石大貫(電気車研究会「鉄道ピクトリアル」2016年11月号／通巻924号)／ミャンマー国鉄(MR)HP

【フィリピン】

「海を渡った日本の車両を守る鉄道マンたち」・白川 淳(電気車研究会「鉄道ピクトリアル」2013年7月号／通巻877号)／フィリピン国鉄(PNR)HP

【インドネシア】

「ジャカルタで活躍する205系」・井上幸彦 (電気車研究会「鉄道ピクトリアル」2016年9月号／通巻921号)／「インドネシアで活躍する203系」・井上 幸彦 (電気車研究会「鉄道ピクトリアル」2016年10月号／通巻922号)「ジャカルタに渡った、東急8000・8500系」・井上 幸彦(電気車研究会「鉄道ピクトリアル」2017年3月号／通巻929号) ／「ジャカルタで活躍するJR車両の現況2017」・井上 幸彦(電気車研究会「鉄道ピクトリアル」2017年10月号／通巻937号) ／東京メトロHP

【マレーシア】

「ブルートレイン、熱帯雨林で復活、マレーシアに無償提供」(MSN産経ニュース／2011年11月17日付)／「12系・14系座席車のあゆみ」・岡田 誠一(電気車研究会「鉄道ピクトリアル」2005年2月号／通巻757号)／KTMB社　公式HP／JABATAN　KERETAPI NEGERI SABAH(サバ州立鉄道)公式HP／「マレーシアで再起したブルートレイン　マラヤン・タイガー・トレイン」・拙著(電気車研究会「鉄道ピクトリアル」2012年8月号／通巻865号)

その他インターネットサイト(順 不同)

2427JUNCTIONどっと混む／地味鉄庵／地球公務員　落花生。

撮影協力(順不同)

ミャンマー国鉄(MR)／フィリピン国鉄(PNR)／インドネシア通勤鉄道会社(KCI)／サバ州立鉄道(JKNS)／マレー鉄道(KTM)

本文作成協力・写真提供協力(順不同・敬称略)

伊東 剛／古賀 俊行／杉田 亨／吉田 正昭／Andi Ardiansyah／ミャンマー国鉄(MR)

Special　thanks　to

Kyaw Kyaw Latt ／ RusdiAnto

著者プロフィール

斎藤 幹雄（さいとう みきお）

1969（昭和44）年11月10日、東京都足立区生まれ。さそり座のB型。
1994（平成6）年3月、亜細亜大学大学院法学研究科修了。
自宅近くに某大手私鉄が走っていたのが縁で、学生時代は主に、国内の地方私鉄・第三セクター鉄道を訪問していたが、これらの路線で使われていた旧型車両が、後継車への置換や路線自体の廃止で海外に搬出される

ようになった2004年頃から、搬出された国々の鉄道「だけ」を訪問するという、やや偏り気味な（？）"海外鉄"に転向（笑）し、現在は、ミャンマー・フィリピン・インドネシア・マレーシアの東南アジア4ヶ国を中心に、日本型車両の実地調査と研究を行っている。
2014年9月、鉄道友の会「第7回 島秀雄記念優秀著作賞（定期刊行物部門）」受賞。鉄道史学会会員。

かや鉄 BOOK02
東南アジア4ヶ国を走る日本の電車・気動車
2019年5月20日　第1刷発行

著　者　　　斎藤 幹雄

装　丁　　　柿木貴光

編集発行人　飯嶋章浩

発行所　　　株式会社かや書房
　　　　　　〒162-0805
　　　　　　東京都新宿区矢来町113　神楽坂升本ビル3F
　　　　　　電話　03(5225)3732（営業部／内容についてのお問い合わせ）
　　　　　　FAX　03(5225)3748

印刷所　　　株式会社クリード
落丁・乱丁本はお取替えいたします。
© Mikio Saito , KAYASHOBOU2019
Printed in JAPAN
ISBN978-4-906124-84-8 C0065